# MATLAB
## 科技绘图与学术图表绘制180例

童大谦 ◎ 著

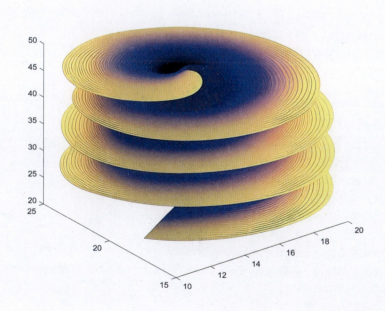

清华大学出版社
北 京

## 内 容 简 介

本书在调研数千幅科技图表的基础上，使用 MATLAB 软件，结合实例介绍分类型图表（包括点图、线形图、柱状图、条形图、面积图、饼图和误差条图等）、数值型图表（包括直方图、核密度估计曲线图、散点图、热力图、曲面图和四维图表等）和统计图表中常见类型图表的定制。本书创建了大量新的图表样式，具有较强的实用性。图表按类别分章排序，方便读者在学习过程中直接查阅。

本书适合大学生、研究生、科研人员、数据分析人员、工程师、程序员以及所有对 MATLAB 科技绘图和学术图表绘制感兴趣的人员阅读。

版权所有，侵权必究。举报：010-62782989，beiqinquan@tup.tsinghua.edu.cn。

**图书在版编目（CIP）数据**

MATLAB 科技绘图与学术图表绘制 180 例 / 童大谦著.
北京：清华大学出版社，2025.4. -- ISBN 978-7-302-68944-7
Ⅰ. TP391.412
中国国家版本馆 CIP 数据核字第 2025AD0451 号

| | |
|---|---|
| 责任编辑： | 袁金敏 |
| 封面设计： | 杨玉兰 |
| 责任校对： | 徐俊伟 |
| 责任印制： | 沈　露 |

| | |
|---|---|
| 出版发行： | 清华大学出版社 |
| 网　址： | https://www.tup.com.cn, https://www.wqxuetang.com |
| 地　址： | 北京清华大学学研大厦 A 座　　邮　编：100084 |
| 社 总 机： | 010-83470000　　邮　购：010-62786544 |
| 投稿与读者服务： | 010-62776969, c-service@tup.tsinghua.edu.cn |
| 质量反馈： | 010-62772015, zhiliang@tup.tsinghua.edu.cn |
| 印 装 者： | 三河市龙大印装有限公司 |
| 经　销： | 全国新华书店 |
| 开　本： | 185mm×260mm　　印张：20　　字　数：503 千字 |
| 版　次： | 2025 年 5 月第 1 版　　印　次：2025 年 5 月第 1 次印刷 |
| 定　价： | 129.00 元 |

产品编号：110906-01

# 前　言

## 本书的出发点

本书使用 MATLAB 软件，重点结合实例介绍各种常见类型图表的定制。为了写好本书，笔者分析了数千幅国内外知名学术期刊上的插图，发现这些插图主要有下面 3 个特点。

- 基本的图表类型使用频率最高，如线形图、柱状图、点图、面积图、饼图、散点图、直方图、核密度估计曲线图、箱形图等。线形图和柱状图的使用频率占 70% 以上。
- 图表样式精细化，如使用频率最高、看似最简单的线形图和柱状图有数十种变化，图表的配色等比较专业。
- 很多图表不是单一类型的图表，而是添加了点、线、面和文本等各种类型的标注。有的图表有图中图或者由多种图表的组合而成。

要实现这些图表的效果，仅仅会用 MATLAB 提供的高级绘图函数（如 plot、bar、area、pie 等）还远远不够。所以，笔者将本书的写作重点放在图表的美化和定制方面。

所谓美化，就是在用 MATLAB 高级绘图函数（如 plot、bar、area、pie 等）绘制的图表的基础上，使用 MATLAB 提供的设置颜色、透明性、光照、纹理和材质等的工具对这些图形进行美化，达到更加美观、精细的效果。

所谓定制，是使用 MATLAB 提供的绘制点、线、面和文本等基础绘图函数从零开始搭建 MATLAB 中没有的新图表。任何复杂的图表，都是由最基本的点、线、面等图形元素组合而成的。学会了基本图形元素的绘制，理论上任何图表皆可定制。

本书是《MATLAB 科技绘图与学术图表绘制从理论到实践》（简称《从理论到实践》）一书的姊妹篇，该书主要介绍方法论，有体系地介绍相关知识。两本书基本覆盖了 MATLAB 的主要图表，以满足学术期刊对论文中图表的要求。

## 本书的内容

本书将《从理论到实践》中第 6～8 章的内容进行扩展，结合实例讲解常见的分类型图表、数值型图表和统计图表等的实现。本书是对常用图表类型的精耕细作。

本书假设读者有 MATLAB 语言基础。如果没有学习过 MATLAB，则可以通过本书提供的免费视频课程快速入门。

第 1 章是概述，简单介绍科技绘图、MATLAB 科技绘图以及使用本书需要注意的事项。

第 2～7 章和第 10 章介绍分类型图表，包括点图、线形图、柱状图、条形图、面积图、饼图和误差条图等，介绍了各种可能的样式。分类型图表至少有一个坐标轴是分类轴。

第 8 章、第 9 章、第 11 章和第 13 章、第 14 章介绍数值型图表，包括直方图、核密度估计曲线图、散点图、热力图、曲面图和四维图表等。数值型图表的所有坐标轴都是数值轴。

第 12 章和第 15 章介绍统计图表，统计图表在学术期刊中经常可以看到。

## 本书的特点

首先，本书内容丰富，介绍了常见图表的各种可能样式。

其次，本书内容很实用，很多实例中的图表样式来源于国内外知名学术期刊。

再次，本书重新定义了一些 MATLAB 图表。所谓重新定义，就是不依赖 MATLAB 自己提供的高级绘图函数，而是利用 MATLAB 提供的点、线、面和文本等基本图形元素，自己搭建新的图表，实现 MATLAB 高级绘图函数不能提供的效果。

## 本书的适用对象

本书适合大学生、研究生、科研人员、数据分析人员、工程师、程序员以及所有对 MATLAB 科技绘图和学术图表绘制感兴趣的人员阅读。

## 联系作者

尽管本书书稿经过了反复修改，但由于笔者水平有限，书中难免存在不足之处，恳请广大读者批评指正，扫描下方二维码可获取本书配套资源。

配套资源

作　者

2025 年 3 月

# 目 录

**第 1 章 概述** ········································································· 1

   1.1 本书与《从理论到实践》一书的区别 ······················································ 1
      1.1.1 《从理论到实践》的主要内容 ······················································ 1
      1.1.2 学术图表调研 ···································································· 2
      1.1.3 本书的侧重点 ···································································· 2
   1.2 使用本书 ················································································ 3
      1.2.1 不懂 MATLAB 编程的读者也可以使用本书 ········································ 3
      1.2.2 使用本书源码 ···································································· 3

**第 2 章 点图** ········································································· 4

   例 001 简单点图 ············································································ 4
   例 002 复合点图 ············································································ 5
   例 003 简单滑珠图 ·········································································· 7
   例 004 复合滑珠图 ·········································································· 8
   例 005 分区滑珠图 ········································································· 10
   例 006 点图-球面点 ········································································ 12
   例 007 点图-球面点着色 ··································································· 14
   例 008 点图-球面点大小 ··································································· 15
   例 009 哑铃图 ············································································· 17
   例 010 曲线点图（三维点） ································································ 18
   例 011 火柴杆图 ··········································································· 21
   例 012 棒棒糖图 ··········································································· 26
   例 013 火柴杆图-基线 ····································································· 29
   例 014 棒棒糖图-基线 ····································································· 31

**第 3 章 线形图** ······································································ 33

   例 015 简单线形图 ········································································· 33
   例 016 复合线形图 ········································································· 35
   例 017 复合线形图＋线面标注 ······························································ 37
   例 018 复合线形图＋球面点 ································································ 39
   例 019 复合线形图＋球面点＋背景色 ······················································· 41
   例 020 平滑线形图 ········································································· 44

| 例 021 | 线形图＋特殊字符标注 | 45 |
| 例 022 | 复合平滑曲线 | 46 |
| 例 023 | 颜色填充复合线形图 | 48 |
| 例 024 | 分面线形图 | 51 |
| 例 025 | 三维线形图 | 53 |
| 例 026 | 极坐标线形图 | 54 |
| 例 027 | 线形图区间填充 | 55 |
| 例 028 | 纵向线形图 | 57 |
| 例 029 | 时间序列数据线形图 | 58 |
| 例 030 | 局部放大 | 60 |
| 例 031 | 三维线形图＋面板 | 61 |

## 第 4 章　柱状图　63

| 例 032 | 简单柱状图 | 63 |
| 例 033 | 多色简单柱状图 | 64 |
| 例 034 | 复合柱状图 | 65 |
| 例 035 | 堆叠柱状图 | 67 |
| 例 036 | 百分比堆叠柱状图 | 68 |
| 例 037 | 冲击图 | 69 |
| 例 038 | 用渐变色填充柱形面 | 71 |
| 例 039 | 分区标注柱状图 | 73 |
| 例 040 | 用图片填充柱形面 | 75 |
| 例 041 | 三角形柱状图 | 77 |
| 例 042 | 倒三角形柱状图 | 78 |
| 例 043 | 柱状图叠加箭头图片标注 | 80 |
| 例 044 | 百分比堆叠柱状图叠加连线 | 81 |
| 例 045 | 百分比堆叠柱状图垂直渐变填充 | 83 |
| 例 046 | 百分比堆叠柱状图水平渐变填充 | 85 |
| 例 047 | 重叠柱状图 | 87 |
| 例 048 | 分区柱状图 | 88 |
| 例 049 | 分区堆叠柱状图 | 90 |
| 例 050 | 给柱状图设置基线 | 92 |
| 例 051 | 反转柱状图的 $y$ 轴 | 93 |
| 例 052 | 水平渐变色填充复合柱状图 | 94 |
| 例 053 | 柱状图叠加背景色 | 97 |
| 例 054 | 柱状图＋渐变色背景＋分区标注 | 98 |
| 例 055 | 背景色＋侧面文本标注柱状图 | 101 |
| 例 056 | 三维柱状图 | 103 |
| 例 057 | 三维圆锥柱状图 | 104 |

| 例 058 | 三维圆柱柱状图 | 106 |
| 例 059 | 有序堆叠柱状图 | 108 |
| 例 060 | 有序堆叠柱状图叠加平滑线形图 | 109 |
| 例 061 | 双向堆叠柱状图 | 111 |
| 例 062 | 柱状图＋标签 1 | 113 |
| 例 063 | 柱状图＋标签 2 | 115 |
| 例 064 | 简单极坐标柱状图 | 116 |
| 例 065 | 复合极坐标柱状图 | 118 |
| 例 066 | 堆叠极坐标柱状图 | 119 |
| 例 067 | 分区极坐标柱状图 | 120 |
| 例 068 | 环形柱状图 | 122 |

## 第 5 章 条形图 ················· 124

| 例 069 | 简单有序条形图 | 124 |
| 例 070 | 多色有序条形图 | 125 |
| 例 071 | 堆叠条形图 | 127 |
| 例 072 | 百分比堆叠条形图 | 128 |
| 例 073 | 分区条形图 | 130 |
| 例 074 | 条形图＋标签 1 | 131 |
| 例 075 | 条形图＋标签 2 | 133 |
| 例 076 | 条形图＋标签 3 | 134 |
| 例 077 | 复合条形图 | 136 |
| 例 078 | 双向堆叠条形图 | 137 |
| 例 079 | 金字塔图 | 139 |
| 例 080 | 蝴蝶图 | 140 |
| 例 081 | 三维条形图 | 142 |

## 第 6 章 面积图 ················· 144

| 例 082 | 简单面积图 | 144 |
| 例 083 | 复合面积图 | 146 |
| 例 084 | 堆叠面积图 | 148 |
| 例 085 | 百分比堆叠面积图 | 150 |
| 例 086 | 给面积图设置基线 | 151 |
| 例 087 | 三维面积图 | 153 |
| 例 088 | 渐变色堆叠面积图 | 155 |
| 例 089 | $y$-$x$ 面积图 | 157 |
| 例 090 | 基线渐变着色复合面积图 | 158 |
| 例 091 | 时间序列数据面积图 | 160 |

## 第 7 章　饼图 · 163

- 例 092　二维饼图 · 163
- 例 093　分面饼图 · 164
- 例 094　三维饼图 · 166
- 例 095　半透明三维饼图 · 167
- 例 096　环状图 · 169
- 例 097　多环图 · 170
- 例 098　展示扇区组成明细 · 172
- 例 099　环状图叠加饼图 · 173
- 例 100　环状图＋极坐标柱状图 · 176

## 第 8 章　直方图和核密度估计曲线图 · 179

- 例 101　一元直方图 · 179
- 例 102　复合直方图 · 181
- 例 103　极坐标直方图 · 183
- 例 104　一元核密度估计曲线图 · 185
- 例 105　颜色填充核密度估计曲线图 · 186
- 例 106　复合一元核密度估计曲线图 · 188
- 例 107　分面核密度估计曲线图 · 189
- 例 108　山脊图-单色填充核密度估计曲线图 · 191
- 例 109　山脊图-渐变色填充核密度估计曲线图 · 193
- 例 110　二元直方图 · 195
- 例 111　二元直方图的二维样式 · 196
- 例 112　二元核密度估计曲面图 · 197
- 例 113　分箱散点图 1 · 198
- 例 114　分箱散点图 2 · 199
- 例 115　分箱散点图 3 · 201

## 第 9 章　散点图 · 203

- 例 116　简单二维散点图 · 203
- 例 117　复合二维散点图 · 204
- 例 118　二维标签散点图 · 205
- 例 119　二维散点图-用变量定义点的颜色 · 206
- 例 120　二维散点图-用变量定义点的大小 · 208
- 例 121　气泡图 · 209
- 例 122　抖动散点图 · 210
- 例 123　蜂巢散点图 · 213
- 例 124　分区蜂巢散点图 · 215

例 125　复合散点图叠加等概椭圆 ·········································· 217
例 126　简单三维散点图 ······················································ 219
例 127　三维散点图叠加等概椭球 ·········································· 220
例 128　矩阵散点图 ···························································· 222
例 129　边际图 1 ······························································· 224
例 130　边际图 2 ······························································· 226
例 131　边际图 3 ······························································· 227
例 132　极坐标散点图 ························································· 228
例 133　三元散点图 ···························································· 229
例 134　规则散点图 ···························································· 231

## 第 10 章　误差条图 ······························································· 234

例 135　简单误差条图 ························································· 234
例 136　复合误差条图 ························································· 235
例 137　分区误差条图 ························································· 236
例 138　双向误差条图 ························································· 238
例 139　添加背景的误差条图 ················································ 239
例 140　球面点误差条图 ······················································ 241

## 第 11 章　热力图 ···································································· 243

例 141　普通热力图 ···························································· 243
例 142　圆圈热力图 ···························································· 244
例 143　方块热力图 ···························································· 247
例 144　三角形方块热力图 ··················································· 249

## 第 12 章　专业统计图表 ·························································· 252

例 145　简单箱形图 ···························································· 252
例 146　多色简单箱形图 ······················································ 253
例 147　颜色渐变的简单箱形图 ············································· 255
例 148　箱形图叠加均值连线 ················································ 257
例 149　复合箱形图 ···························································· 259
例 150　带槽口的箱形图 ······················································ 260
例 151　误差柱状图 ···························································· 261
例 152　误差柱状图叠加抖动散点图 ······································· 263
例 153　散点箱形图 ···························································· 264
例 154　小提琴图 ······························································· 266
例 155　云雨图 1 ······························································· 267
例 156　云雨图 2 ······························································· 269
例 157　云雨图 3 ······························································· 270

例 158　云雨图 4 ·········································································································· 271
例 159　误差柱状图标注检验显著性 ················································································· 273
例 160　配对图 ················································································································ 275
例 161　箱形图叠加配对图 ······························································································· 276
例 162　误差柱状图叠加配对图 ························································································ 278
例 163　线性回归模型叠加置信区间 ·················································································· 279
例 164　可线性化曲线模型 ······························································································· 281

## 第 13 章　曲面图 ·········································································································· 283

例 165　曲面模型 ············································································································ 283
例 166　曲面着色 ············································································································ 284
例 167　给曲面添加光照 ·································································································· 286
例 168　曲面的透明度 ····································································································· 288
例 169　曲面的纹理映射 ·································································································· 289
例 170　色谱图 ··············································································································· 290
例 171　等值线图和矢量图 ······························································································· 291
例 172　填充等值线图 ····································································································· 292
例 173　三维等值线图 ····································································································· 293

## 第 14 章　四维图表 ······································································································· 295

例 174　切片图 1 ············································································································ 295
例 175　切片图 2 ············································································································ 296
例 176　等值面图 ············································································································ 297
例 177　流锥图 ··············································································································· 299

## 第 15 章　数据拟合 ······································································································· 301

例 178　曲线拟合 ············································································································ 301
例 179　曲面拟合 ············································································································ 304
例 180　拟合曲线叠加置信区间 ························································································ 305

**参考文献** ······················································································································· 310

# 第 1 章 概述

作为世界顶尖的科学计算软件,MATLAB 提供了强大的图形引擎。使用 MATLAB 提供的 App 或函数,可以直接创建各种常见的科技图表。使用 MATLAB 提供的渲染工具,还可以对 MATLAB 图表进行美化,或者以不同方式创建新的图表类型。在《从理论到实践》一书中,笔者系统地介绍了 MATLAB 提供的科技图表绘图功能和与这些功能有关的理论知识。

## 1.1 本书与《从理论到实践》一书的区别

本书是《从理论到实践》一书的姊妹篇,主要展开介绍该书的第 6~8 章,结合实例更加深入地介绍分类型图表、数值型图表和统计图表的各种图表类型和样式。

### 1.1.1 《从理论到实践》的主要内容

《从理论到实践》提供学习本书需要掌握的很多基础知识。

首先是数据基础,包括数据的导入导出、数据的整理(如排序、筛选等)、数据的预处理(如去重、处理缺失值和异常值等)。利用分组统计得到各分组的数据绘图时,如果分组中包含缺失值,则该分组对应的图形元素的绘制会被忽略。图 1-1 所示的柱状图中,因为第 1 组和第 4 组数据中包含缺失值,对应的条形面没有绘制。去掉缺失值后,绘图效果如图 1-2 所示。

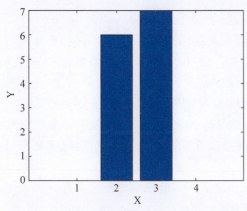

图 1-1 绘图数据包含缺失值的柱形被忽略

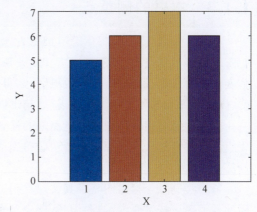

图 1-2 删除缺失值后绘制的柱状图

其次是图表基础,介绍 MATLAB 中绘图的相关函数和对象、坐标系怎么设置、图表元素怎么设置、怎样设置图表属性、怎么保存等。这是绘制每个图表都需要面对的问题。

由于直接使用 MATLAB 高级绘图函数(如 bar、area、pie 等)绘制的图表有样式单一、构图不完全符合我们的传统审美等问题,需要对 MATLAB 图表进行美化。美化可以是局部美化,也可以是整体美化,具体工作包括图表着色、透明度设置、纹理映射、光照设置和材质设置等,以及图表样式和布局调整、高质量图表输出等内容。《从理论到实践》详细介绍了这方面的基础知识,很多与图形学有关。

如果 MATLAB 提供的图表类型不能满足需要,可以自己创建新图表。在 MATLAB 中创建新图表,有利用使用基本图形元素搭建新图表、修改 MATLAB 图表创建新图表和组合已有图表创建新图表等。

除了介绍的这些基础知识外,《从理论到实践》还系统介绍了统计数据可视化、科学计算可视化、地理空间数据可视化、数学可视化、文本数据可视化和计算几何等方面的科技图表绘制和数据可视化方法。书中不仅介绍了怎么绘图,还结合实例介绍了图表的使用场合,这正是很多读者需要了解的。

### 1.1.2 学术图表调研

写作本书之前,笔者从网上下载了国内外知名学术期刊中的数千幅插图。分析发现,这些插图主要有下面几个特点。

- 基本的图表类型使用频率最高,如线形图、柱状图、点图、面积图、饼图、散点图、直方图、核密度估计曲线图、箱形图等。线形图和柱状图的使用频率占 70% 以上。
- 图表样式精细化,如使用频率最高、看似最简单的线形图和柱状图可有数十种变化。图表的配色等也比较专业。
- 很多图表不是单一类型的图表,而是添加了点、线、面和文本等各种类型的标注。有的图表有图中图,或者是多种图表的组合。

要绘制专业的学术图表,仅仅会用 MATLAB 提供的高级函数(如 plot、bar、area、pie 等)绘图还远远不够。本书结合大量实例进行介绍。

### 1.1.3 本书的侧重点

本书是一本实例集,提供分类型图表、数值型图表和统计类图表共计 180 例,具体涉及的图表类型包括点图、线形图、柱状图、条形图、面积图、饼图、环状图、误差条图、直方图、核密度估计曲线图、散点图、抖动散点图、蜂巢散点图、矩阵散点图、边际图、热力图、曲面数据图、体数据图和各种专业统计图表(如箱形图、小提琴图、云雨图、误差柱状图、配对图等)。

本书详细介绍各种图表可能出现的样式,绝大部分样式在《从理论到实践》一书中没有介绍。这些样式很多来源于笔者调研得到的国内外著名学术期刊上的插图,因此很有实用价值。

每个实例除了给出图表及其实现代码,还简单介绍了该实例相关的技术要点。如果需要深入了解该技术要点,请参阅《从理论到实践》一书。

## 1.2 使用本书

下面说明使用本书时读者需要注意的问题,包括图书内容对读者 MATLAB 编程水平的要求、运行代码需要注意的问题、怎么使用本书的源码等。

### 1.2.1 不懂 MATLAB 编程的读者也可以使用本书

根据读者绘图的要求不同,本书对读者的 MATLAB 编程水平也有不同的要求。如果只是单纯地绘图,或者说需要绘制的图表与本书中的图表没有太大的区别,读者只需要修改一下数据,直接使用书中的代码就可以进行绘图。如果需要绘制不同的图表,例如要绘制组合图,或者进行更多的改进,就需要有一定的 MATLAB 编程能力。

读者请按照前言中的提示下载本书源码、数据文件和图片文件。

为了使内容更简练,本书没有介绍 MATLAB 语言基础。需要学习 MATALB 编程入门知识的同学可通过本书的附赠资源进行学习,其中提供详细的 MATLAB 零基础入门视频课程,时长达 8 个多小时。

### 1.2.2 使用本书源码

使用本书源码时请注意,MATLAB 运行 M 文件需要该文件位于当前工作目录下、MATLAB 安装目录下或 MATLAB 路径中。

按 MATLAB 主界面左上角处理目录的按钮可以将 M 文件所在的目录设置为当前工作目录。如果 M 文件不在上面介绍的 3 种路径下,运行文件时会弹出如图 1-3 所示的对话框,提示是否将该文件所在目录添加到 MATLAB 路径,单击"更改文件夹"按钮即可。如果没有提示对话框,可以在"主页"选项卡中单击"MATLAB 路径"按钮,在弹出的对话框中手动添加该 M 文件所在的路径。

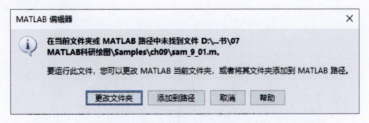

图 1-3 更改当前工作目录或添加文件到 MATLAB 路径

# 第 2 章

# 点图

点图用点集表示向量或矩阵定义的点数据。点图的横坐标表示分类数据,数据类型为字符串数组、分类数组等。后面介绍的散点图也是用点集表示点数据,但它的横轴和纵轴都是数值轴,两种图的作用也完全不同。点图的特点是简洁明了。

## 例 001  简单点图

简单点图用孤立的点表示向量定义的点数据,如图 2-1 所示。点的标记类型、颜色和大小等可以指定和修改。

[图表效果]

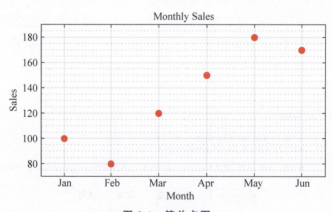

图 2-1  简单点图

[代码实现]

```
1.    % 简单点图
2.    clear;close all;                                  % 清空工作空间的变量,关闭所有打开的对话框
3.    x = ["Jan","Feb","Mar","Apr","May","Jun"];        % 绘图数据 x 和 y
4.    y = [100,80,120,150,180,170];
5.    h = plot(categorical(1:6,1:6,x,"Ordinal",true),y,'ro');    % 绘图
6.    h.MarkerSize = 5;                                 % 修改点的标记类型
7.    h.MarkerFaceColor = 'r';                          % 修改点标记的填充色
```

```
8.      h.MarkerEdgeColor = 'r';                           % 修改点标记的边线颜色
9.      yMin = min(y);                                     % 设置 y 轴的取值范围
10.     yMax = max(y);
11.     yRag = yMax − yMin;
12.     ylim([yMin − yRag/10,yMax + yRag/10])
13.     title('Monthly Sales','FontSize',8)                % 图标题
14.     ylabel('Sales','FontSize',7)                       % 设置 y 轴标题
15.     xlabel('Month','FontSize',7)                       % 设置 x 轴标题
16.     ax = gca;                                          % 设置坐标系为当前坐标系
17.     ax.FontSize = 6;                                   % 修改坐标系刻度标签的字体大小
18.     grid on                                            % 添加网格
19.     ax.XMinorGrid = "on";
20.     ax.YMinorGrid = "on";
21.
22.     set(gcf,'PaperUnits','points','Position',[0 0 400 200])           % 定义窗口大小
23.     exportgraphics(gcf,'sam02_01.png','ContentType','image','Resolution',300)   % 保存为 png 文件
24.     exportgraphics(gcf,'sam02_01.pdf','ContentType','vector')         % 保存为 pdf 文件
```

[代码说明]

代码第 3、4 行为绘图数据，第 5 行绘制点图，第 6～8 行修改点图的属性，第 9～20 行设置点图的样式，第 22～24 行修改绘图窗口的大小，并将点图输出。

[技术要点]

MATLAB 中，可以用 plot 函数或 scatter 函数绘制二维点。代码第 23 行和第 24 行用 exportgraphics 函数导出点图，注意该函数需要 MATLAB 软件版本高于 R2020。使用该函数导出图表，可导出为位图图片或矢量图片。位图图片的格式主要有 png、jpg 等，矢量图片的格式主要有 svg、pdf 等。exportgraphics 函数导出图表时会自动删除图表周围的空白。图 2-2 所示为 exportgraphics 函数导出的点图。

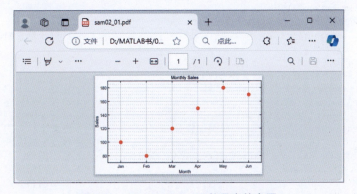

图 2-2　exportgraphics 函数导出的点图

使用 exportgraphics 函数还可以用 Resolution 参数指定导出图片的分辨率。一般学术期刊要求彩色图片的分辨率为 200～300dpi，灰度图片的分辨率为 100～200dpi。

# 例 002　复合点图

复合点图用多组不同颜色的点图表示多组分类数据，如图 2-3 所示。

[图表效果]

图 2-3 复合点图

[代码实现]

```
1.   % 复合点图
2.   clear;close all;                                      % 清空工作空间的变量,关闭所有打开的对话框
3.   x = ["Jan","Feb","Mar","Apr","May","Jun"];            % 绘图数据
4.   y = [100,80,120,150,180,170;180,130,160,170,190,180]; % 矩阵数据
5.   h = plot(categorical(1:6,1:6,x,"Ordinal",true),...
6.            y(1,:),'ro',categorical(1:6,1:6,x,"Ordinal",true),...
7.            y(2,:),'bd');                                % 绘制点图
8.   h(1).MarkerSize = 5;                                  % 修改点的属性
9.   h(1).MarkerFaceColor = [1 0.5 0];
10.  h(1).MarkerEdgeColor = [1 0.5 0];
11.  h(2).MarkerSize = 5;
12.  h(2).MarkerFaceColor = 'b';
13.  h(2).MarkerEdgeColor = 'b';
14.  yMin = min(min(y));                                   % 计算 y 轴方向的显示范围
15.  yMax = max(max(y));
16.  yRag = yMax - yMin;
17.  ylim([yMin - yRag/10,yMax + yRag/10])
18.  title('Monthly Sales','FontSize',8);                  % 标题
19.  ylabel('Sales','FontSize',7);                         % 设置 y 轴标题
20.  xlabel('Month','FontSize',7);                         % 设置 x 轴标题
21.  ax = gca;                                             % 设置坐标系为当前坐标系
22.  ax.FontSize = 6;                                      % 修改坐标系刻度标签的字体大小
23.  lgd = legend("Mall A","Mall B",'Location','SouthEast'); % 显示图例
24.  lgd.BackgroundAlpha = 0.5;                            % 设置图例区域半透明
25.  grid on                                               % 添加网格
26.  ax.XMinorGrid = "on";
27.  ax.YMinorGrid = "on";
28.
29.  set(gcf,'PaperUnits','points','Position',[0 0 400 200])
30.  exportgraphics(gcf,'sam02_02.png','ContentType','image','Resolution',300)   % 保存为 png 文件
31.  exportgraphics(gcf,'sam02_02.pdf','ContentType','vector')                    % 保存为 pdf 文件
```

[代码说明]

代码第 3、4 行为绘图数据,第 5~7 行绘制点图,第 8~13 行修改复合点图各序列的属性,第 14~27 行设置点图的样式,第 29~31 行修改绘图窗口的大小,并将点图输出。

[技术要点]

用 plot 函数或 scatter 函数可以绘制复合点图。当 y 数据是矩阵时，这两个函数会自动使用矩阵中的行数据绘制多组点图。当然，也可以使用 hold on 语句，允许叠加绘图，并一组一组地逐个绘制点图。

注意代码第 8～13 行中，h(1) 和 h(2) 分别表示图 2-3 所示红色和蓝色两组点图。相同颜色的一组点图称为一个序列，同一 x 值对应的所有点称为一个分组。图 2-3 中有两个序列，6 个分组。

同一序列具有相同的属性，可以用序列的索引号进行索引获得该序列，如用 h(1) 获得第 1 个序列。然后用序列对象的属性对整个序列中的点进行修改，如代码中修改序列中点的大小和颜色。

## 例 003 简单滑珠图

滑珠图实际上是交换 $x$ 轴和 $y$ 轴后的点图。此时 $y$ 轴变成了分类轴，$x$ 轴变成了数值轴。简单滑珠图用一组点表现一组数据，如图 2-4 所示。

[图表效果]

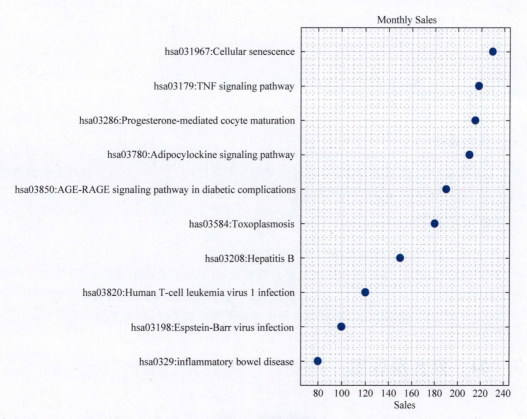

图 2-4　简单滑珠图

[代码实现]

```matlab
1.   % 简单滑珠图
2.   clear;close all;                                      % 清空工作空间的变量,关闭所有打开的对话框
3.   y = 1:10;                                             % 绘图数据
4.   x = [80,100,120,150,180,190,210,215,218,230];
5.   h = plot(x,y,'ob','MarkerFaceColor','b',...
6.            'MarkerEdgeColor','b','MarkerSize',5);       % 绘图
7.   xMin = min(x);                                        % 设置 x 轴的取值范围
8.   xMax = max(x);
9.   xRag = xMax - xMin;
10.  xlim([xMin - xRag/10,xMax + xRag/10])
11.  ylim([0.3 10.7])                                      % 设置 y 轴的取值范围
12.  title('Monthly Sales','FontSize',8)                   % 图标题
13.  xlabel('Sales','FontSize',7)                          % 设置 x 轴标题
14.  % ylabel('Month','FontSize',7)                        % 设置 y 轴标题
15.  yticks(1:10)                                          % 设置 y 轴上主刻度的位置
16.  labels = ["hsa0329:inflammatory bowel disease",...
17.            "hsa03198:Espstein - Barr virus infection",...
18.            "hsa03820:Human T - cell leukemia virus 1 infection",...
19.            "hsa03208:Hepatitis B",...
20.            "has03584:Toxoplasmosis",...
21.            "hsa03850:AGE - RAGE signaling pathway in diabetic complications",...
22.            "hsa03780:Adipocylockine signaling pathway",...
23.            "hsa03286:Progesterone - mediated cocyte maturation",...
24.            "hsa03179:TNF signaling pathway",...
25.            "hsa031967:Cellular senescence"];           % 刻度标签
26.  yticklabels(labels)                                   % 设置 y 轴的刻度标签
27.  ax = gca;                                             % 设置坐标系为当前坐标系
28.  ax.FontSize = 6;                                      % 修改坐标系刻度标签的字体大小
29.  grid on                                               % 添加网格
30.  ax.XMinorGrid = "on";
31.  ax.YMinorGrid = "on";
32.
33.  set(gcf,'PaperUnits','points','Position',[0 0 280 400])
34.  exportgraphics(gcf,'sam02_03.png','ContentType','image','Resolution',300)     % 保存为 png 文件
35.  exportgraphics(gcf,'sam02_03.pdf','ContentType','vector')                     % 保存为 pdf 文件
```

[代码说明]

代码第 3、4 行为绘图数据,第 5、6 行绘制简单滑珠图,第 7～31 行设置简单滑珠图的样式,第 33～35 行修改绘图窗口的大小,并输出图表。

[技术要点]

用 plot 函数或 scatter 函数绘制简单滑珠图。

简单滑珠图相对于线形图和柱状图等其他图表,主要特点是画面简洁,适合数据比较多的情况。如果觉得画面过于简洁,可以用浅灰色等填充绘图区,使图看起来更加饱满。

plot 函数可以绘制线形图,也可以绘制点图。不指定线型时,画出来的就是点图。

## 例 004 复合滑珠图

复合滑珠图用多组滑珠表示多组分类数据,$y$ 轴是分类轴,$x$ 轴是数值轴。复合滑珠图

如图 2-5 所示。

[图表效果]

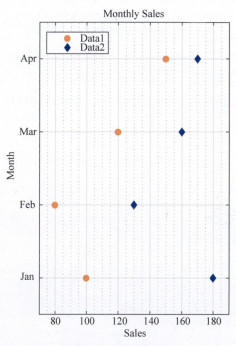

图 2-5　复合滑珠图

[代码实现]

```
1.    % 复合滑珠图
2.    
3.    clear;close all;                          % 清空工作空间的变量,关闭所有打开的对话框
4.    y = ["Jan","Feb","Mar","Apr"];            % 绘图数据
5.    x = [100,80,120,150;180,130,160,170];
6.    h = plot(x(1,:),categorical(1:4,1:4,y,"Ordinal",true),'ro',...
7.        x(2,:),categorical(1:4,1:4,y,"Ordinal",true),'bd');  % 绘图
8.    h(1).MarkerSize = 5;                      % 修改点的属性
9.    h(1).MarkerFaceColor = [1 0.5 0];
10.   h(1).MarkerEdgeColor = [1 0.5 0];
11.   h(2).MarkerSize = 5;
12.   h(2).MarkerFaceColor = 'b';
13.   h(2).MarkerEdgeColor = 'b';
14.   xMin = min(min(x));                       % 设置 x 轴的取值范围
15.   xMax = max(max(x));
16.   xRag = xMax - xMin;
17.   xlim([xMin - xRag/10,xMax + xRag/10])
18.   title('Monthly Sales','FontSize',8)       % 标题
19.   xlabel('Sales','FontSize',7)              % 设置 x 轴标题
20.   ylabel('Month','FontSize',7)              % 设置 y 轴标题
21.   ax = gca;                                 % 设置坐标系为当前坐标系
22.   ax.FontSize = 6;                          % 修改坐标系刻度标签的字体大小
23.   grid on                                   % 添加网格
24.   ax.XMinorGrid = "on";
```

```
25.    ax.YMinorGrid = "on";
26.    legend(["Data1","Data2"],'Location','northwest')
27.
28.    set(gcf,'PaperUnits','points','Position',[0 0 280 400])
29.    exportgraphics(gcf,'sam02_04.png','ContentType','image','Resolution',300)    % 保存为 png 文件
30.    exportgraphics(gcf,'sam02_04.pdf','ContentType','vector')                    % 保存为 pdf 文件
```

[代码说明]

代码第 4、5 行为绘图数据,第 6、7 行绘制复合滑珠图,第 8～13 行修改复合滑珠图的属性,第 14～23 行设置复合滑珠图的样式,第 25～27 行修改绘图窗口的大小,并输出图表。

[技术要点]

用 plot 函数或 scatter 函数绘制复合滑珠图。

## 例 005　分区滑珠图

分区滑珠图将同一序列的滑珠绘制在同一个分区,如图 2-6 所示,图中共有两个分区。

[图表效果]

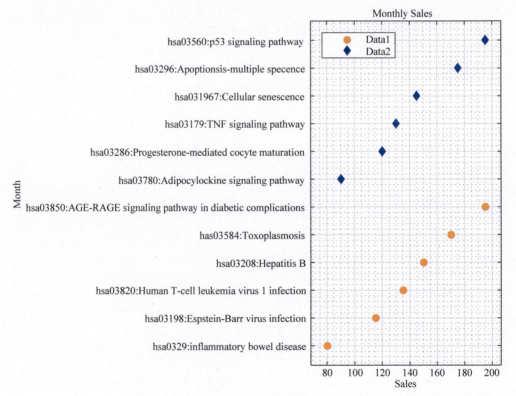

图 2-6　分区滑珠图

[代码实现]

```matlab
1.    % 分区滑珠图
2.
3.    clear;close all;                              % 清空工作空间的变量,关闭所有打开的对话框
4.    y1 = 1:6;                                     % 绘图数据
5.    y2 = 7:12;
6.    x1 = [80,115,135,150,170,195];
7.    x2 = [90,120,130,145,175,195];
8.    h1 = plot(x1,y1,'ro');                        % 绘制第1个各分区
9.    h1.MarkerSize = 5;                            % 修改点的属性
10.   h1.MarkerFaceColor = [1 0.5 0];
11.   h1.MarkerEdgeColor = [1 0.5 0];
12.   hold on                                       % 叠加绘图,保留原有图表
13.   h2 = plot(x2,y2,'bd');                        % 绘制第2个分区
14.   h2.MarkerSize = 5;                            % 修改点的属性
15.   h2.MarkerFaceColor = 'b';
16.   h2.MarkerEdgeColor = 'b';
17.   xMin = min(min(x1),min(x2));                  % 设置x轴的取值范围
18.   xMax = max(max(x1),max(x2));
19.   xRag = xMax - xMin;
20.   xlim([xMin - xRag/10,xMax + xRag/10])
21.   ylim([0.3 12.7])                              % 设置y轴的取值范围
22.   title('Monthly Sales','FontSize',8)           % 图标题
23.   xlabel('Sales','FontSize',7)                  % 设置x轴标题
24.   ylabel('Month','FontSize',7)                  % 设置y轴标题
25.   labels = ["hsa0329:inflammatory bowel disease",...
26.       "hsa03198:Espstein - Barr virus infection",...
27.       "hsa03820:Human T - cell leukemia virus 1 infection",...
28.       "hsa03208:Hepatitis B",...
29.       "has03584:Toxoplasmosis",...
30.       "hsa03850:AGE - RAGE signaling pathway in diabetic complications",...
31.       "hsa03780:Adipocylockine signaling pathway",...
32.       "hsa03286:Progesterone - mediated cocyte maturation",...
33.       "hsa03179:TNF signaling pathway",...
34.       "hsa031967:Cellular senescence",...
35.       "hsa03296:Apoptionsis - multiple specence",...
36.       "hsa03560:p53 signaling pathway"];        % 刻度标签
37.   yticks(1:12)
38.   yticklabels(labels)                           % 设置y轴的刻度标签
39.   ax = gca;                                     % 设置坐标系为当前坐标系
40.   ax.FontSize = 6;                              % 修改坐标系刻度标签的字体大小
41.   grid on                                       % 添加网格
42.   hold off                                      % 取消叠加绘图
43.   ax.XMinorGrid = "on";
44.   ax.YMinorGrid = "on";
45.   legend(["Data1","Data2"],'Location','northwest')
46.
47.   set(gcf,'PaperUnits','points','Position',[0 0 480 400])
48.   exportgraphics(gcf,'sam02_05.png','ContentType','image','Resolution',300)   % 保存为png文件
49.   exportgraphics(gcf,'sam02_05.pdf','ContentType','vector')                   % 保存为pdf文件
```

[代码说明]

代码第4~7行为绘图数据,第8~16行绘制分区滑珠图并修改各分区的属性,第17~45行设置分区滑珠图的样式,第47~49行修改绘图窗口的大小,并输出图表。

[技术要点]

使用plot函数和scatter函数绘制分区滑珠图。绘制时逐个绘制各序列即可。

MATLAB中使用高级绘图函数绘图时,默认会先把当前坐标系中原有的图表全部删除,然后绘制当前图形。如果要保留原有图形,需要使用hold on语句,语句后面的高级函数绘图采用叠加方式绘制。叠加绘图完成以后,也可使用hold off语句取消叠加。

MATLAB中绘制基本图形元素,如直线段、矩形、曲面、面片、图像和文本等的函数(如line、rectangle、surface、patch、image和text等)称为低级绘图函数,在它们的基础上进一步封装得到的便捷绘图工具函数(如plot、bar、barh、pie、surf等)称为高级绘图函数。任何复杂的图表都是由点、线、面和文本等基本图形元素组合而成的。

注意,低级绘图函数的绘图效率更高,而且使用叠加方式绘图。

## 例006 点图-球面点

经常看到学术期刊中的点图用立体感更强的三维球面代替默认的二维点,如图2-7所示,这样绘制的点图更加生动。

[图表效果]

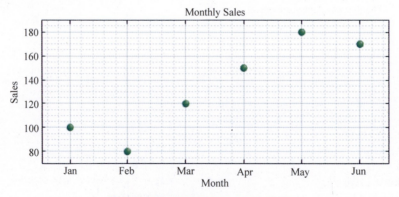

图2-7 用三维球面代替点图中的点

[代码实现]

```
1.  % 点图-球面点
2.  clear;close all;              % 清空工作空间的变量,关闭所有打开的对话框
3.  x = 50:50:300;                % 绘图数据
4.  y = [100,80,120,150,180,170];
```

```
5.    for i = 1:6                                      % 绘制点
6.        [X,Y,Z] = sphere;                            % 单位球面的网格节点坐标
7.        X = 3 * X + x(i);                            % 对单位球面进行缩放和平移
8.        Y = 3 * Y + y(i);
9.        surface(X,Y,Z,'EdgeColor','none','FaceColor','g')   % 绘制球面
10.   end
11.
12.   title('Monthly Sales','FontSize',8)              % 标题
13.   ylabel('Sales','FontSize',7)                     % 设置 y 轴标题
14.   xlabel('Month','FontSize',7)                     % 设置 x 轴标题
15.   xticks(50:50:300)                                % 设置 x 轴刻度标签的位置
16.   labels = ["Jan","Feb","Mar","Apr","May","Jun"];  % 刻度标签
17.   xticklabels(labels)                              % 设置 x 轴的刻度标签
18.   ax = gca;                                        % 设置坐标系为当前坐标系
19.   ax.FontSize = 6;                                 % 修改坐标系刻度标签的字体大小
20.   axis equal                                       % 各坐标轴方向上度量单位相同
21.   yMin = min(y);                                   % 计算和设置 y 轴取值范围
22.   yMax = max(y);
23.   yRag = yMax - yMin;
24.   ylim([yMin - yRag/10,yMax + yRag/10])
25.   xlim([25 325])                                   % 设置 x 轴的取值范围
26.   view(2)                                          % 二维视图
27.   grid on                                          % 添加网格
28.   box on                                           % 显示外框
29.   camlight                                         % 添加光照
30.   ax.XMinorGrid = "on";
31.   ax.YMinorGrid = "on";
32.
33.   % set(gcf,'PaperUnits','points','Position',[0 0 300 220])
34.   exportgraphics(gcf,'sam02_06.png','ContentType','image','Resolution',300)   % 保存为 png 文件
35.   exportgraphics(gcf,'sam02_06.pdf','ContentType','vector')                   % 保存为 pdf 文件
```

[代码说明]

代码第 3、4 行为绘图数据，第 5～10 行用球面绘制点图，第 12～31 行设置图表样式，第 33～35 行修改绘图窗口的大小，并输出图表。

[技术要点]

代码第 5～10 行用球面绘制点图，这里涉及两个关键技术，一是球面的绘制，二是球面的几何变换。该段代码如下。

```
for i = 1:6                                      % 绘制点
    [X,Y,Z] = sphere;                            % 单位球面的网格节点坐标
    X = 3 * X + x(i);                            % 对单位球面进行缩放和平移
    Y = 3 * Y + y(i);
    surface(X,Y,Z,'EdgeColor','none','FaceColor','g')   % 绘制球面
end
```

MATLAB 中用 sphere 函数绘制单位球面，单位球面的球心在坐标圆点，半径为 1。函

数可以返回球面网格节点的三维坐标。对三维坐标点进行几何变换，即进行缩放变换和平移变换后按指定大小移动到新的位置。关于几何变换的具体介绍，可以参阅姊妹篇《从理论到实践》。

代码中的 3 表示将球面半径放大到原来的 3 倍，是缩放变换；x(i) 和 y(i) 是球面新的坐标，需要平移变换。注意，先进行缩放变换，后进行平移变换。

几何变换完成后，得到新的球面坐标矩阵，使用 surface 函数绘制球面。

代码第 29 行给场景添加光照。添加光照可以增加三维球面的立体感和场景的真实感。

注意，当横轴和纵轴的数据范围相差比较大时，球面会发生变形，变成椭球面。这时需要考虑两个坐标轴数据范围的纵横比，以及坐标系的绘图样式，对球面各坐标轴方向上的长度进行调整，以保证画出来的是不变形的球面。例 010 会进行介绍。这里使用 axis equal 语句指定各坐标轴度量单位相同，以确保球面不变形。

## 例 007  点图-球面点着色

图 2-7 中给所有点着相同的颜色，也可以给它们着不同的颜色，如图 2-8 所示。着不同的颜色时可以用变量指定一个颜色序列，也可以根据颜色查找表进行映射。

[图表效果]

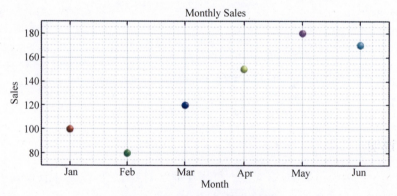

图 2-8  给球面点着不同的颜色

[代码实现]

```
1.    %点图 - 球面点着色
2.    clear;close all;                      %清空工作空间的变量,关闭所有打开的对话框
3.    x = 50:50:300;                        %绘图数据
4.    y = [100,80,120,150,180,170];
5.    cr = [1 0 0;0 1 0;0 0 1;1 1 0;1 0 1;0 1 1];   %颜色
6.    for i = 1:6                           %绘制各点
7.       [X,Y,Z] = sphere;                  %单位球面上各网格节点的坐标
8.       X = 3 * X + x(i);                  %对各节点进行缩放和平移
9.       Y = 3 * Y + y(i);
```

```
10.     surface(X,Y,Z,'EdgeColor','none','FaceColor',cr(i,1:3))        % 绘制球面
11.   end
12.
13.   title('Monthly Sales','FontSize',8)                % 图的标题
14.   ylabel('Sales','FontSize',7)                       % 设置 y 轴标题
15.   xlabel('Month','FontSize',7)                       % 设置 x 轴标题
16.   xticks(50:50:300)                                  % 设置 x 轴的刻度位置
17.   labels = ["Jan","Feb","Mar","Apr","May","Jun"];    % 刻度标签
18.   xticklabels(labels)                                % 设置刻度标签
19.   ax = gca;                                          % 设置坐标系为当前坐标系
20.   ax.FontSize = 6;                                   % 修改坐标系刻度标签的字体大小
21.   axis equal                                         % 各坐标轴方向上度量单位相同
22.   yMin = min(y);                                     % 设置 y 轴的取值范围
23.   yMax = max(y);
24.   yRag = yMax - yMin;
25.   ylim([yMin - yRag/10,yMax + yRag/10])
26.   xlim([25 325])                                     % 设置 x 轴的取值范围
27.   view(2)                                            % 三维视图
28.   grid on                                            % 添加网格
29.   box on                                             % 显示外框
30.   camlight                                           % 添加光照
31.   ax.XMinorGrid = "on";
32.   ax.YMinorGrid = "on";
33.
34.   % set(gcf,'PaperUnits','points','Position',[0 0 300 220])
35.   exportgraphics(gcf,'sam02_07.png','ContentType','image','Resolution',300)   % 保存为 png 文件
36.   exportgraphics(gcf,'sam02_07.pdf','ContentType','vector')                   % 保存为 pdf 文件
```

[代码说明]

代码第 3～5 行为绘图数据，第 6～11 行用球面绘制点图，第 13～32 行对图表样式进行设置。

[技术要点]

代码第 5 行用变量 cr 定义一个 6 行 3 列的颜色矩阵，矩阵中每行用 3 个 0～1 的数表示一种颜色，这 3 个数分别表示红色、绿色和蓝色分量。6 行表示 6 种颜色。

代码第 10 行用 surface 函数绘制球面时指定 FaceColor 参数的值为 cr 变量的一行，定义对应球面的颜色。

## 例 008　点图-球面点大小

与例 007 类似，还可以用变量定义球面的大小，使得画出来的点图中，球面点具有不同的大小，如图 2-9 所示。

[图表效果]

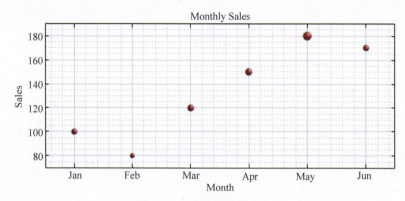

图 2-9　改变球面点的大小

[代码实现]

```matlab
1.  % 点图-球面点大小
2.  clear;close all;                                          % 清空工作空间的变量,关闭所有打开的对话框
3.  x = 50:50:300;                                            % 绘图数据
4.  y = [100,80,120,150,180,170];
5.  s = [2.5,2,2.8,3,3.6,2.5];                                % 球面点的大小
6.  for i = 1:6                                               % 绘制各点
7.      [X,Y,Z] = sphere;                                     % 单位球面上各网格节点的坐标
8.      X = s(i) * X + x(i);                                  % 对各节点进行缩放和平移
9.      Y = s(i) * Y + y(i);
10.     surface(X,Y,Z,'EdgeColor','none','FaceColor','r')     % 绘制球面
11. end
12.
13. title('Monthly Sales','FontSize',8)                       % 标题
14. ylabel('Sales','FontSize',7)                              % 设置 y 轴标题
15. xlabel('Month','FontSize',7)                              % 设置 x 轴标题
16. xticks(50:50:300)                                         % 设置 x 轴的刻度位置
17. labels = ["Jan","Feb","Mar","Apr","May","Jun"];           % 刻度标签
18. xticklabels(labels)                                       % 设置刻度标签
19. ax = gca;                                                 % 设置坐标系为当前坐标系
20. ax.FontSize = 6;                                          % 修改坐标系刻度标签的字体大小
21. axis equal                                                % 各坐标轴方向上度量单位相同
22. yMin = min(y);                                            % 设置 y 轴的取值范围
23. yMax = max(y);
24. yRag = yMax - yMin;
25. ylim([yMin - yRag/10,yMax + yRag/10])
26. xlim([25 325])                                            % 设置 x 轴的取值范围
27. view(2)                                                   % 二维视图
28. grid on                                                   % 添加网格
29. box on                                                    % 显示外框
30. camlight                                                  % 添加光照
31. ax.XMinorGrid = "on";
32. ax.YMinorGrid = "on";
33.
34. % set(gcf,'PaperUnits','points','Position',[0 0 300 220])
35. exportgraphics(gcf,'sam02_08.png','ContentType','image','Resolution',300)    % 保存为 png 文件
36. exportgraphics(gcf,'sam02_08.pdf','ContentType','vector')                    % 保存为 pdf 文件
```

[代码说明]

代码第 3～5 行为绘图数据,第 6～11 行用球面绘制点图,第 13～32 行对图表样式进行设置。

[技术要点]

代码第 6 行用变量 s 定义一个值表示球面半径缩放比例的向量,代码第 8、9 行进行几何变换时使用该变量,即

```
X = s(i) * X + x(i);         % 对各节点进行缩放和平移
Y = s(i) * Y + y(i);
```

当 s(i) 大于 1 时,球面放大;当 s(i) 为 0～1 时,球面缩小。

## 例 009　哑铃图

哑铃图如图 2-10 所示,将有两个序列的复合滑珠图中同一个分组的滑珠用直线段连接起来就是哑铃图。该图形如一组哑铃,故而得名。

[图表效果]

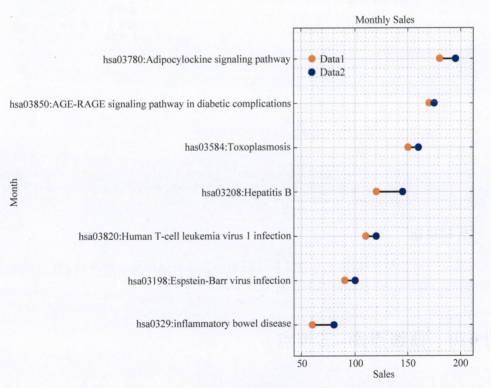

图 2-10　哑铃图

[代码实现]

```matlab
1.  % 哑铃图
2.  clear;close all;                                    % 清空工作空间的变量,关闭所有打开的对话框
3.  y = 1:7;                                            % 绘图数据
4.  x1 = [60,90,110,120,150,170,180];
5.  x2 = [80,100,120,145,160,175,195];
6.  plot([x1;x2],[y;y],'LineWidth',1.25,'Color','k')    % 绘制连线
7.  hold on                                             % 叠加绘图
8.  scatter(x1,y,30*ones(size(y)),[1 0.5 0],'filled');  % 绘制红点
9.  scatter(x2,y,30*ones(size(y)),'b','filled');        % 绘制蓝点
10. xMin = min(min(x1),min(x2));                        % 设置 x 轴的取值范围
11. xMax = max(max(x1),max(x2));
12. xRag = xMax - xMin;
13. xlim([xMin - xRag/8,xMax + xRag/8])
14. ylim([0.3 7.7])                                     % 设置 y 轴的取值范围
15. title('Monthly Sales','FontSize',8)                 % 标题
16. xlabel('Sales','FontSize',7)                        % 设置 x 轴标题
17. ylabel('Month','FontSize',7)                        % 设置 y 轴标题
18. yticks(1:7)                                         % 设置 y 轴的刻度位置
19. labels = ["hsa0329:inflammatory bowel disease",...
20.     "hsa03198:Espstein - Barr virus infection",...
21.     "hsa03820:Human T - cell leukemia virus 1 infection",...
22.     "hsa03208:Hepatitis B",...
23.     "has03584:Toxoplasmosis",...
24.     "hsa03850:AGE - RAGE signaling pathway in diabetic complications",...
25.     "hsa03780:Adipocylockine signaling pathway"];   % 刻度标签
26. yticklabels(labels)                                 % 设置 y 轴的刻度标签
27. ax = gca;                                           % 设置坐标系为当前坐标系
28. ax.FontSize = 6;                                    % 修改坐标系刻度标签的字体大小
29. grid on                                             % 添加网格
30. hold off                                            % 取消叠加绘图
31.
32. % 绘制图例
33. scatter(60,7,30,[1 0.5 0],'filled');
34. scatter(60,6.7,30,'b','filled');
35. text(68,7,"Data1",'FontSize',6)
36. text(68,6.7,"Data2",'FontSize',6)
37. hold off
38.
39. set(gcf,'PaperUnits','points','Position',[0 0 480 400])
40. exportgraphics(gcf,'sam02_09.png','ContentType','image','Resolution',300)  % 保存为 png 文件
41. exportgraphics(gcf,'sam02_09.pdf','ContentType','vector')                  % 保存为 pdf 文件
```

[代码说明]

代码第 6 行绘制连线,第 8、9 行绘制红色和蓝色点组成的复合滑珠图,第 11~30 行设置图表样式,第 32~37 行绘制图例。

## 例 010 曲线点图(三维点)

曲线点图用三维点表示曲线上的数据点,如图 2-11 所示。图中用红色三维点和绿色三维点表示正弦曲线和余弦曲线。

[图表效果]

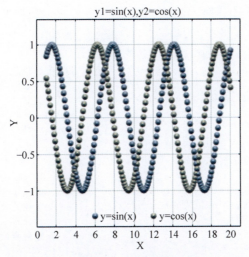

图 2-11 曲线点图

[代码实现]

```
1.   % 曲线点图(三维点)
2.   clear;close all;                              % 清空工作空间的变量,关闭所有打开的对话框
3.   x = 1:0.1:20;                                 % 绘图数据
4.   y1 = sin(x);
5.   y2 = cos(x);
6.   minY = min(min(y2),min(y1)) - 0.5;            % 计算两个坐标轴方向上的取值范围
7.   maxY = max(max(y2),max(y1)) + 0.35;
8.   maxX = max(x) + 1;
9.   minX = min(x) - 1;
10.  xlim([minX maxX])                             % 设置 x 轴的取值范围
11.  ylim([minY maxY])                             % 设置 y 轴的取值范围
12.  scale = (maxY - minY)/(maxX - minX);          % 计算纵横比
13.  for i = 1:length(x)                           % 绘制各红色点
14.      [X,Y,Z] = sphere;                         % 单位球面上网格节点的坐标
15.      if scale > 1                              % 根据纵横比调整球面上节点的坐标
16.          X = 0.3 * X + x(i);
17.          Y = 0.3 * Y/scale + y1(i);            % 进行调整
18.      else
19.          X = 0.3 * X + x(i);
20.          Y = 0.3 * Y * scale + y1(i);          % 进行调整
21.      end
22.      surface(X,Y,Z,'EdgeColor','none','FaceColor',uint8([200 215 235]))   % 绘制调整后的球面
23.  end
24.  for i = 1:length(x)                           % 绘制各绿色点
25.      [X2,Y2,Z2] = sphere;
26.      if scale > 1
27.          X2 = 0.3 * X2 + x(i);
28.          Y2 = 0.3 * Y2/scale + y2(i);
29.      else
```

```
30.         X2 = 0.3 * X2 + x(i);
31.         Y2 = 0.3 * Y2 * scale + y2(i);
32.     end
33.     surface(X2,Y2,Z2,'EdgeColor','none','FaceColor',uint8([250 235 199]))
34. end
35.
36. % 绘制图例,不用默认图例
37. [X,Y,Z] = sphere;                                    % 红色点
38. if scale > 1
39.     X = 0.3 * X + 6;
40.     Y = 0.3 * Y/scale - 1.35;
41. else
42.     X = 0.3 * X + 6;
43.     Y = 0.3 * Y * scale - 1.35;
44. end
45. surface(X,Y,Z,'EdgeColor','none','FaceColor',uint8([200 215 235]))
46. text(6.1, -1.35,"y = sin(x)","FontSize",7)           % 文本
47.
48. [X2,Y2,Z2] = sphere;                                 % 绿色点
49. if scale > 1
50.     X2 = 0.3 * X2 + 12;
51.     Y2 = 0.3 * Y2/scale - 1.35;
52. else
53.     X2 = 0.3 * X2 + 12;
54.     Y2 = 0.3 * Y2 * scale - 1.35;
55. end
56. surface(X2,Y2,Z2,'EdgeColor','none','FaceColor',uint8([250 235 199]))
57. text(12.1, -1.35,"y = cos(x)","FontSize",7)          % 文本
58.
59. title('y1 = sin(x),y2 = cos(x)','FontSize',8)        % 标题
60. ylabel('Y','FontSize',7)                             % 设置 y 轴标题
61. xlabel('X','FontSize',7)                             % 设置 x 轴标题
62. ax = gca;                                            % 设置坐标系为当前坐标系
63. ax.FontSize = 6;                                     % 修改坐标系刻度标签的字体大小
64. ax.PlotBoxAspectRatio = [1 1 1];                     % 各轴长度比例
65. view(2)                                              % 二维视图
66. grid on                                              % 添加网格
67. box on                                               % 显示外框
68. camlight left                                        % 添加左侧光照
69. camlight right                                       % 添加右侧光照
70.
71. % set(gcf,'PaperUnits','points','Position',[0 0 300 220])
72. exportgraphics(gcf,'sam02_10.png','ContentType','image','Resolution',300)   % 保存为 png 文件
73. exportgraphics(gcf,'sam02_10.pdf','ContentType','vector')                   % 保存为 pdf 文件
```

[代码说明]

代码第 13~23 行绘制红色曲线点图,第 24~34 行绘制绿色曲线点图,第 26~57 行绘制自定义图例。

[技术要点]

用球面绘制三维点,例 006 介绍球面表示的点图时介绍过,并且介绍了关键之处在于要

防止因为两个坐标轴方向上取值范围相差过大导致球面变形。例 006 直接用 axis equal 语句解决,简单粗暴。这样处理虽然能保证球面不变形,但也可能导致图表狭长或扁平,影响美观。

本例绘制的图表为方形,利用两个坐标轴取值范围的纵横比对球面网格节点的 $x$ 坐标和 $y$ 坐标进行调整,对冲纵横比带来的影响。代码第 12 行计算纵横比,第 17 行和第 20 行进行几何变换时加入纵横比的影响。

本例无法自动绘制图例,即自动绘制的图例不能用。第 37～57 行绘制球面和文本对图表进行说明。

## 例 011　火柴杆图

火柴杆图在点图的基础上添加数据点到坐标轴的垂线。如果垂线是点到 $x$ 轴的垂线,则火柴杆图是垂直的,如图 2-12 所示。

[图表效果]

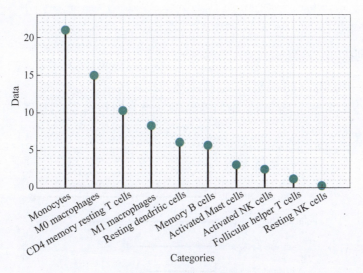

图 2-12　垂直火柴杆图

[代码实现]

```
1.  %垂直火柴杆图
2.  clear;close all;                           %清空工作空间的变量,关闭所有打开的对话框
3.  data0 = [0.3 1.2 5.7 3.1 2.5 6.1 8.3 10.3 15 21];   %数据
4.  data = sort(data0,2,"descend");             %数据降序排列
5.  t = 1:length(data);
6.  h = stem(t,data,'fill','LineWidth',1.25);   %绘制火柴杆图
7.  h.MarkerFaceColor = uint8([114 190 125]);   %修改属性
8.  h.MarkerEdgeColor = uint8([114 190 125]);
9.  h.MarkerSize = 6;
```

```matlab
10.    h.Color = 'k';
11.    xlim([0 length(data) + 1])                              % 设置 x 轴的取值范围
12.    ylim([0 23])
13.    xticks(1:10)                                            % x 轴标签的位置
14.    labels = ["Monocytes","M0 macrophages",...
15.              "CD4 memory resting T cells","M1 macrophages",...
16.              "Resting dendritic cells","Memory B cells",...
17.              "Activated Mast cells","Activated NK cells",...
18.              "Follicular helper T cells","Resting NK cells"];  % 刻度标签
19.    xticklabels(labels)                                     % 设置刻度标签
20.    xlabel('Categories','FontSize',7)                       % 设置 x 轴标题
21.    ylabel('Data','FontSize',7)                             % 设置 y 轴标题
22.    ax = gca;                                               % 设置坐标系为当前坐标系
23.    ax.FontSize = 6;                                        % 修改坐标系刻度标签的字体大小
24.    grid on
25.    ax.XMinorGrid = "on";
26.    ax.YMinorGrid = "on";
27.    box off
28.    line([0,length(data) + 1],[23,23],'Color','k','LineWidth',0.25)
29.    line([length(data) + 1,length(data) + 1],[0,23],'Color','k','LineWidth',0.25)
30.
31.    set(gcf,'PaperUnits','points','Position',[0 0 450 280])
32.    exportgraphics(gcf,'sam02_11.png','ContentType','image','Resolution',300)    % 保存为 png 文件
33.    exportgraphics(gcf,'sam02_11.pdf','ContentType','vector')                    % 保存为 pdf 文件
```

[代码说明]

MATLAB 中使用 stem 函数可以绘制垂直火柴杆图。

火柴杆图中如果垂线是点到 y 轴的垂线,则火柴杆图是水平的,如图 2-13 所示。

[图表效果]

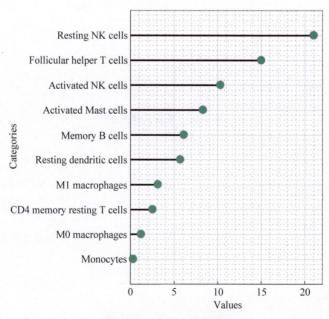

图 2-13　水平火柴杆图

[代码实现]

```matlab
1.  % 水平火柴杆图
2.  clear;close all;                                    % 清空工作空间的变量,关闭所有打开的对话框
3.  data0 = [0.3 1.2 5.7 3.1 2.5 6.1 8.3 10.3 15 21];   % 数据
4.  data = sort(data0,2,"ascend");                      % 升序排列
5.  dBegin = zeros(size(data));                         % 横线起点,初始化
6.  t = 1:length(data);                                 % 横线纵坐标
7.  plot([dBegin;data],[t;t],'Color','k','LineWidth',1.25)  % 绘制横线
8.  hold on                                             % 叠加绘图
9.  h = plot(data,t,'or','MarkerSize',8);               % 绘制圆点
10. h.MarkerFaceColor = uint8([114 190 125]);           % 修改属性
11. h.MarkerEdgeColor = uint8([114 190 125]);
12. h.MarkerSize = 6;
13. ylim([0 length(data) + 1])                          % 设置 y 轴的取值范围
14. xlim([0 max(data) + 1])                             % 设置 x 轴的取值范围
15. yticks(1:10)                                        % y 轴刻度的位置
16. labels = ["Monocytes","M0 macrophages",...
17.     "CD4 memory resting T cells","M1 macrophages",...
18.     "Resting dendritic cells","Memory B cells",...
19.     "Activated Mast cells","Activated NK cells",...
20.     "Follicular helper T cells","Resting NK cells"];  % 刻度标签
21. yticklabels(labels)                                 % 设置刻度标签
22. xlabel('Values','FontSize',7)                       % 设置 x 轴标题
23. ylabel('Categories','FontSize',7)                   % 设置 y 轴标题
24. ax = gca;                                           % 设置坐标系为当前坐标系
25. ax.FontSize = 6;                                    % 修改坐标系刻度标签的字体大小
26. grid on
27. ax.XMinorGrid = "on";
28. ax.YMinorGrid = "on";
29. box off
30. line([0,max(data) + 1],[length(data) + 1,length(data) + 1],'Color','k','LineWidth',0.25)
31. line([max(data) + 1,max(data) + 1],[0,length(data) + 1],'Color','k','LineWidth',0.25)
32.
33. set(gcf,'PaperUnits','points','Position',[0 0 350 350])
34. exportgraphics(gcf,'sam02_11_2.png','ContentType','image','Resolution',300)   % 保存为 png 文件
35. exportgraphics(gcf,'sam02_11_2.pdf','ContentType','vector')                   % 保存为 pdf 文件
```

[代码说明]

MATLAB 中使用 stem 函数可以绘制垂直火柴杆图。但是不能绘制水平火柴杆图。要绘制水平火柴杆图,需要自己通过画线、画点的方式逐根绘制火柴杆。代码第 7 行和第 9 行使用 plot 函数绘制水平线和圆点。

图 2-14 是一种常见的火柴杆图效果。例 007 介绍了给点图中的点着不同颜色的方法,

使用的是给定的颜色序列进行渲染。本例介绍另外一种方法，即利用图表关联的默认颜色查找表中的颜色进行映射。

[图表效果]

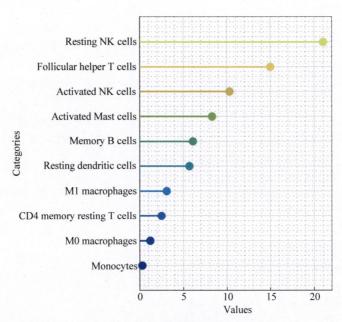

图 2-14　用不同颜色绘制火柴杆

[代码实现]

```
1.   % 火柴杆图
2.   clear;close all;                          % 清空工作空间的变量,关闭所有打开的对话框
3.   data0 = [0.3 1.2 5.7 3.1 2.5 6.1 8.3 10.3 15 21];   % 数据
4.   data = sort(data0,2,"ascend");            % 升序排列
5.   dBegin = zeros(size(data));               % 横线起点
6.   t = 1:length(data);                       % 横线纵坐标
7.   cm = colormap;                            % 默认颜色查找表颜色矩阵
8.   hold on                                   % 叠加绘图
9.   for i = 1:length(data)                    % 绘制各火柴杆
10.      idx = round(i/length(data0) * length(cm));   % idx 作为编号对 cm 进行索引
11.      if idx < 1 idx = 1;end                % 如果编号为 0,改为 1
12.      plot([dBegin(i);data(i)],[t(i);t(i)],'Color',cm(idx,:),'LineWidth',1.25)
                                               % 用颜色绘制线
13.      h = plot(data(i),t(i),'or','MarkerSize',8);   % 绘制圆点
14.      h.MarkerFaceColor = cm(idx,:);        % 修改圆点的属性
15.      h.MarkerEdgeColor = cm(idx,:);
16.      h.MarkerSize = 6;
17.  end
18.
```

```
19.    ylim([0 length(data) + 1])                          % 设置 y 轴的取值范围
20.    xlim([0 max(data) + 1])                             % 设置 x 轴的取值范围
21.    yticks(1:10)                                        % y 轴刻度的位置
22.    labels = ["Monocytes","M0 macrophages",...
23.              "CD4 memory resting T cells","M1 macrophages",...
24.              "Resting dendritic cells","Memory B cells",...
25.              "Activated Mast cells","Activated NK cells",...
26.              "Follicular helper T cells","Resting NK cells"];   % 刻度标签
27.    yticklabels(labels)                                 % 设置刻度标签
28.    xlabel('Values','FontSize',7)                       % 设置 x 轴标题
29.    ylabel('Categories,'FontSize',7)                    % 设置 y 轴标题
30.    ax = gca;                                           % 设置坐标系为当前坐标系
31.    ax.FontSize = 6;                                    % 修改坐标系刻度标签的字体大小
32.    grid on
33.    ax.XMinorGrid = "on";
34.    ax.YMinorGrid = "on";
35.    box off
36.    line([0,max(data) + 1],[length(data) + 1,length(data) + 1],'Color','k','LineWidth',0.25)
37.    line([max(data) + 1,max(data) + 1],[0,length(data) + 1],'Color','k','LineWidth',0.25)
38.    hold off                                            % 取消叠加绘图
39.
40.    set(gcf,'PaperUnits','points','Position',[0 0 400 300])
41.    exportgraphics(gcf,'sam02_12.png','ContentType','image','Resolution',300)   % 保存为 png 文件
42.    exportgraphics(gcf,'sam02_12.pdf','ContentType','vector')                   % 保存为 pdf 文件
```

[代码说明]

第 7 行获取当前颜色查找表对应的颜色矩阵,第 10 行根据火柴杆的编号计算对应颜色在颜色查找表矩阵中的索引号。通过线性插值的方法进行计算。第 12 行用对应颜色绘制火柴杆。

[技术要点]

本例介绍了一个关键概念——颜色查找表。颜色查找表是一组定制好的颜色序列,使用该序列,可以通过索引着色对图表对象进行渲染。MATLAB 中每个图表都有一个颜色查找表与之相关联。

打开 MATLAB R2024a,在命令窗口输入以下代码:

```
>> colormap
ans =
    0.2422    0.1504    0.6603
    0.2444    0.1534    0.6728
    ...
    0.9769    0.9839    0.0805
```

返回默认颜色查找表对应的颜色矩阵。矩阵中每行数据表示一种颜色,3 个数字分别表示一种颜色的红色、绿色和蓝色分量,大小为 0～1。

继续输入以下代码：

```
>> size(colormap)
ans =
    256     3
```

返回数据矩阵的大小，说明该颜色序列提供了 256 种颜色。本例就是通过线性插值等间隔获取 256 种颜色中的 10 种颜色进行绘图。

MATLAB 提供 20 余种颜色查找表，如表 2-1 所示。也可以自己创建颜色查找表。

表 2-1　MATLAB 提供的颜色查找表

| 名 称 | 说 明 | 色 条 |
| --- | --- | --- |
| parula | 蓝色、青色、橙色和黄色之间渐变 |  |
| turbo | 蓝色和红色之间渐变 | |
| hsv | 变化 HSV 颜色模型中的色度组分 |  |
| hot | 黑色、红色、橘红色、黄色和白色之间渐变 |  |
| cool | 青色和洋红之间渐变 |  |
| spring | 洋红和黄色之间渐变 | |
| summer | 绿色和黄色之间渐变 |  |
| autumn | 红色向橘黄色、黄色渐变 |  |
| winter | 蓝色和绿色渐变 | |
| gray | 线性灰阶颜色查找表 |  |
| bone | 为含有较高的蓝色组分的 gray 颜色查找表 |  |
| copper | 黑色和亮铜色之间渐变 |  |
| pink | 品红色和白色渐变 |  |
| sky | 白色和天蓝色之间渐变 |  |
| abyss | 深蓝色和天蓝色之间渐变 | |
| jet | 蓝色、青色、黄色、橘红色、红色之间渐变 |  |
| lines | 由坐标系对象的 ColorOrder 属性和灰色阴影确定的颜色查找表 |  |
| colorcube | 包含 RGB 颜色空间中尽可能多的规则间隔的颜色 |  |
| prism | 重复红色、橘红色、黄色、绿色、蓝色和紫色等 6 种颜色 |  |
| flag | 由红色、白色、蓝色和黑色组成 |  |
| white | 白色 | 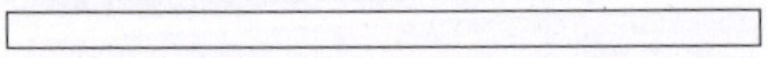 |

## 例 012　棒棒糖图

棒棒糖图与火柴杆图的区别在于前者的圆形点标记更大，而且常常将数据标签放在标记内部，棒棒糖图如图 2-15 所示。

［图表效果］

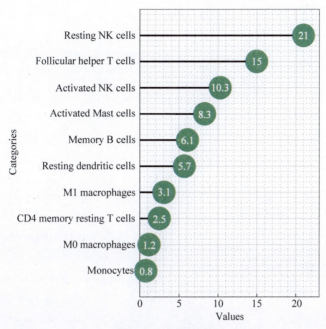

图 2-15　棒棒糖图

［代码实现］

```matlab
1.  % 棒棒糖图 1
2.  clear;close all;                                    % 清空工作空间的变量,关闭所有打开的对话框
3.  data0 = [0.8 1.2 5.7 3.1 2.5 6.1 8.3 10.3 15 21];   % 数据
4.  data = sort(data0,2,"ascend");                      % 升序排列
5.  dBegin = zeros(size(data));                         % 横线起点
6.  t = 1:length(data);                                 % 横线纵坐标
7.  plot([dBegin;data],[t;t],'Color','k','LineWidth',1.25)  % 绘制横线
8.  hold on                                             % 叠加绘图
9.  h = plot(data,t,'or','MarkerSize',22);              % 绘制圆点
10. h.MarkerFaceColor = uint8([114 190 125]);           % 修改圆点的属性
11. h.MarkerEdgeColor = 'none';
12. for i = 1:length(t)                                 % 数据标签
13.     text(data(i),t(i),num2str(data(i)),"HorizontalAlignment",'center')
14. end
15. ylim([0 length(data) + 1])                          % 设置 y 轴的取值范围
16. xlim([0 max(data) + 2])                             % 设置 x 轴的取值范围
17. yticks(1:10)                                        % y 轴刻度的位置
18. labels = ["Monocytes","M0 macrophages",...
19.     "CD4 memory resting T cells","M1 macrophages",...
20.     "Resting dendritic cells","Memory B cells",...
21.     "Activated Mast cells","Activated NK cells",...
22.     "Follicular helper T cells","Resting NK cells"];  % 刻度标签
23. yticklabels(labels)                                 % 设置 y 轴的刻度标签
24. xlabel('Values','FontSize',10)                      % 设置 x 轴标题
25. ylabel('Categories','FontSize',10)                  % 设置 y 轴标题
```

```
26.    ax = gca;                                          % 设置坐标系为当前坐标系
27.    ax.FontSize = 8;                                   % 修改坐标系刻度标签的字体大小
28.    grid on
29.    ax.XMinorGrid = "on";
30.    ax.YMinorGrid = "on";
31.    box off
32.    line([0,max(data) + 2],[length(data) + 1,length(data) + 1],'Color','k','LineWidth',0.25)
33.    line([max(data) + 2,max(data) + 2],[0,length(data) + 1],'Color','k','LineWidth',0.25)
34.
35.    set(gcf,'PaperUnits','points','Position',[0 0 420 440])
36.    exportgraphics(gcf,'sam02_13.png','ContentType','image','Resolution',300)   % 保存为 png 文件
37.    exportgraphics(gcf,'sam02_13.pdf','ContentType','vector')                    % 保存为 pdf 文件
```

[代码说明]

代码第 7 行用 plot 函数绘制棒棒糖的横线，第 9 行用 plot 函数绘制圆形区域点标记来表示糖，第 13 行用 text 函数绘制数据标签。

常用图 2-16 所示的样式绘制棒棒糖图，图中每根棒棒糖着不同的颜色。

[图表效果]

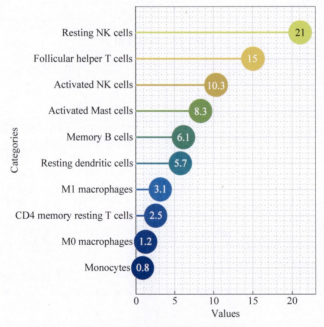

图 2-16　给棒棒糖着不同的颜色

[代码实现]

```
1.    % 棒棒糖图 2
2.    clear;close all;                                   % 清空工作空间的变量,关闭所有打开的对话框
3.    data0 = [0.8 1.2 5.7 3.1 2.5 6.1 8.3 10.3 15 21];  % 数据
4.    data = sort(data0,2,"ascend");                     % 升序排列
5.    dBegin = zeros(size(data));                        % 横线起点
```

```
6.      t = 1:length(data);                                  % 横线纵坐标
7.      cm = colormap;                                        % 当前颜色查找表颜色矩阵
8.      hold on                                               % 叠加绘图
9.      for i = 1:length(data)                                % 绘制各棒棒糖
10.         idx = round(i/length(data0) * length(cm));        % 颜色索引值
11.         if idx < 1 idx = 1;end                            % 如果索引号为 1,改为 1
12.         plot([dBegin(i);data(i)],[t(i);t(i)],'Color',cm(idx,:),'LineWidth',1.25)   % 绘制横线
13.         h = plot(data(i),t(i),'o','MarkerSize',22);       % 绘制圆
14.         h.MarkerFaceColor = cm(idx,:);                    % 修改圆的属性
15.         h.MarkerEdgeColor = cm(idx,:);
16.         text(data(i),t(i),num2str(data(i)),"HorizontalAlignment",'center')    % 数据标签
17.     end
18.     ylim([0 length(data) + 1])                            % 设置 y 轴的取值范围
19.     xlim([0 max(data) + 2])                               % 设置 x 轴的取值范围
20.     yticks(1:10)                                          % 设置 y 轴刻度标签的位置
21.     labels = ["Monocytes","M0 macrophages",...
22.         "CD4 memory resting T cells","M1 macrophages",...
23.         "Resting dendritic cells","Memory B cells",...
24.         "Activated Mast cells","Activated NK cells",...
25.         "Follicular helper T cells","Resting NK cells"];  % 刻度标签
26.     yticklabels(labels)                                   % 设置刻度标签
27.     xlabel('Values','FontSize',10)                        % 设置 x 轴标题
28.     ylabel('Categories','FontSize',10)                    % 设置 y 轴标题
29.     ax = gca;                                             % 设置坐标系为当前坐标系
30.     ax.FontSize = 8;                                      % 修改坐标系刻度标签的字体大小
31.     grid on
32.     ax.XMinorGrid = "on";
33.     ax.YMinorGrid = "on";
34.     box off
35.     line([0,max(data) + 2],[length(data) + 1,length(data) + 1],'Color','k','LineWidth',0.25)
36.     line([max(data) + 2,max(data) + 2],[0,length(data) + 1],'Color','k','LineWidth',0.25)
37.     
38.     set(gcf,'PaperUnits','points','Position',[0 0 420 440])
39.     exportgraphics(gcf,'sam02_14.png','ContentType','image','Resolution',300)    % 保存为 png 文件
40.     exportgraphics(gcf,'sam02_14.pdf','ContentType','vector')                    % 保存为 pdf 文件
```

[代码说明]

本例的着色方法与例 011 中给火柴杆图着不同颜色的方法相同,通过线性插值从默认颜色查找表的颜色矩阵中等间隔获取 10 种颜色进行绘图。

## 例 013  火柴杆图-基线

给水平火柴杆图设置基线,则绘制数据点到基线的垂线,如图 2-17 所示。MATLAB 中没有直接绘制水平火柴杆图和为其设置基线的函数,所以需要自己编程实现。

[图表效果]

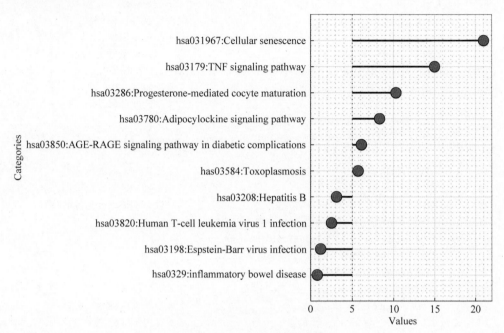

图 2-17　给火柴杆图设置基线

[代码实现]

```matlab
1.  %火柴杆图-基线
2.  clear;close all;                                    %清空工作空间的变量,关闭所有打开的对话框
3.  data0 = [0.8 1.2 5.7 3.1 2.5 6.1 8.3 10.3 15 21];   %数据
4.  data = sort(data0,2,"ascend");                      %升序排列
5.  baseValue = 5;                                      %基线位置
6.  dBegin = ones(size(data)) * baseValue;              %横线起点
7.  t = 1:length(data);                                 %横线纵坐标
8.  plot([dBegin;data],[t;t],'Color','k','LineWidth',1.25) %绘制横线
9.  hold on                                             %叠加绘图
10. h = plot(data,t,'or','MarkerSize',8);               %绘制圆点
11. h.MarkerFaceColor = 'm';                            %修改圆点的属性
12. h.MarkerEdgeColor = 'k';
13. plot([baseValue baseValue],[0 length(data) + 1],'k:') %绘制基线
14. ylim([0 length(data) + 1])                          %设置y轴的取值范围
15. xlim([0 max(data) + 1])                             %设置x轴的取值范围
16. yticks(1:10)                                        %y轴刻度的位置
17. labels = ["hsa0329:inflammatory bowel disease",...
18.     "hsa03198:Espstein-Barr virus infection",...
19.     "hsa03820:Human T-cell leukemia virus 1 infection",...
20.     "hsa03208:Hepatitis B",...
21.     "has03584:Toxoplasmosis",...
22.     "hsa03850:AGE-RAGE signaling pathway in diabetic complications",...
23.     "hsa03780:Adipocylockine signaling pathway",...
24.     "hsa03286:Progesterone-mediated cocyte maturation",...
25.     "hsa03179:TNF signaling pathway",...
26.     "hsa031967:Cellular senescence"];               %刻度标签
27. yticklabels(labels)                                 %设置y轴的刻度标签
28. xlabel('Values','FontSize',7)                       %设置x轴标题
```

```
29.     ylabel('Categories','FontSize',7)                          % 设置 y 轴标题
30.     ax = gca;                                                  % 设置坐标系为当前坐标系
31.     ax.FontSize = 6;                                           % 修改坐标系刻度标签的字体大小
32.     grid on
22.     ax.XMinorGrid = "on";
34.     ax.YMinorGrid = "on";
35.     hold off                                                   % 取消叠加绘图
36.     box off
37.     line([0,max(data) + 1],[length(data) + 1,length(data) + 1],'Color','k','LineWidth',0.25)
38.     line([max(data) + 1,max(data) + 1],[0,length(data) + 1],'Color','k','LineWidth',0.25)
39.
40.     set(gcf,'PaperUnits','points','Position',[0 0 480 350])
41.     exportgraphics(gcf,'sam02_15.png','ContentType','image','Resolution',300)    % 保存为 png 文件
42.     exportgraphics(gcf,'sam02_15.pdf','ContentType','vector')                    % 保存为 pdf 文件
```

[代码说明]

代码第 8 行绘制火柴杆的横线，第 10 行绘制圆点，第 13 行绘制基线。

[技术要点]

与直接绘制水平火柴杆图不同的是，水平火柴杆图是绘制数据点到 y 轴的垂线，而设置基线后是绘制数据点到基线的垂线。所以需要计算垂足的位置并作为横线的一个端点。

# 例 014　棒棒糖图-基线

给棒棒糖图设置基线与给火柴杆图设置基线类似，如图 2-18 所示。

[图表效果]

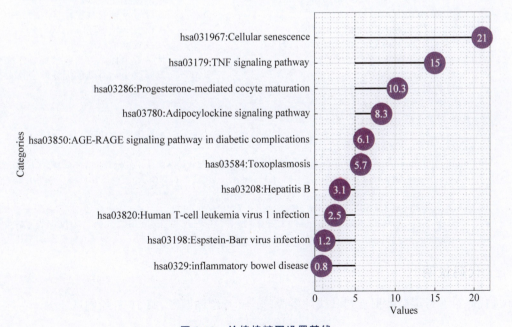

图 2-18　给棒棒糖图设置基线

[代码实现]

```matlab
1.   % 棒棒糖图 - 基线
2.   clear;close all;                                        % 清空工作空间的变量,关闭所有打开的对话框
3.   data0 = [0.8 1.2 5.7 3.1 2.5 6.1 8.3 10.3 15 21];       % 数据
4.   data = sort(data0,2,"ascend");                          % 升序排列
5.   baseValue = 5;                                          % 基线位置
6.   dBegin = ones(size(data)) * baseValue;                  % 横线起点
7.   t = 1:length(data);                                     % 横线纵坐标
8.   plot([dBegin;data],[t;t],'Color','k','LineWidth',1.25)  % 绘制横线
9.   hold on                                                 % 叠加绘图
10.  h = plot(data,t,'or','MarkerSize',22);                  % 绘制圆点
11.  h.MarkerFaceColor = 'm';                                % 修改圆点的属性
12.  h.MarkerEdgeColor = 'none';
13.  for i = 1:length(t)                                     % 数据标签
14.    text(data(i),t(i),num2str(data(i)),"HorizontalAlignment",'center')
15.  end
16.  plot([baseValue baseValue],[0 length(data) + 1],'k:')   % 绘制基线
17.  ylim([0 length(data) + 1])                              % 设置y轴的取值范围
18.  xlim([0 max(data) + 1])                                 % 设置x轴的取值范围
19.  yticks(1:10)                                            % y轴刻度的位置
20.  labels = ["hsa0329:inflammatory bowel disease",...
21.    "hsa03198:Espstein - Barr virus infection",...
22.    "hsa03820:Human T - cell leukemia virus 1 infection",...
23.    "hsa03208:Hepatitis B",...
24.    "has03584:Toxoplasmosis",...
25.    "hsa03850:AGE - RAGE signaling pathway in diabetic complications",...
26.    "hsa03780:Adipocylockine signaling pathway",...
27.    "hsa03286:Progesterone - mediated cocyte maturation",...
28.    "hsa03179:TNF signaling pathway",...
29.    "hsa031967:Cellular senescence"];                     % 刻度标签
30.  yticklabels(labels)                                     % 设置y轴的刻度标签
31.  xlabel('Values','FontSize',10)                          % 设置x轴标题
32.  ylabel('Categories','FontSize',10)                      % 设置y轴标题
33.  ax = gca;                                               % 设置坐标系为当前坐标系
34.  ax.FontSize = 8;                                        % 修改坐标系刻度标签的字体大小
35.  grid on
36.  ax.XMinorGrid = "on";
37.  ax.YMinorGrid = "on";
38.  hold off                                                % 取消叠加绘图
39.  box off
40.  line([0,max(data) + 1],[length(data) + 1,length(data) + 1],'Color','k','LineWidth',0.25)
41.  line([max(data) + 1,max(data) + 1],[0,length(data) + 1],'Color','k','LineWidth',0.25)
42.
43.  set(gcf,'PaperUnits','points','Position',[0 0 630 450])
44.  exportgraphics(gcf,'sam02_16.png','ContentType','image','Resolution',300)    % 保存为png文件
45.  exportgraphics(gcf,'sam02_16.pdf','ContentType','vector')                     % 保存为pdf文件
```

[代码说明]

代码第8行绘制数据点到基线的横线,第10行绘制圆点,第16行绘制基线。

# 第 3 章 线形图

线形图用直线或曲线表现数据。根据绘图数据的组数,线形图分为简单线形图和复合线形图;根据坐标系的类型,分为直角坐标系线形图和极坐标系线形图;根据绘图数据维度的不同,分为二维线形图和三维线形图。另外有一些特殊的表现方法,例如用球面表示点标记、给图添加背景颜色和标注等。

## 例 015　简单线形图

简单线形图用直线或曲线表现向量数据,如图 3-1 所示。图中在几个关键点添加了线标注和点标注。

[图表效果]

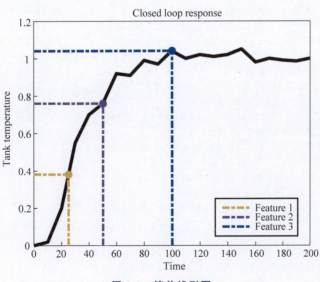

图 3-1　简单线形图

## [代码实现]

```matlab
1.  % 简单线形图
2.  clear;close all;                                      % 清空工作空间的变量,关闭所有打开的对话框
3.  x = 0:10:200;                                         % 绘图数据
4.  y = [0,0.02,0.2,0.55,0.7,0.76,0.92,0.91,0.99,0.97,1.04, ...
5.      1,1.02,1.01,1.02,1.05,0.98,1,0.99,0.985,1];
6.  h = plot(x,y,'-');                                    % 绘制线形图
7.  h.LineWidth = 2.5;                                    % 修改属性
8.  h.Color = 'k';
9.
10. % 标注
11. line([25,25],[0,0.38],'LineWidth',2,'LineStyle', ...
12.     '-.','Color',[0.93,0.69,0.13])                    % 绘制第1组标注线,竖线
13. line([0,25],[0.38,0.38],'LineWidth',2,'LineStyle', ...
14.     '-.','Color',[0.93,0.69,0.13])                    % 绘制第1组标注线,横线
15. hold on                                               % 叠加绘图
16. plot(25,0.38,'o','MarkerFaceColor',[0.93,0.69,0.13], ...
17.     'MarkerEdgeColor',[0.93,0.69,0.13],'MarkerSize',6) % 绘制第1组标注线,圆点
18.
19. line([50,50],[0,0.76],'LineWidth',2,'LineStyle', ...
20.     '-.','Color',[0.72,0.27,1])                       % 绘制第2组标注线,竖线
21. line([0,50],[0.76,0.76],'LineWidth',2,'LineStyle', ...
22.     '-.','Color',[0.72,0.27,1])                       % 绘制第2组标注线,横线
23. plot(50,0.76,'o','MarkerFaceColor',[0.72,0.27,1], ...
24.     'MarkerEdgeColor',[0.72,0.27,1],'MarkerSize',6)   % 绘制第2组标注线,圆点
25.
26. line([100,100],[0,1.04],'LineWidth',2,'LineStyle', ...
27.     '-.','Color',[0,0.45,0.74])                       % 绘制第3组标注线,竖线
28. line([0,100],[1.04,1.04],'LineWidth',2,'LineStyle', ...
29.     '-.','Color',[0,0.45,0.74])                       % 绘制第3组标注线,横线
30. plot(100,1.04,'o','MarkerFaceColor',[0,0.45,0.74], ...
31.     'MarkerEdgeColor',[0,0.45,0.74],'MarkerSize',6)   % 绘制第3组标注线,圆点
32.
33. % 绘制图例,不用默认图例
34. line([136,156],[0.1,0.1],'LineWidth',2,'LineStyle', ...
35.     '-.','Color',[0,0.45,0.74])
36. line([136,156],[0.15,0.15],'LineWidth',2,'LineStyle', ...
37.     '-.','Color',[0.72,0.27,1])
38. line([136,156],[0.2,0.2],'LineWidth',2,'LineStyle', ...
39.     '-.','Color',[0.93,0.69,0.13])
40. text(161,0.1,'Feature 3','FontSize',7)
41. text(161,0.15,'Feature 2','FontSize',7)
42. text(161,0.2,'Feature 1','FontSize',7)
43. rectangle('Position',[131,0.05,60,0.2],'LineWidth',1)
44.
45. % 外框线
46. line([0,200],[1.2,1.2],'Color','k','LineWidth',0.25)
47. line([200,200],[0,1.2],'Color','k','LineWidth',0.25)
48.
49. xlim([0,200])
50. ylim([0,1.2])
51. title('Closed loop response','FontSize',8)
```

```
52.    ylabel('Tank temperature','FontSize',7)
53.    xlabel('Time','FontSize',7)
54.    ax = gca;                                                   % 设置坐标系为当前坐标系
55.    ax.FontSize = 6;                                            % 修改坐标系刻度标签的字体大小
56.    ax.TickDir = "out";
57.    hold off                                                    % 取消叠加绘图
58.    box off                                                     % 不绘制外框
59.
60.    set(gcf,'PaperUnits','points','Position',[0 0 400 300])
61.    exportgraphics(gcf,'sam03_01.png','ContentType','image','Resolution',300)    % 保存为 png 文件
62.    exportgraphics(gcf,'sam03_01.pdf','ContentType','vector')                    % 保存为 pdf 文件
```

[代码说明]

代码第 6~8 行绘制线形图并修改属性，第 10~31 行绘制 3 个点处的线标记和点标记，第 33~43 行绘制图例。

[技术要点]

用 plot 函数绘制线形图。标注和图例直接绘制即可。

给 MATLAB 二维图表添加外框时，顶部和右侧的外框线上会显示刻度线。如果希望去掉刻度线，可以不绘制外框，自己用直线段绘制顶部和右侧的外框线。

## 例 016　复合线形图

复合线形图用多条折线表现多组数据，如图 3-2 所示。如果在每个数据点显示点标记，常称为点线图。

[图表效果]

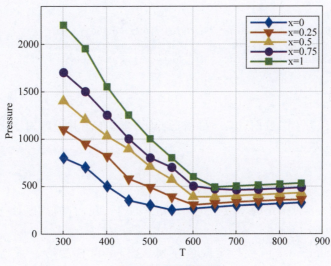

图 3-2　复合线形图

[代码实现]

```matlab
1.   % 复合线形图
2.   clear;close all;                      % 清空工作空间的变量,关闭所有打开的对话框
3.   x = 300:50:850;                       % 绘制图数据,5 组
4.   y = [800,700,500,350,300,250,265,280,295,305,315,325;
5.        1100,950,820,580,490,390,305,320,335,345,355,360;
6.        1400,1205,1030,895,710,570,390,390,400,410,420,430;
7.        1700,1500,1250,1000,800,700,500,470,460,465,475,485;
8.        2200,1950,1550,1250,1000,800,600,490,500,510,520,530];
9.   h = plot(x,y);                        % 绘制复合线形图
10.  h(1).Marker = "diamond";              % 修改各序列的点标记类型
11.  h(2).Marker = "v";
12.  h(3).Marker = "^";
13.  h(4).Marker = "o";
14.  h(5).Marker = "square";
15.  colororder gem                        % 指定颜色序列
16.  for i = 1:length(h)                   % 修改各线形序列的线框、标记大小和标记填充色
17.      h(i).LineWidth = 1.25;
18.      h(i).MarkerSize = 6;
19.      h(i).MarkerFaceColor = h(i).Color;
20.  end
21.
22.  % 自己绘制外框线
23.  xlim([250,900])
24.  ylim([0,2400])
25.  line([250,900],[2400,2400],'Color','k','LineWidth',0.25)
26.  line([900,900],[0,2400],'Color','k','LineWidth',0.25)
27.
28.  ylabel('Pressure','FontSize',7)
29.  xlabel('T','FontSize',7)
30.  ax = gca;                             % 设置坐标系为当前坐标系
31.  ax.FontSize = 6;                      % 修改坐标系刻度标签的字体大小
32.  labels = ["x = 0","x = 0.25","x = 0.5","x = 0.75","x = 1"];   % 刻度标签
33.  legend(ax,labels)                     % 设置刻度标签
34.  grid on                               % 添加网格
35.  box off                               % 不绘制外框
36.
37.  set(gcf,'PaperUnits','points','Position',[0 0 400 300])
38.  exportgraphics(gcf,'sam03_02.png','ContentType','image','Resolution',300)   % 保存为 png 文件
39.  exportgraphics(gcf,'sam03_02.pdf','ContentType','vector')                   % 保存为 pdf 文件
```

[代码说明]

代码第 3~8 行为绘图数据,第 9~20 行绘制复合线形图并设置属性,第 22~26 行绘制顶部和右侧的外框线。

[技术要点]

注意代码第 4~8 行给定的 y 数据是一个矩阵,矩阵每一行的数据对应复合线形图中的一条曲线,或者叫一个序列。

第 15 行用 colororder 函数指定颜色序列,这样可以自动给一系列对象设置颜色。MATLAB 提供了多个颜色序列,如表 3-1 所示,可以直接引用名称进行使用,如本例中使用

的是第 1 个颜色序列 gem。

表 3-1 MATLAB 提供的颜色序列

| 名 称 | 颜 色 序 列 |
|---|---|
| gem | |
| gem12 | |
| glow | |
| glow12 | |
| sail | |
| reef | |
| meadow | |
| dye | |
| earth | |

如果 MATLAB 提供的颜色序列不够用,还可以自定义颜色序列。自定义颜色序列的示例代码如下:

```
newcolors = [0 1 1;1 1 0;1 0 1];
colororders(newcolors)
```

newcolors 变量定义颜色矩阵,然后用 colororders 函数使用该变量。如果对象个数大于颜色序列提供的颜色种数,MATLAB 会循环使用这些颜色。

## 例 017 复合线形图+线面标注

学术期刊上很多图表都不是简单的某种图表,而是经常添加背景色、标注等元素或进行图表组合等。图 3-3 中给复合线形图添加了线标注和面标注,可以突出数据特征,增加图表可读性。

[图表效果]

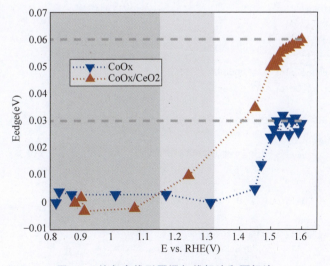

图 3-3 给复合线形图添加线标注和面标注

[代码实现]

```matlab
1.  % 复合线形图 + 线面标注
2.  clear;close all;                              % 清空工作空间的变量,关闭所有打开的对话框
3.  x1 = [0.82,0.83,0.87,1.01,1.17,1.31,1.45,1.47, ...
4.        1.5,1.51,1.52,1.53,1.54,1.55,1.56,1.57, ...
5.        1.58,1.59,1.6];                          % 绘图数据
6.  y1 = [0.0,0.004,0.003,0.003,0.003,0.0,0.005,0.014, ...
7.        0.024,0.027,0.03,0.025,0.032,0.03,0.025,0.03, ...
8.        0.031,0.026,0.029];
9.  x2 = [0.88,0.9,0.91,1.07,1.24,1.45,1.5,1.51, ...
10.       1.515,1.52,1.525,1.53,1.54,1.55,1.56,1.57, ...
11.       1.58,1.59,1.6];                          % 绘图数据2
12. y2 = [0.0,0.002, -0.003, -0.002,0.01,0.035,0.05,0.052, ...
13.       0.05,0.052,0.053,0.055,0.056,0.0565,0.057,0.058, ...
14.       0.058,0.059,0.06];
15. xlim([0.8 1.65])                              % 设置 x 轴的取值范围
16. ylim([-0.01 0.07])                            % 设置 y 轴的取值范围
17.
18. rectangle('Position',[0.8 -0.01 0.35 0.08],'FaceColor',[0.8 0.8 0.8],'EdgeColor','none')
                                                  % 背景1
19. rectangle('Position',[1.15 -0.01 0.17 0.08],'FaceColor',[0.9 0.9 0.9],'EdgeColor','none')
                                                  % 背景2
20.
21. h1 = line(x1,y1);                             % 绘制线形1
22. h1.LineWidth = 1.25;                          % 修改属性
23. h1.LineStyle = ":";
24. h1.Marker = "v";
25. h1.MarkerSize = 7;
26. h1.MarkerFaceColor = '#F4CE91';
27. h1.MarkerFaceColor = h1.Color;
28.
29. h2 = line(x2,y2);                             % 绘制线形2
30. h2.LineWidth = 1.25;                          % 修改属性
31. h2.LineStyle = ":";
32. h2.Marker = "^";
33. h2.MarkerSize = 7;
34. h2.MarkerFaceColor = '#0000FF';
35. h2.MarkerFaceColor = h2.Color;
36.
37. line([1.6 0.8],[0.03 0.03],'LineStyle','--','Color',[0.6 0.6 0.6],'LineWidth',2)
                                                  % 横虚线1
38. line([1.6 0.8],[0.06 0.06],'LineStyle','--','Color',[0.6 0.6 0.6],'LineWidth',2)
                                                  % 横虚线2
39.
40. rectangle('Position',[0.8 -0.01 0.85 0.08],'EdgeColor','k')     % 绘制外框
41.
42. ylabel('Eedge(eV)','FontSize',7)
43. xlabel('E vs. RHE(V)','FontSize',7)
44. ax = gca;                                     % 设置坐标系为当前坐标系
```

```
45.    ax.FontSize = 6;                           % 修改坐标系刻度标签的字体大小
46.    labels = ["CoOx","CoOx/CeO2"];
47.    lgd = legend(ax,labels);                   % 设置刻度标签
48.    lgd.BackgroundAlpha = 0.5;                 % 图例区域半透明
49.    lgd.Position = [0.25,0.65,0.1,0.1];        % 设置图例的位置和大小
50.
51.    set(gcf,'PaperUnits','points','Position',[0 0 400 300])
52.    exportgraphics(gcf,'sam03_03.png','ContentType','image','Resolution',300)    % 保存为 png 文件
53.    exportgraphics(gcf,'sam03_03.pdf','ContentType','vector')                    % 保存为 pdf 文件
```

[代码说明]

代码第 3~14 行为绘图数据,第 18、19 行绘制面标注,第 21~35 行绘制曲线,第 37、38 行绘制线标注,第 40 行绘制外框。

[技术要点]

本例全部使用低级函数绘图。低级函数使用叠加方式绘图,所以不必使用 hold on 语句。需要注意的是绘图的顺序,先绘制面标注,再绘制其他。

本例中图例是自动生成的,第 48 行设置图例区域半透明,并调整了图例的位置和大小。

## 例 018　复合线形图+球面点

图 3-4 中用球面表示复合线形图中的数据点,形成一种更加生动形象的图表风格。

[图表效果]

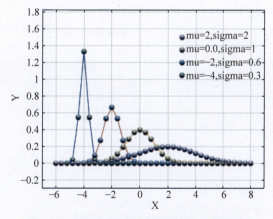

图 3-4　在复合线形图中用球面表示数据点

[代码实现]

```
1.    % 复合线形图 + 球面点
2.    clear;close all;                           % 清空工作空间的变量,关闭所有打开的对话框
```

```
3.    x = -6:.4:8;                                  % 绘图数据
4.    y1 = normpdf(x, -4, 0.3);                     % 正态概率密度函数曲线,注意参数不同
5.    y2 = normpdf(x, -2, 0.6);
6.    y3 = normpdf(x, 0, 1);
7.    y4 = normpdf(x, 2, 2);
8.
9.    plot(x, y1)                                   % 绘制第 1 条曲线
10.   hold on                                       % 叠加绘图
11.   plot(x, y2)                                   % 绘制第 2 条曲线
12.   plot(x, y3)                                   % 绘制第 3 条曲线
13.   plot(x, y4)                                   % 绘制第 4 条曲线
14.
15.   minY = min(min(y2), min(y1)) - 0.3;           % 计算两个方向上的取值范围
16.   maxY = max(max(y2), max(y1)) + 0.5;
17.   maxX = max(x) + 1;
18.   minX = min(x) - 1;
19.   xlim([minX maxX])
20.   ylim([minY maxY])
21.   scale = (maxY - minY)/(maxX - minX);          % 计算纵横比
22.   ax = gca;                                     % 设置坐标系为当前坐标系
23.   v = ax.PlotBoxAspectRatio;
24.   rt = v(2)/v(1);                               % 各方向长度比例
25.   for i = 1:length(x)                           % 用球面绘制第 1 条线上的数据点
26.       [X, Y, Z] = sphere;                       % 单位球面上网格节点的坐标
27.       X = 0.2 * X + x(i);                       % 缩放、平移
28.       Y = 0.2 * Y * scale/rt + y1(i);           % 根据纵横比和各方向显示比例调整
29.       surface(X, Y, Z, 'EdgeColor', 'none', 'FaceColor', uint8([194 220 191]))
30.   end
31.   for i = 1:length(x)                           % 用球面绘制第 2 条线上的数据点
32.       [X2, Y2, Z2] = sphere;
33.       X2 = 0.2 * X2 + x(i);
34.       Y2 = 0.2 * Y2 * scale/rt + y2(i);
35.       surface(X2, Y2, Z2, 'EdgeColor', 'none', 'FaceColor', uint8([186 216 251]))
36.   end
37.   for i = 1:length(x)                           % 用球面绘制第 3 条线上的数据点
38.       [X3, Y3, Z3] = sphere;
39.       X3 = 0.2 * X3 + x(i);
40.       Y3 = 0.2 * Y3 * scale/rt + y3(i);
41.       surface(X3, Y3, Z3, 'EdgeColor', 'none', 'FaceColor', uint8([251 229 184]))
42.   end
43.   for i = 1:length(x)                           % 用球面绘制第 4 条线上的数据点
44.       [X4, Y4, Z4] = sphere;
45.       X4 = 0.2 * X4 + x(i);
46.       Y4 = 0.2 * Y4 * scale/rt + y4(i);
47.       surface(X4, Y4, Z4, 'EdgeColor', 'none', 'FaceColor', uint8([231 216 250]))
48.   end
49.
50.   % 绘制图例,不使用默认图例
51.   xx = [3, 3, 3, 3];
52.   yy = [1.05, 1.2, 1.35, 1.5];
53.   colors = [[194 220 191]; [186 216 251]; ...
```

```
54.          [251 229 184];[231 216 250]]./255;
55.     for i = 1:4                                              % 绘制各点
56.          [X5,Y5,Z5] = sphere;
57.          X5 = 0.2 * X5 + xx(i);
58.          Y5 = 0.2 * Y5 * scale/rt + yy(i);
59.          surface(X5,Y5,Z5,'EdgeColor','none','FaceColor',colors(i,1:3))
60.     end
61.     text(3.5,yy(1),"mu = - 4,sigma = 0.3","FontSize",7)       % 绘制各文本
62.     text(3.5,yy(2),"mu = - 2,sigma = 0.6","FontSize",7)
63.     text(3.5,yy(3),"mu = 0.0,sigma = 1","FontSize",7)
64.     text(3.5,yy(4),"mu = 2,sigma = 2","FontSize",7)
65.
66.     ylabel('Y','FontSize',7)
67.     xlabel('X','FontSize',7)
68.     ax.FontSize = 6;                                          % 修改坐标系刻度标签的字体大小
69.     view(2)                                                   % 二维视图
70.     grid on                                                   % 添加网格
71.     box on                                                    % 显示外框
72.     camlight left                                             % 添加左侧光照
73.     camlight right                                            % 添加右侧光照
74.
75.     set(gcf,'PaperUnits','points','Position',[0 0 400 300])
76.     exportgraphics(gcf,'sam03_04.png','ContentType','image','Resolution',300)    % 保存为 png 文件
77.     exportgraphics(gcf,'sam03_04.pdf','ContentType','vector')                    % 保存为 pdf 文件
```

[代码说明]

代码第 3～7 行为绘图数据，使用 normpdf 函数生成服从指定参数正态分布的概率密度函数数据。第 9～13 行绘制 4 组数据的曲线，第 15～48 行绘制曲线上的球面点，第 30～64 行绘制图例。

[技术要点]

例 010 绘制了正弦曲线和余弦曲线的点图，为了保证球面始终是圆的，用了坐标轴取值范围的纵横比在曲面进行几何变换时进行调节，但是要求坐标系是方形的。

本例在纵横比的基础上增加一个调节参数，即代码第 23、24 行用坐标系对象的 PlotBoxAspectRatio 属性值计算坐标系绘图区两个方向上的显示长度比率。注意，前面讲的纵横比是真实长度的比率，这里是显示长度的比率。用 axis square、axis equal 等语句绘图时，绘图区长宽方向上的显示长度比率是不一样的。代码第 28 行、第 34 行、第 40 行和第 46 行进行几何变换时用纵横比和显示长度比率进行了调节。

## 例 019　复合线形图＋球面点＋背景色

图 3-5 所示为给复合线形图添加渐变色填充的背景。

[图表效果]

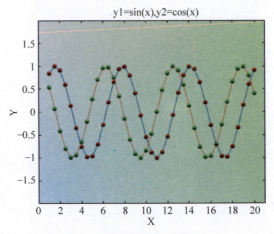

图 3-5　给复合线形图添加背景色

[代码实现]

```matlab
1.   % 复合线形图 + 球面点 + 背景色
2.   clear;close all;                              % 清空工作空间的变量,关闭所有打开的对话框
3.   x = 1:0.5:20;                                 % 绘图数据
4.   y1 = sin(x);
5.   y2 = cos(x);
6.
7.   plot(x,y1)                                    % 绘制第 1 条曲线
8.   hold on                                       % 叠加绘图
9.   plot(x,y2)                                    % 绘制第 2 条曲线
10.
11.  minY = min(min(y2),min(y1)) - 1;              % 计算两个方向上的取值范围
12.  maxY = max(max(y2),max(y1)) + 1;
13.  maxX = max(x) + 1;
14.  minX = min(x) - 1;
15.  xlim([minX maxX])
16.  ylim([minY maxY])
17.  scale = (maxY - minY)/(maxX - minX);          % 计算纵横比
18.  ax = gca;                                     % 设置坐标系为当前坐标系
19.  v = ax.PlotBoxAspectRatio;
20.  rt = v(2)/v(1);                               % 各方向长度比例
21.
22.  for i = 1:length(x)                           % 绘制第 1 条线上的点
23.      [X,Y,Z] = sphere;
24.      X = 0.2 * X + x(i);
25.      Y = 0.2 * Y * scale/rt + y1(i);
26.      surface(X,Y,Z,'EdgeColor','none','FaceColor','r')
27.  end
28.  for i = 1:length(x)                           % 绘制第 2 条线上的点
29.      [X2,Y2,Z2] = sphere;
30.      X2 = 0.2 * X2 + x(i);
31.      Y2 = 0.2 * Y2 * scale/rt + y2(i);
```

```
32.     surface(X2,Y2,Z2,'EdgeColor','none','FaceColor','g')
33.   end
34.
35.   color = uint8([173 175 177 200;              % 绘图区 4 个顶点的颜色，R、G、B 和 Alpha
36.       216 217 218 200;
37.       236 154 132 200;
38.       228 228 85 200]);
39.   fc = ax.Backdrop.Face;                       % 绘图区渐变色填充
40.   fc.ColorBinding = 'interpolated';
41.   fc.ColorData = color;
42.
43.   title('y1 = sin(x),y2 = cos(x)','FontSize',8) % 标题
44.   ylabel('Y','FontSize',7)
45.   xlabel('X','FontSize',7)
46.   ax.FontSize = 6;                              % 修改坐标系刻度标签的字体大小
47.   view(2)                                       % 二维视图
48.   box on                                        % 显示外框
49.   camlight left                                 % 添加左侧光照
50.   camlight right                                % 添加右侧光照
51.   hold off                                      % 取消叠加绘图
52.
53.   set(gcf,'PaperUnits','points','Position',[0 0 400 300])
54.   exportgraphics(gcf,'sam03_05.png','ContentType','image','Resolution',300)    % 保存为 png 文件
55.   exportgraphics(gcf,'sam03_05.pdf','ContentType','vector')                    % 保存为 pdf 文件
```

[代码说明]

代码第 3～5 行为绘图数据，第 7～9 行绘制复合线形图，第 11～33 行绘制曲线上的球面点，第 35～41 行绘制绘图区背景。

[技术要点]

例 017 介绍用 rectangle 函数直接绘制矩形构造绘图区背景，本例介绍另外一种更加直接的方法，这种方法适合对整个绘图区进行颜色填充。

代码第 35～41 行直接通过坐标系对象的属性设置实现绘图区的渐变色填充，代码如下：

```
color = uint8([173 175 177 200;       % 绘图区 4 个顶点的颜色，R、G、B 和 Alpha
    216 217 218 200;
    236 154 132 200;
    228 228 85 200]);
fc = ax.Backdrop.Face;                 % 绘图区渐变色填充
fc.ColorBinding = 'interpolated';
fc.ColorData = color;
```

color 变量定义绘图区 4 个顶点的颜色组成的颜色矩阵，注意需要指定透明度值，每行 4 个数分别表示颜色的红色、绿色、蓝色分量和透明度值，可以直接用 0～1 的小数定义，也可以用 0～255 的整数定义，然后用 uint8 等函数转换。注意按逆时针方向指定 4 个顶点的颜色。

通过连续引用获取 ax.Backdrop.Face 属性的值，它是一个表示绘图区区域的面对象。设置该对象的 ColorBinding 属性值为 'interpolated'、ColorData 属性的值为 color 变量，实现

渐变色插值。该对象还有另外一些属性,如设置图片纹理等,但测试后发现暂不可用。

## 例 020　平滑线形图

通过三次样条插值可以对折线数据进行平滑,用平滑数据画出来的图形都经过数据点,并且是平滑曲线,如图 3-6 所示。

[图表效果]

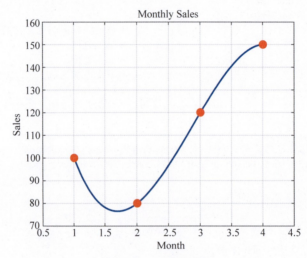

图 3-6　平滑线形图

[代码实现]

```
1.   % 平滑线形图
2.   clear;close all;                          % 清空工作空间的变量,关闭所有打开的对话框
3.   x = 1:4;                                  % 绘图数据
4.   y = [100,80,120,150];
5.   
6.   pp = spline(x,y);                         % 根据原始数据得到合适的样条插值模型
7.   xx = linspace(min(x),max(x),100);         % x 向细分
8.   yy = ppval(pp,xx);                        % 插值计算各细分点处的 y 值
9.   
10.  h = plot(xx,yy,'-');                      % 绘制平滑曲线
11.  h.LineWidth = 1.25;                       % 修改线宽
12.  hold on                                   % 叠加绘图
13.  h = plot(x,y,'o');                        % 绘制原始数据点
14.  h.MarkerSize = 7;                         % 修改属性
15.  h.MarkerFaceColor = '#FF0000';
16.  h.MarkerEdgeColor = '#FF0000';
17.  xlim([0.5 4.5])                           % 设置 x 轴的取值范围
18.  ylim([70 160])                            % 设置 y 轴的取值范围
19.  
20.  title('Monthly Sales','FontSize',8)       % 标题
21.  ylabel('Sales','FontSize',7)
```

```
22.     xlabel('Month','FontSize',7)
23.     ax = gca;                                       % 设置坐标系为当前坐标系
24.     ax.FontSize = 6;                                % 修改坐标系刻度标签的字体大小
25.     grid on                                         % 添加网格
26.     hold off                                        % 取消叠加绘图
27.
28.     set(gcf,'PaperUnits','points','Position',[0 0 400 300])
29.     exportgraphics(gcf,'sam03_06.png','ContentType','image','Resolution',300)   % 保存为 png 文件
30.     exportgraphics(gcf,'sam03_06.pdf','ContentType','vector')                   % 保存为 pdf 文件
```

[代码说明]

代码第 3、4 行为原始数据，第 5～8 行通过样条插值得到平滑后的数据 xx 和 yy，第 10～16 行用平滑数据绘制曲线，用原始数据绘制数据点。

[技术要点]

数据平滑的代码如下：

```
pp = spline(x,y);
xx = linspace(min(x),max(x),100);
yy = ppval(pp,xx);
```

显然，第 1 行代码用 spline 函数根据原始数据得到合适的样条插值模型，第 2 行代码用 linspace 函数在 x 的最小值和最大值之间等间隔取 100 个数，第 3 行代码用 ppval 函数结合前面得到的样条插值模型计算各 xx 值处的 yy 值，最终得到平滑后的曲线数据。

## 例 021　线形图＋特殊字符标注

线形图常常用来表现数学公式的图形，数学公式中常常有一些特殊字符，本节介绍特殊字符的标注。图 3-7 中添加了两个数学公式，用箭头标注了 $x=3.14$ 处的 $y$ 值 $\sin(\pi)$。

[图表效果]

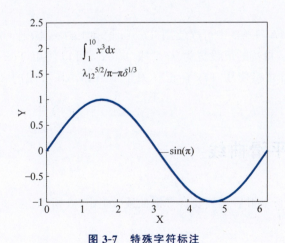

图 3-7　特殊字符标注

[代码实现]

```matlab
1.  % 线形图 + 特殊字符标注
2.  clear;close all;                                    % 清空工作空间的变量，关闭所有打开的对话框
3.  ax = gca;                                           % 设置坐标系为当前坐标系
4.  ax.XLim = [0 2*pi];                                 % 设置 x 轴的取值范围
5.  ax.YLim = [-1 2.5];                                 % 设置 y 轴的取值范围
6.  x = 0:pi/20:2*pi;                                   % 绘图数据
7.  y = sin(x);
8.  line(x,y,'LineWidth',1.5)                           % 绘制线形图
9.  text(pi,0,'\leftarrow sin(\pi)')                    % 用 Tex 标记添加文本标注
10. % 用 Latex 标记添加文本标注
11. text(1,2,'$ $ \int_1^{10} x^3 dx $ $','Interpreter','latex');
12. % 用 texlabel 函数添加文本标注
13. txt = texlabel('lambda12^(5/2)/pi-pi*delta^(1/3)');
14. text(1,1.5,txt)
15. ylabel('Y','FontSize',7)
16. xlabel('X','FontSize',7)
17. ax.FontSize = 6;
18. box off
19. line([0,2*pi],[2.5,2.5],'Color','k','LineWidth',0.25)
20. line([2*pi,2*pi],[-1,2.5],'Color','k','LineWidth',0.25)
21.
22. set(gcf,'PaperUnits','points','Position',[0 0 400 300])
23. exportgraphics(gcf,'sam03_07.png','ContentType','image','Resolution',300)   % 保存为 png 文件
24. exportgraphics(gcf,'sam03_07.pdf','ContentType','vector')                    % 保存为 pdf 文件
```

[代码说明]

代码第 6、7 行为绘图数据，第 8 行绘制正弦曲线图，第 9～14 行添加标注。

[技术要点]

对于特殊字符，MATLAB 中可以使用 Tex 标记和 LaTex 标记。用 text 函数添加文本标注时，将 Interpreter 参数的值设置为 'tex' 或 'latex'，可以使用 Tex 标记和 LaTex 标记。默认时，即不声明时可直接使用 Tex 标记。关于 MATLAB 可用的 Tex 标记和 LaTex 标记，请参见官方文档。

## 例 022　复合平滑曲线

将复合线形图进行平滑后得到复合平滑曲线，如图 3-8 所示。

[图表效果]

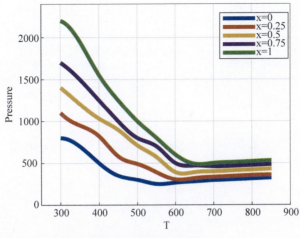

图 3-8　复合平滑曲线

[代码实现]

```
1.   %复合平滑曲线
2.   clear;close all;                              %清空工作空间的变量,关闭所有打开的对话框
3.   x = 300:50:850;                               %绘图数据,5 组
4.   y = [800,700,500,350,300,250,265,280,295,305,315,325;
5.        1100,950,820,580,490,390,305,320,335,345,355,360;
6.        1400,1205,1030,895,710,570,390,390,400,410,420,430;
7.        1700,1500,1250,1000,800,700,500,470,460,465,475,485;
8.        2200,1950,1550,1250,1000,800,600,490,500,510,520,530];
9.
10.  colororder gem                                %颜色序列
11.  for i = 1:5                                   %平滑绘图数据并绘图
12.      pp = spline(x,y(i,:));
13.      xx = linspace(min(x),max(x),100);         %x 轴细化
14.      yy = ppval(pp,xx);                        %通过样条插值计算各细化 x 处的 y 值
15.      h = plot(xx,yy);                          %绘制各线形图
16.      h.LineWidth = 3;                          %设置线宽
17.      hold on                                   %叠加绘图
18.  end
19.  h.LineWidth = 3;                              %第 5 根线的线宽
20.
21.  %绘制外框线,不使用默认的外框线
22.  xlim([250,900])
23.  ylim([0,2400])
24.  line([250,900],[2400,2400],'Color','k','LineWidth',0.25)
25.  line([900,900],[0,2400],'Color','k','LineWidth',0.25)
26.
27.  ylabel('Pressure','FontSize',7)
28.  xlabel('T','FontSize',7)
29.  ax = gca;                                     %设置坐标系为当前坐标系
30.  ax.FontSize = 6;                              %修改坐标系刻度标签的字体大小
```

```
31.    labels = ["x = 0","x = 0.25","x = 0.5","x = 0.75","x = 1"];
32.    legend(ax,labels)
33.    grid on                                                       % 添加网格
34.    box off                                                       % 不绘制外框
35.    hold off                                                      % 取消叠加绘图
36.
37.    set(gcf,'PaperUnits','points','Position',[0 0 400 300])
38.    exportgraphics(gcf,'sam03_08.png','ContentType','image','Resolution',300)   % 保存为 png 文件
39.    exportgraphics(gcf,'sam03_08.pdf','ContentType','vector')     % 保存为 pdf 文件
```

[代码说明]

代码第 3～8 行为绘图数据,第 10～19 行平滑数据并绘制曲线,第 21～25 行绘制外框。

[技术要点]

本例的技术要点在于数据平滑,请参见例 020 的介绍。

## 例 023　颜色填充复合线形图

将复合线形图中的曲线与其基线之间的区域进行颜色填充,得到颜色填充复合线形图,如图 3-9 所示。正弦和余弦曲线与 0 基线之间的区域进行了渐变色填充。

[图表效果]

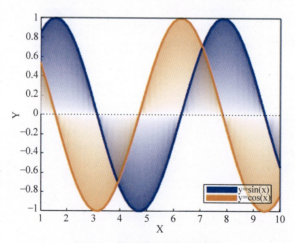

图 3-9　颜色填充复合线形图

[代码实现]

```
1.    % 颜色填充复合线形图
2.    clear;close all;                      % 清空工作空间的变量,关闭所有打开的对话框
3.    x1 = 1:0.2:10;                        % 绘图数据,分两组
4.    y1 = sin(x1);
```

```
5.    x2 = 1:0.2:10;
6.    y2 = cos(x2);
7.    h1 = drawPoly(x1,y1,[0 0 1]);                    % 绘制第 1 个填充区域
8.    h2 = drawPoly(x2,y2,[1 0.5 0]);                  % 绘制第 2 个填充区域
9.    hold on                                          % 叠加绘图
10.   plot(x1,y1,'LineWidth',2,'Color','b')            % 绘制第 1 个线形
11.   plot(x2,y2,'LineWidth',2,'Color',[1 0.5 0])     % 绘制第 2 个线形
12.   line([1,10],[0,0],'Color','k','LineStyle',':')  % 绘制 0 线
13.
14.   % 自己绘制外框线
15.   xlim([1,10])
16.   ylim([-1,1])
17.   line([1,10],[1,1],'Color','k','LineWidth',0.25)
18.   line([10,10],[-1,1],'Color','k','LineWidth',0.25)
19.
20.   ylabel('Y','FontSize',7)                         % y 轴标题
21.   xlabel('X','FontSize',7)
22.   ax = gca;                                        % 设置坐标系为当前坐标系
23.   ax.FontSize = 6;                                 % 修改坐标系刻度标签的字体大小
24.   hold off                                         % 取消叠加绘图
25.   lgd = legend(["y = sin(x)","y = cos(x)"],'Location','southeast');
26.   lgd.BackgroundAlpha = 0.5;                       % 图例区域半透明
27.
28.   set(gcf,'PaperUnits','points','Position',[0 0 400 300])
29.   print(gcf,['sam03_09','.png'],'-r300','-dpng')
30.   print(gcf,['sam03_09','.pdf'],'-bestfit','-dpdf')
31.
32.   function p = drawPoly(x,y,cr)
33.       % 根据曲线和 0 线绘制填充区域
34.       len = length(x);
35.       maxY = max(y);
36.       for i = 1:len
37.           x(i+len) = x(i);
38.           y(i+len) = 0.0;
39.       end
40.       % 用面片实现曲线上各点及其在横轴上投影点构成的区域的渐变色填充
41.       for i = 1:len*2
42.           vert(i,1) = x(i);
43.           vert(i,2) = y(i);
44.           va(i,1) = 0.7;
45.       end
46.       for i = 1:len
47.           vc(i,:) = cr;                             % 曲线上点的颜色为指定颜色
48.           vc(i+len,:) = [1 1 1];                    % 投影点的颜色为白色
49.       end
50.       for i = 1:len-1
51.           face(i,1) = i;
52.           face(i,2) = i+len;
53.           face(i,3) = i+len+1;
54.           face(i,4) = i+1;
55.       end
```

```
56.     p = patch('Vertices',vert,'Faces',face,'FaceVertexCData',vc,...
57.            'FaceColor','interp','EdgeColor','none','FaceVertexAlpha',va,'FaceAlpha','flat');
58.     slpha(0.5)
59.  end
```

[代码说明]

代码第 3～6 行为绘图数据，第 7～12 行填充曲线与基线之间的区域并绘制曲线和基线，第 14～18 行绘制外框，第 20～26 行设置图表样式，第 28～30 行设置窗口并输出图表，第 32～59 行用一个函数实现曲线与基线之间区域的渐变色填充。

[技术要点]

本例的技术要点在于 drawPoly 函数的实现。该函数用面片绘制曲线和基线之间的面。MATLAB 常用面片表示不规则面。本书大量用到面片，所以有必要介绍面片的创建和设置。在 MATLAB 命令窗口输入以下代码：

```
>> vert = [0 0 .5;1 0 1;1.5 1;.5 1 1;0 1 1];
>> fac = [1 3 2;1 4 3;1 5 4];
>> tcolor = [.7 .1 .4;1 1 0;1 0 0;0 1 0;0 0 1];
>> patch('Faces',fac,'Vertices',vert,'FaceVertexCData',tcolor,'FaceColor','interp');
>> axis([0 1 0 1 0 2]);
>> view(3)
```

生成图 3-10。图中面片由 3 个三角形面组合而成，这些三角形面称为面片的小面。

分析以上创建面片的代码，vert 变量是一个 5 行 3 列的矩阵，记录面片各顶点的三维坐标，每行数据表示 1 个点，如果是三维点，每行有 3 个值；如果是二维点，就只有两个值。各顶点从前往后从 1 开始依序编号。fac 变量也是一个矩阵，每行整数用顶点编号表示一个小面。例如第一行的 3 个数 1、3 和 2 表示第 1 个三角形小面的 3

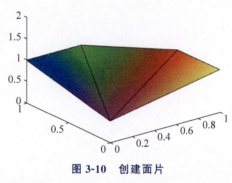

图 3-10　创建面片

个顶点的编号，分别为 1、3 和 2。注意点的编号按逆时针方向排列。tcolors 变量定义各顶点的颜色，用 5 行 3 列的矩阵表示，每行数据表示一个点的颜色。然后用 patch 函数绘制面片。面片的着色方式有 3 种，可以是单色、刻面着色和插值着色，这里使用插值着色，得到的是渐变色填充的效果。关于面片更详细的介绍，请参见本书姊妹篇《从理论到实践》。

明白 MATLAB 中面片的创建后，理解 drawPoly 函数就比较容易了，重点在于该函数怎么组织表示顶点、面和颜色的变量。

如图 3-11 所示，将正弦曲线与 0 基线之间的所有面看作一个面片，面片中有很多灰色的竖线。曲线、基线和相邻竖线围成的梯形可以看作一个小面，所以整个面片由很多四边形的小面组合而成。基线上灰色线的端点是曲线上数据点在基线上的投影点，该点处的颜色为白色。这样，就不难得到需要的表示顶点、小面和顶点颜色的变量。

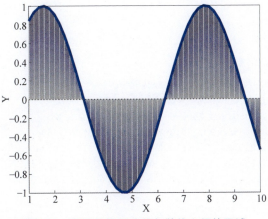

图 3-11　用面片绘制曲线与基线之间的区域

## 例 024　分面线形图

采集到的原始数据可以根据分类变量进行分类，各分类的数据可以用点标记、颜色、标记大小进行区分，也可以用分面图分别显示。所谓分面图，就是将各分类的数据分别在不同的坐标系中绘图，如图 3-12 所示。

[图表效果]

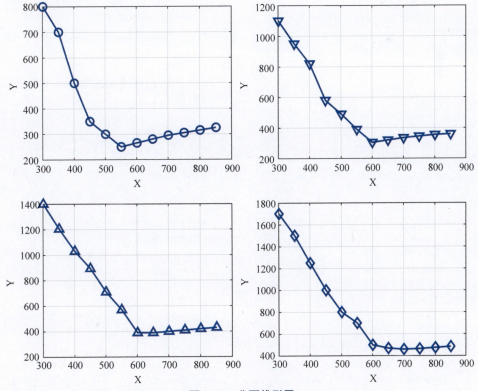

图 3-12　分面线形图

[代码实现]

```matlab
1.  % 分面线形图
2.  clear;close all;                                      % 清空工作空间的变量,关闭所有打开的对话框
3.  tiledlayout(2,2,"TileSpacing","compact");             % 多图
4.  x = 300:50:850;                                       % 绘图数据,5 组
5.  y = [800,700,500,350,300,250,265,280,295,305,315,325;
6.       1100,950,820,580,490,390,305,320,335,345,355,360;
7.       1400,1205,1030,895,710,570,390,390,400,410,420,430;
8.       1700,1500,1250,1000,800,700,500,470,460,465,475,485;
9.       2200,1950,1550,1250,1000,800,600,490,500,510,520,530];
10.
11. ax1 = nexttile;
12. h = plot(x,y(1,:),'-o');                              % 绘制第 1 组数据的线形图
13. h.LineWidth = 1.25;                                   % 修改属性
14. h.MarkerSize = 6;
15. ylabel('Y','FontSize',7)
16. xlabel('X','FontSize',7)
17. ax1.FontSize = 6;                                     % 刻度标签的字体大小
18. grid on                                               % 添加网格
19.
20. ax2 = nexttile;
21. h = plot(x,y(2,:),'-v');                              % 绘制第 2 组数据的线形图
22. h.LineWidth = 1.25;                                   % 修改属性
23. h.MarkerSize = 6;
24. ylabel('Y','FontSize',7)
25. xlabel('X','FontSize',7)
26. ax2.FontSize = 6;                                     % 刻度标签的字体大小
27. grid on                                               % 添加网格
28.
29. ax3 = nexttile;
30. h = plot(x,y(3,:),'-^');                              % 绘制第 3 组数据的线形图
31. h.LineWidth = 1.25;                                   % 修改属性
32. h.MarkerSize = 6;
33. ylabel('Y','FontSize',7)
34. xlabel('X','FontSize',7)
35. ax3.FontSize = 6;                                     % 刻度标签的字体大小
36. grid on                                               % 添加网格
37.
38. ax4 = nexttile;
39. h = plot(x,y(4,:),'-d');                              % 绘制第 4 组数据的线形图
40. h.LineWidth = 1.25;                                   % 修改属性
41. h.MarkerSize = 6;
42. ylabel('Y','FontSize',7)
43. xlabel('X','FontSize',7)
44. ax4.FontSize = 6;                                     % 刻度标签的字体大小
45. grid on                                               % 添加网格
46.
47. set(gcf,'PaperUnits','points','Position',[0 0 600 500])
48. exportgraphics(gcf,'sam03_10.png','ContentType','image','Resolution',300)   % 保存为 png 文件
49. exportgraphics(gcf,'sam03_10.pdf','ContentType','vector')                   % 保存为 pdf 文件
```

[代码说明]

代码第 4～9 行为绘图数据，第 11～45 行在 4 个坐标系中分别绘制分面线形图。

[技术要点]

本例的技术要点是在同一个绘图窗口中绘制多个图表。MATLAB 中实现多图绘制可以使用传统的 subplot 函数，或者使用本例用到的 tiledlayout…nexttile 结构。第 3 行代码用 tiledlayout 函数创建一个 2 行 2 列的网格布局，第 11 行、第 20 行、第 29 行和第 38 行代码用 nexttile 语句指定下一个坐标系进行绘图。

## 例 025　三维线形图

MATLAB 可以在三维坐标系中绘制线形图，如图 3-13 所示。

[图表效果]

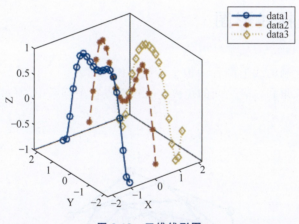

图 3-13　三维线形图

[代码实现]

```
1.   % 三维线形图
2.   clear;close all;                          % 清空工作空间的变量,关闭所有打开的对话框
3.   [X,Y] = meshgrid( - 2:.2:2, - 2:0.2:2);   % 数据
4.   Z = sin(X.^2 + Y.^2);
5.   h = plot3(X(:,6),Y(:,6),Z(:,6),'- o',...
6.       X(:,12),Y(:,12),Z(:,12),'-- *',...
7.       X(:,18),Y(:,18),Z(:,18),':d');        % 绘制三维线形图
8.   for i = 1:length(h)                       % 设置线宽
9.       h(i).LineWidth = 1.25;
10.  end
11.  xlim([ - 2.2 2.2])                        % 设置 x 轴的取值范围
12.  ylim([ - 2.2 2.2])                        % 设置 y 轴的取值范围
```

```
13.    xlabel('X','FontSize',7)
14.    ylabel('Y','FontSize',7)
15.    zlabel('Z','FontSize',7)
16.    ax = gca;                                          % 设置坐标系为当前坐标系
17.    ax.FontSize = 6;                                   % 修改坐标系刻度标签的字体大小
18.    legend                                             % 显示图例
19.    box on                                             % 显示外框
20.
21.    set(gcf,'PaperUnits','points','Position',[0 0 400 300])
22.    exportgraphics(gcf,'sam03_11.png','ContentType','image','Resolution',300)    % 保存为 png 文件
23.    exportgraphics(gcf,'sam03_11.pdf','ContentType','vector')                    % 保存为 pdf 文件
```

[代码说明]

代码第 3、4 行为绘图数据，第 5～10 行绘制三维线形图并修改属性。

[技术要点]

用 plot3 函数绘制三维线形图。与二维线形图不同的是，三维线形图中点的坐标使用三维坐标。

## 例 026　极坐标线形图

在极坐标系中绘制的线形图称为极坐标线形图，如图 3-14 所示。极坐标系中，用数据点相对于原点的方位角和二者之间的距离定义数据点在坐标系中的位置。

[图表效果]

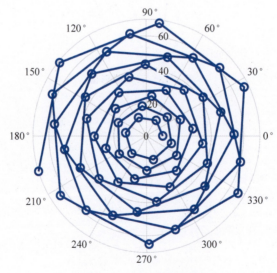

图 3-14　极坐标线形图

[代码实现]

```
1.   % 极坐标线形图
2.   clear;close all;                                    % 清空工作空间的变量,关闭所有打开的对话框
3.   theta = 0:1:60;                                     % 数据
4.   rho = 10:1:70;
5.   polarplot(theta,rho,'-o','LineWidth',1.5)           % 绘制极坐标线形图
6.   ax = gca;                                           % 设置坐标系为当前坐标系
7.   ax.FontSize = 6;                                    % 修改坐标系刻度标签的字体大小
8.
9.   set(gcf,'PaperUnits','points','Position',[0 0 400 300])
10.  exportgraphics(gcf,'sam03_12.png','ContentType','image','Resolution',300)   % 保存为 png 文件
11.  exportgraphics(gcf,'sam03_12.pdf','ContentType','vector')                    % 保存为 pdf 文件
```

[代码说明]

代码第 3、4 行为绘图数据,第 5～7 行绘制极坐标线形图并修改属性。

[技术要点]

用 polarplot 函数绘制极坐标线形图。绘图数据需要定义每个点的方位角和半径长度。

## 例 027　线形图区间填充

图 3-15 和图 3-16 中对两根折线之间的区域进行渐变色填充。前者利用 $y$ 轴数据进行渐变色填充,后者利用 $x$ 轴数据进行渐变色填充。

[图表效果]

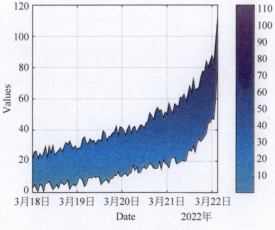

图 3-15　用 $y$ 轴数据渲染

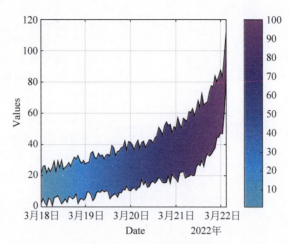

图 3-16 用 x 轴数据渲染

## [代码实现]

```matlab
1.  % 线形图区间填充
2.  clear;close all;                                          % 清空工作空间的变量,关闭所有打开的对话框
3.  tbl = readtimetable('时间序列 2.xlsx');                    % 数据
4.  xconf = [tbl.time;tbl.time(end:-1:1)];                    % 多边形顶点 x 坐标,逆时针方向
5.  yconf = [tbl.data1;tbl.data2(end:-1:1)];                  % 多边形顶点 y 坐标
6.  f = fill(xconf,yconf,'r');                                % 面填充
7.  f.CData = f.YData;                                        % 根据 y 轴数据着色
8.  f.FaceColor = 'interp';                                   % 渐变着色
9.  xlim([min(tbl.time) max(tbl.time)]);                      % 设置 x 轴的取值范围
10. xlabel('Date','FontSize',7)
11. ylabel('Values','FontSize',7)
12. ax = gca;                                                 % 设置坐标系为当前坐标系
13. ax.FontSize = 6;                                          % 修改坐标系刻度标签的字体大小
14. box on                                                    % 显示外框
15. grid on                                                   % 添加网格
16. colormap cool                                             % 修改颜色查找表
17. colorbar                                                  % 显示色条
18.
19. set(gcf,'PaperUnits','points','Position',[0 0 300 220])
20. exportgraphics(gcf,'sam03_13.png','ContentType','image','Resolution',300)   % 保存为 png 文件
21. exportgraphics(gcf,'sam03_13.pdf','ContentType','vector')                   % 保存为 pdf 文件
22.
23. figure
24. f2 = fill(xconf,yconf,'r');
25. f2.CData = [1:length(tbl.time) length(tbl.time):-1:1]';                     % 用 x 轴数据着色
26. f2.FaceColor = 'interp';
27. xlim([min(tbl.time) max(tbl.time)])
28. xlabel('Date','FontSize',7)
29. ylabel('Values','FontSize',7)
30. ax = gca;                                                 % 设置坐标系为当前坐标系
31. ax.FontSize = 6;                                          % 修改坐标系刻度标签的字体大小
32. box on                                                    % 显示外框
33. grid on                                                   % 添加网格
34. colormap cool                                             % 修改颜色查找表
35. colorbar                                                  % 显示色条
36.
```

```
37.    set(gcf,'PaperUnits','points','Position',[0 0 300 220])
38.    exportgraphics(gcf,'sam03_12_2.png','ContentType','image','Resolution',300)    % 保存为 png 文件
39.    exportgraphics(gcf,'sam03_12_2.pdf','ContentType','vector')                    % 保存为 pdf 文件
```

[代码说明]

代码第 3～21 行绘制图 3-15，第 22～38 行绘制图 3-16。

[技术要点]

例 023 介绍了用面片实现曲线和基线之间区域的渐变色填充的方法。本例介绍另外一种方法，即使用 fill 函数进行渐变色填充。该方法使用起来更简便。

使用 fill 函数进行多边形的颜色填充，先要定义一个多边形。定义多边形，用两个变量分别保存多边形各顶点的 $x$ 坐标和 $y$ 坐标，注意各顶点按逆时针方向排列。定义好后，将 $x$ 坐标和 $y$ 坐标作为参数指定给 fill 函数即可。该函数返回一个 fill 对象 f，指定该对象 CData 属性的值为 f.YData 时，用 $y$ 轴数据映射当前颜色查找表进行渐变色填充；指定为 $x$ 轴数据组成的数组时，用 $x$ 轴数据实现渐变色填充。如本例代码第 8 行和第 25 行所示。

## 例 028　纵向线形图

纵向线形图中，$y$ 轴是分类轴，$x$ 轴是数值轴，如图 3-17 所示。纵向线形图实际上是将同一序列的滑珠图用直线段连接相邻点。

[图表效果]

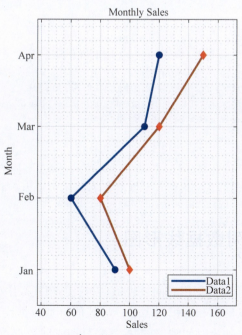

图 3-17　纵向线形图

[代码实现]

```matlab
1.   % 纵向线形图
2.   clear;close all;                              % 清空工作空间的变量,关闭所有打开的对话框
3.   y = [1,2,3,4]';                               % 数据
4.   x1 = [90,60,110,120]';
5.   x2 = [100,80,120,150]';
6.   plot([x1 x2],y)                               % 绘制线形图
7.   hold on                                       % 叠加绘图
8.   h2 = scatter(x1,y,'b','filled');              % 绘制蓝色数据点
9.   h2.MarkerFaceAlpha = 1;                       % 修改属性
10.  h3 = scatter(x2,y,'r','filled');              % 绘制红色数据点
11.  h3.Marker = "diamond";
12.  h3.MarkerFaceAlpha = 1;
13.  xMin = min(min(x1),min(x2));                  % 计算并设置x轴的取值范围
14.  xMax = max(max(x1),max(x2));
15.  xRag = xMax - xMin;
16.  xlim([xMin - xRag/4,xMax + xRag/4])
17.  title('Monthly Sales','FontSize',8)           % 标题
18.  xlabel('Sales','FontSize',7)
19.  ylabel('Month','FontSize',7)
20.  ylim([0.5 4.5])                               % 设置y轴的取值范围
21.  yticks(1:4)                                   % 设置y轴的刻度位置
22.  labels = ["Jan","Feb","Mar","Apr"];
23.  yticklabels(labels)                           % 设置y轴的刻度标签
24.  ax = gca;                                     % 设置坐标系为当前坐标系
25.  ax.FontSize = 6;                              % 修改坐标系刻度标签的字体大小
26.  grid on                                       % 添加网格
27.  ax.XMinorGrid = "on";
28.  ax.YMinorGrid = "on";
29.  legend(["Data1","Data2"],'Location','southeast')
30.  hold off                                      % 取消叠加绘图
31.
32.  set(gcf,'PaperUnits','points','Position',[0 0 400 300])
33.  exportgraphics(gcf,'sam03_14.png','ContentType','image','Resolution',300)   % 保存为png文件
34.  exportgraphics(gcf,'sam03_14.pdf','ContentType','vector')                   % 保存为pdf文件
```

[代码说明]

代码第 3~5 行为绘图数据,第 6~11 行绘制纵向线形图并修改属性。

## 例029 时间序列数据线形图

MATLAB 中,时间序列数据用时间表表示,它其实是以索引列为日期时间类型数据的表。时间序列数据常用线形图和面积图表示。与其他类型数据绘制成的线形图不同的是,时间序列数据线形图的横轴为时间轴,刻度标签是日期时间数据,如图 3-18 所示。

［图表效果］

图 3-18　时间序列数据线形图

［代码实现］

1. ％时间序列数据线形图
2. clear;close all;                              ％清空工作空间的变量,关闭所有打开的对话框
3. tbl = readtimetable('时间序列 2.xlsx');        ％读取数据
4. plot(tbl.time,tbl.data1)                      ％绘制曲线 1
5. hold on                                       ％叠加绘图
6. plot(tbl.time,tbl.data2)                      ％绘制曲线 2
7. xlim([min(tbl.time) max(tbl.time)])           ％设置 x 轴的取值范围
8. xlabel('Date','FontSize',7)
9. ylabel('Values','FontSize',7)
10. ax = gca;                                    ％设置坐标系为当前坐标系
11. ax.FontSize = 6;                             ％修改坐标系刻度标签的字体大小
12. box on                                       ％显示外框
13. grid on                                      ％添加网格
14. hold off                                     ％取消叠加绘图
15.
16. ％ set(gcf,'PaperUnits','points','Position',[0 0 300 220])
17. exportgraphics(gcf,'sam03_15.png','ContentType','image','Resolution',300)   ％保存为 png 文件
18. exportgraphics(gcf,'sam03_15.pdf','ContentType','vector')                   ％保存为 pdf 文件

［代码说明］

代码第 3 行导入时间序列数据,第 4～6 行绘制两条表示时间序列数据的折线。

［技术要点］

用 plot 函数绘制时间序列数据线形图。

## 例 030　局部放大

为了查看图表局部的细节，常在图表中叠加局部放大的图形，如图 3-19 所示。放大的图形显示在另外一个坐标系中，是图中图的效果。

[图表效果]

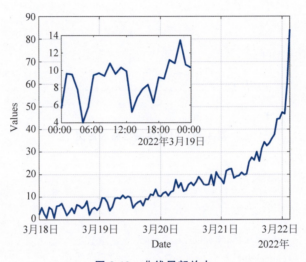

图 3-19　曲线局部放大

[代码实现]

```
1.   % 局部放大
2.   clear;close all;                            % 清空工作空间的变量，关闭所有打开的对话框
3.
4.   tbl = readtimetable('时间序列2.xlsx');       % 读取数据
5.   plot(tbl.time,tbl.data1,'LineWidth',1.25)   % 绘制曲线
6.   xlim([min(tbl.time) max(tbl.time)])         % 设置 x 轴的取值范围
7.   xlabel('Date','FontSize',7)
8.   ylabel('Values','FontSize',7)
9.   ax = gca;                                   % 设置坐标系为当前坐标系
10.  ax.FontSize = 6;                            % 修改坐标系刻度标签的字体大小
11.  box on                                      % 显示外框
12.  grid on                                     % 添加网格
13.
14.  ax2 = axes(gcf);                            % 添加第 2 个坐标系
15.  ax2.Position = [0.2,0.5,0.4,0.35];          % 第 2 个坐标系的位置
16.  d1 = tbl.data1;                             % 绘图数据
17.  t1 = tbl.time;
18.  x2 = t1(25:49);
19.  y2 = d1(25:49);
20.  plot(ax2,x2,y2,'LineWidth',1.25)            % 绘制第 2 条曲线
21.  box(ax2,"on")                               % 添加外框
```

```
22.    ax2.FontSize = 6;                          % 刻度标签的字体大小
23.
24.    set(gcf,'PaperUnits','points','Position',[0 0 400 300])
25.    exportgraphics(gcf,'sam03_16.png','ContentType','image','Resolution',300)   % 保存为 png 文件
26.    exportgraphics(gcf,'sam03_16.pdf','ContentType','vector')                   % 保存为 pdf 文件
```

[代码说明]

代码第 4~12 行绘制原始线形图，第 14~22 行在另外一个坐标系中绘制放大的线形图。

[技术要点]

所谓的局部放大，实际上是把要放大显示的局部数据单独拿出来，在另外一个坐标系中画出来。

## 例 031　三维线形图＋面板

在三维线形图的基础上叠加绘制半透明的矩形区域，以增强表现力，如图 3-20 所示。

[图表效果]

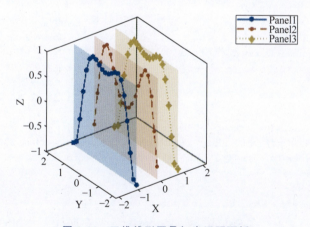

图 3-20　三维线形图叠加半透明面板

[代码实现]

```
1.    % 三维线形图 + 面板
2.    clear;close all;                            % 清空工作空间的变量,关闭所有打开的对话框
3.    [X,Y] = meshgrid(-2:.2:2, -2:0.2:2);        % 数据
4.    Z = sin(X.^2 + Y.^2);
5.    h = plot3(X(:,6),Y(:,6),Z(:,6),'-o',...
6.        X(:,11),Y(:,11),Z(:,11),'-- *',...
7.        X(:,16),Y(:,16),Z(:,16),':d');         % 绘制三维曲线图
8.    minZ = min(min(Z));                         % 最小 Z 值
```

```
9.     maxZ = max(max(Z));                                    % 最大 Z 值
10.    for i = 1:length(h)                                    % 修改每条线的线宽和标记大小
11.        h(i).LineWidth = 1.25;
12.        h(i).MarkerSize = 4;
13.    end
14.    h(1).MarkerFaceColor = h(1).Color;
15.    h(3).MarkerFaceColor = h(3).Color;
16.
17.    hold on                                                % 叠加绘图
18.    for i = -1:1                                           % 用面片绘制面板
19.        vert = [i -2 minZ;i 2 minZ;i 2 maxZ;i -2 maxZ];    % 面片顶点
20.        face = [1 2 3 4];                                  % 定义面
21.        % vc = [0 0 1;0 0 1;0 0 1;0 0 1];
22.        vc = [h(i+2).Color;h(i+2).Color;h(i+2).Color;h(i+2).Color];   % 顶点颜色
23.        va = [0.95;0.95;0.95;0.95];                        % 顶点透明度
24.        p = patch('Faces',face,'Vertices',vert,...
25.            'FaceVertexCData',vc,'FaceColor','interp',...
26.            'FaceVertexAlphaData',va,'FaceAlpha','flat');  % 绘制面片
27.        p.EdgeColor = 'none';                              % 不显示面片的边线
28.        alpha 0.15                                         % 面的透明度
29.    end
30.
31.    xlim([-2.2 2.2])                                       % 设置 x 轴的取值范围
32.    ylim([-2.2 2.2])                                       % 设置 y 轴的取值范围
33.    xlabel('X','FontSize',7)
34.    ylabel('Y','FontSize',7)
35.    zlabel('Z','FontSize',7)
36.    ax = gca;                                              % 设置坐标系为当前坐标系
37.    ax.FontSize = 6;                                       % 修改坐标系刻度标签的字体大小
38.    legend(["Panel 1","Panel 2","Panel 3"])
39.    box on                                                 % 显示外框
40.    view(3)                                                % 三维视图
41.    hold off                                               % 取消叠加绘图
42.
43.    set(gcf,'PaperUnits','points','Position',[0 0 400 300])
44.    exportgraphics(gcf,'sam03_17.png','ContentType','image','Resolution',300)  % 保存为 png 文件
45.    exportgraphics(gcf,'sam03_17.pdf','ContentType','vector')                  % 保存为 pdf 文件
```

**[代码说明]**

代码第 3~15 行绘制三维线形图，第 17~29 行绘制在曲线上叠加的半透明矩形区域。

**[技术要点]**

MATLAB 中使用 rectangle 函数只能绘制二维矩形区域，这里使用 patch 函数用面板绘制矩形区域。关于面板的创建，请参见例 023。这里每个矩形区域用对应曲线的颜色进行绘制。

# 第 4 章 柱状图

点图和线形图以比较简洁的形式表现数据,柱状图及后面介绍的面积图、饼图则用面、大色块表现数据,因而更加饱满,更有表现张力。柱状图包括简单柱状图、复合柱状图、堆叠柱状图、百分比堆叠柱状图、重叠柱状图和三维柱状图等,表现形式丰富。

## 例 032　简单柱状图

简单柱状图用柱形面表现向量数据,如图 4-1 所示,用柱形面的高度表示向量中元素的大小。柱状图的横轴一般为分类轴,纵轴一般为数值轴。

[图表效果]

图 4-1　简单柱状图

[代码实现]

```
1.    % 简单柱状图
2.    clear;close all;                              % 清空工作空间的变量,关闭所有打开的对话框
3.    x = 1:6;                                      % 绘图数据
4.    y = [100,90,120,150,130,160];
5.    bar(x,y,'FaceColor','#6CBFBF')                % 绘图
6.    title('Monthly Sales','FontSize',8)           % 标题
```

```
7.    ylabel('Sales','FontSize',7)
8.    xlabel('Month','FontSize',7)
9.    ax = gca;                                      % 设置坐标系为当前坐标系
10.   ax.FontSize = 6;                               % 修改坐标系刻度标签的字体大小
11.   ax.TickDir = "out";                            % 刻度线朝外
12.   yMin = min(y);                                 % 设置 y 轴的取值范围
13.   yMax = max(y);
14.   yRag = yMax - yMin;
15.   ylim([0,yMax + yRag/10])
16.   xlim([0,7])
17.   grid on                                        % 添加网格
18.   xticks(1:6)
19.   xticklabels(["Jan","Feb","Mar","Apr","May","Jun"])
20.   box off
21.   line([0,7],[yMax + yRag/10,yMax + yRag/10],'Color','k','LineWidth',0.25)
22.   line([7,7],[0,yMax + yRag/10],'Color','k','LineWidth',0.25)
23.
24.   set(gcf,'PaperUnits','points','Position',[0 0 400 250])
25.   exportgraphics(gcf,'sam04_01.png','ContentType','image','Resolution',300)    % 保存为 png 文件
26.   exportgraphics(gcf,'sam04_01.pdf','ContentType','vector')                    % 保存为 pdf 文件
```

[代码说明]

代码第 3、4 行为绘图数据,第 5 行绘制简单柱状图。

[技术要点]

MATLAB 中用 bar 函数绘制二维柱状图。

# 例 033 多色简单柱状图

如图 4-2 所示,实际应用中常见到将柱状图中的不同柱形面设置为不同颜色的情况。

[图表效果]

图 4-2 将柱状图中的柱形面设置为不同的颜色

[代码实现]

```
1.   % 多色简单柱状图
2.   clear;close all;                                    % 清空工作空间的变量,关闭所有打开的对话框
3.   x = 1:6;                                            % 绘图数据
4.   y = [100,90,120,150,130,160];
5.   b = bar(x,y);                                       % 绘图
6.   cm = colormap;                                      % 当前颜色查找表的颜色矩阵
7.   b.FaceColor = "flat";                               % 面的着色方式为刻面着色
8.   b.CData = cm(round(y/max(y) * length(cm)),:);       % 条形着色
9.   title('Monthly Sales','FontSize',8)                 % 标题
10.  ylabel('Sales','FontSize',7)
11.  xlabel('Month','FontSize',7)
12.  ax = gca;                                           % 设置坐标系为当前坐标系
13.  ax.FontSize = 6;                                    % 修改坐标系刻度标签的字体大小
14.  ax.TickDir = "out";                                 % 刻度线朝外
15.  yMin = min(y);                                      % 设置 y 轴的取值范围
16.  yMax = max(y);
17.  yRag = yMax - yMin;
18.  ylim([0,yMax + yRag/10])
19.  xlim([0,7])
20.  grid on                                             % 添加网格
21.  xticks(1:6)
22.  xticklabels(["Jan","Feb","Mar","Apr","May","Jun"])
23.  box off
24.  line([0,7],[yMax + yRag/10,yMax + yRag/10],'Color','k','LineWidth',0.25)
25.  line([7,7],[0,yMax + yRag/10],'Color','k','LineWidth',0.25)
26.
27.  set(gcf,'PaperUnits','points','Position',[0 0 400 250])
28.  exportgraphics(gcf,'sam04_02.png','ContentType','image','Resolution',300)   % 保存为 png 文件
29.  exportgraphics(gcf,'sam04_02.pdf','ContentType','vector')                   % 保存为 pdf 文件
```

[代码说明]

代码第 3、4 行为绘图数据,第 5~8 行绘制柱状图。

[技术要点]

例 007、例 011、例 012 和例 022 介绍了给点图中的不同点和复合线形图中的不同线设置着不同的颜色方法,可以用给定的颜色序列进行绘图,也可以根据图形对象的编号映射指定颜色查找表进行绘图。

本例采用第 2 种方法。第 6 行代码返回当前颜色查找表的颜色矩阵,第 8 行代码通过 cm(round(y/max(y) * length(cm)),:)根据 y 值得到第 i 个柱形面的颜色,将它赋给 bar 对象的 CData 属性。注意,修改柱形序列中单个柱形的颜色,需要将序列对象的 FaceColor 属性的值设置为'Flat',如代码第 7 行所示。

# 例 034 复合柱状图

复合柱状图用多个柱形面序列表示多组数据,如图 4-3 所示。

[图表效果]

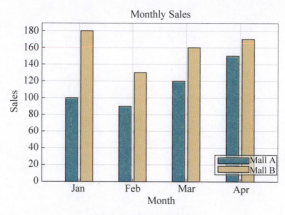

图 4-3　复合柱状图

[代码实现]

```matlab
1.   % 复合柱状图
2.   clear;close all;                                  % 清空工作空间的变量,关闭所有打开的对话框
3.   x = 1:4;                                          % 绘图数据
4.   y = [100,90,120,150;180,130,160,170];
5.   h = bar(x,y);                                     % 绘制复合柱状图
6.   h(1).FaceColor = '#6CBFBF';                       % 修改各序列的属性
7.   h(2).FaceColor = '#F4CE91';
8.   title('Monthly Sales','FontSize',8)               % 标题
9.   ylabel('Sales','FontSize',7)
10.  xlabel('Month','FontSize',7)
11.  ax = gca;                                         % 设置坐标系为当前坐标系
12.  ax.FontSize = 6;                                  % 修改坐标系刻度标签的字体大小
13.  ax.TickDir = "out";                               % 刻度线朝外
14.  yMin = min(min(y));                               % 设置 y 轴的取值范围
15.  yMax = max(max(y));
16.  yRag = yMax - yMin;
17.  ylim([0,yMax + yRag/10])
19.  xlim([0.3,4.7])
20.  grid on
21.  xticks(1:4)                                       % 设置 x 轴刻度的位置
22.  xticklabels(["Jan","Feb","Mar","Apr"])            % 设置 x 轴的刻度标签
23.  box off
24.  line([0.3,4.7],[yMax + yRag/10,yMax + yRag/10],'Color','k','LineWidth',0.25)   % 外框
25.  line([4.7,4.7],[0,yMax + yRag/10],'Color','k','LineWidth',0.25)
26.  lgd = legend(["Mall A","Mall B"],'Location','southeast');                       % 图例
27.  lgd.BackgroundAlpha = 0.5;
28.
29.  set(gcf,'PaperUnits','points','Position',[0 0 400 250])
30.  exportgraphics(gcf,'sam04_03.png','ContentType','image','Resolution',300)       % 保存为 png 文件
31.  exportgraphics(gcf,'sam04_03.pdf','ContentType','vector')                       % 保存为 pdf 文件
```

[代码说明]

代码第 3、4 行为绘图数据,第 5～7 行绘制复合柱状图。

[技术要点]

用 bar 函数绘制复合柱状图,注意将 y 变量设置为矩阵。代码第 6、7 行修改两个序列柱形面的颜色。例 002[技术要点]介绍了序列和分组的概念,读者可参考。

## 例 035　堆叠柱状图

堆叠柱状图用堆叠的方式显示复合柱状图中的每个分组,如图 4-4 所示。

[图表效果]

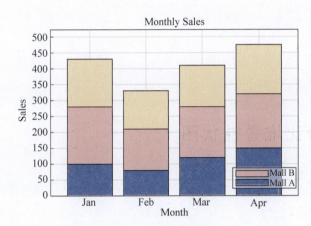

图 4-4　堆叠柱状图

[代码实现]

```
1.    % 堆叠柱状图
2.    clear;close all;                    % 清空工作空间的变量,关闭所有打开的对话框
3.    x = 1:4;                            % 绘图数据
4.    y = [100,80,120,150;180,130,160,170;150,120,130,155];
5.    h = bar(x,y,'stacked');             % 绘制堆叠条形图
6.    h(1).FaceColor = '#899CCB';         % 修改各序列的属性
7.    h(2).FaceColor = '#F1C0C4';
8.    h(3).FaceColor = '#FBE7C0';
9.    ySum = sum(y);                      % 设置 y 轴的取值范围
10.   yMax = max(ySum) * 1.1;
11.   ylim([0 yMax])
12.   title('Monthly Sales','FontSize',8) % 标题
13.   ylabel('Sales','FontSize',7)
14.   xlabel('Month','FontSize',7)
15.   ax = gca;                           % 设置坐标系为当前坐标系
```

```
16.    ax.FontSize = 6;                               % 修改坐标系刻度标签的字体大小
17.    ax.TickDir = "out";                            % 刻度线朝外
18.    xlim([0.3,4.7])
19.    grid on
20.    xticks(1:4)
21.    xticklabels(["Jan","Feb","Mar","Apr"])
22.    box off
23.    line([0.3,4.7],[yMax,yMax],'Color','k','LineWidth',0.25)
24.    line([4.7,4.7],[0,yMax],'Color','k','LineWidth',0.25)
25.    lgd = legend(["Mall A","Mall B"],'Location','southeast');
26.    lgd.BackgroundAlpha = 0.5;                     % 图例区域为半透明
27.
28.    set(gcf,'PaperUnits','points','Position',[0 0 400 250])
29.    exportgraphics(gcf,'sam04_04.png','ContentType','image','Resolution',300)   % 保存为 png 文件
30.    exportgraphics(gcf,'sam04_04.pdf','ContentType','vector')                   % 保存为 pdf 文件
```

[代码说明]

代码第 3、4 行为绘图数据，第 5～8 行绘制堆叠柱状图。

[技术要点]

堆叠柱状图是复合柱状图的另外一种表现形式，使用 bar 函数进行绘制。需要将 bar 函数的第 3 个参数指定为 'stacked'。

## 例 036　百分比堆叠柱状图

百分比堆叠柱状图如图 4-5 所示，每个分组中的小矩形区域表示的是对应序列元素占整个分组总长度的百分比，整个分组的百分比之和是 100%。

[图表效果]

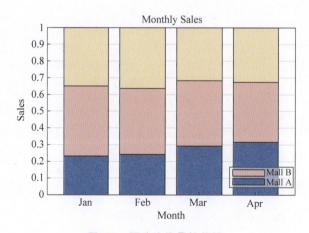

图 4-5　百分比堆叠柱状图

[代码实现]

```matlab
1.  % 百分比堆叠柱状图
2.  clear;close all;                              % 清空工作空间的变量,关闭所有打开的对话框
3.  x = 1:4;                                      % 数据
4.  y = [100,80,120,150;180,130,160,170;150,120,130,155];
5.  ySum = sum(y);                                % 计算各序列中各条形长度占序列总长度的百分比
6.  y2 = y./ySum;
7.  h = bar(x,y2,'stacked');                      % 根据百分比数据绘制堆叠柱状图
8.  h(1).FaceColor = '#899CCB';                   % 修改属性
9.  h(2).FaceColor = '#F1C0C4';
10. h(3).FaceColor = '#FBE7C0';
11. title('Monthly Sales','FontSize',8)           % 标题
12. ylabel('Sales','FontSize',7)
13. xlabel('Month','FontSize',7)
14. ax = gca;                                     % 设置坐标系为当前坐标系
15. ax.FontSize = 6;                              % 修改坐标系刻度标签的字体大小
16. ax.TickDir = "out";                           % 刻度线朝外
17. xlim([0.3,4.7])
18. ylim([0,1])
19. grid on
20. xticks(1:4)
21. xticklabels(["Jan","Feb","Mar","Apr"])
22. box off
23. line([0.3,4.7],[1,1],'Color','k','LineWidth',0.25)
24. line([4.7,4.7],[0,1],'Color','k','LineWidth',0.25)
25. lgd = legend(["Mall A","Mall B"],'Location','southeast');
26. lgd.BackgroundAlpha = 0.5;
27.
28. set(gcf,'PaperUnits','points','Position',[0 0 400 250])
29. exportgraphics(gcf,'sam04_05.png','ContentType','image','Resolution',300)   % 保存为 png 文件
30. exportgraphics(gcf,'sam04_05.pdf','ContentType','vector')                   % 保存为 pdf 文件
```

[代码说明]

代码第 3～6 行为绘图数据,第 7～10 行绘制百分比堆叠柱状图。

[技术要点]

绘制百分比堆叠柱状图,需要首先将各分组的长度数据转换为百分比数据。具体计算如代码第 5、6 行所示,首先计算整个分组的总长度,然后计算各序列元素长度占总长度的百分比。最后用百分比数据绘制堆叠柱状图。

## 例 037　冲击图

冲击图如图 4-6 所示,在堆叠柱状图的基础上,将各相邻分组之间的区域按照序列分别进行填充。

[图表效果]

图 4-6  冲击图

[代码实现]

```matlab
1.   % 冲击图
2.   clear;close all;                           % 清空工作空间的变量,关闭所有打开的对话框
3.   x = 1:4;                                   % 数据
4.   y = [100,80,120,150;180,130,160,170;150,120,130,155];
5.   h = bar(x,y,'stacked');                    % 绘制堆叠条形图
6.   h(1).FaceColor = '#899CCB';                % 修改属性
7.   h(1).BarWidth = 0.5;
8.   h(2).FaceColor = '#F1C0C4';
9.   h(2).BarWidth = 0.5;
10.  h(3).FaceColor = '#FBE7C0';
11.  h(3).BarWidth = 0.5;
12.
13.  s = size(y);                               % 序列个数
14.  h1 = zeros(3);h2 = zeros(3);               % 初始化各分组之间连接区域顶点的 y 坐标为 0
15.  h3 = zeros(3);h4 = zeros(3);
16.  for i = 1:s(1)                             % 逐个绘制连接区域
17.      for j = 1:s(2) - 1
18.          if i == 1
19.              h1(j) = 0;h2(j) = 0;           % 第 1 个区域第 1 个点和第 2 个点的 y 坐标为 0
20.          else
21.              h1(j) = h1(j) + h(i-1).YData(j);     % 其他区域需要累加
22.              h2(j) = h2(j) + h(i-1).YData(j+1);
23.          end
24.          h3(j) = h3(j) + h(i).YData(j+1);   % 计算上面两个顶点的 y 坐标
25.          h4(j) = h4(j) + h(i).YData(j);
26.          x1 = h(i).XData(j) + h(i).BarWidth/2;    % 计算 4 个顶点的 x 坐标
27.          x2 = h(i).XData(j+1) - h(i).BarWidth/2;
28.          x3 = x2;
29.          x4 = x1;
30.          vert = [x1 h1(j);x2 h2(j);x3 h3(j);x4 h4(j)];   % 组合面片
```

```
31.            face = [1 2 3 4];
32.            cr = h(i).FaceColor;
33.            vc = [cr;cr;cr;cr];
34.            va = [0.8;0.8;0.8;0.8];
35.            p = patch('Faces',face,'Vertices',vert,...
36.                'FaceVertexCData',vc,'FaceColor','interp',...
37.                'FaceVertexAlphaData',va,'FaceAlpha','flat');    % 绘制面片
38.            p.EdgeColor = 'none';                                % 不显示边线
39.        end
40.    end
41.    ySum = sum(y);                                               % 设置 y 轴的取值范围
42.    yMax = max(ySum) * 1.1;
43.    ylim([0 yMax])
44.    xlim([0.5 4.5])
45.    title('Monthly Sales','FontSize',8)                          % 标题
46.    ylabel('Sales','FontSize',7)
47.    xlabel('Month','FontSize',7)
48.    ax = gca;                                                    % 设置坐标系为当前坐标系
49.    ax.FontSize = 6;                                             % 修改坐标系刻度标签的字体大小
50.    ax.TickDir = "out";                                          % 刻度线朝外
51.    xticks(1:4)
52.    xticklabels(["Jan","Feb","Mar","Apr"])
53.    box off
54.    line([0.5,4.5],[yMax,yMax],'Color','k','LineWidth',0.25)
55.    line([4.5,4.5],[0,yMax],'Color','k','LineWidth',0.25)
56.    lgd = legend(["Mall A","Mall B"],'Location','southeast');
57.    lgd.BackgroundAlpha = 0.5;
58.
59.    set(gcf,'PaperUnits','points','Position',[0 0 400 250])
60.    exportgraphics(gcf,'sam04_10.png','ContentType','image','Resolution',300)   % 保存为 png 文件
61.    exportgraphics(gcf,'sam04_10.pdf','ContentType','vector')                   % 保存为 pdf 文件
```

[代码说明]

代码第 3、4 行为绘图数据，第 5～11 行绘制堆叠柱状图，第 13～40 行填充相邻分组之间的区域。

[技术要点]

填充各相邻分组对应序列之间的四边形区域时，首先需要知道该区域 4 个顶点的坐标。4 个顶点的横坐标很容易得到，纵坐标可以通过累加计算得到。得到各顶点的坐标后，用面片绘制该区域即可。

## 例 038　用渐变色填充柱形面

用渐变色填充柱状图中的柱形面，效果如图 4-7 所示。渐变色填充可以是水平渐变填充、垂直渐变填充，也可以是倾斜的、对角线方向的填充。这种效果的柱状图在各种学术期刊中非常常见。

[图表效果]

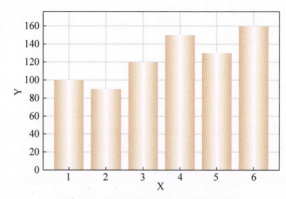

图 4-7　用水平渐变色填充柱形面

[代码实现]

```matlab
1.  % 用渐变色填充柱形面
2.  clear;close all;                          % 清空工作空间的变量,关闭所有打开的对话框
3.  data = [100,90,120,150,130,160];          % 数据
4.  b = bar(data);                            % 绘制柱状图
5.  b(1).FaceColor = 'none';                  % 修改属性,隐藏各柱形,或用 Visible 属性设置
6.  b(1).EdgeColor = 'none';
7.  for i = 1:length(data)                    % 用面片重新绘制每个柱形
8.      x = b(1).XData(i);
9.      w = b(1).BarWidth;
10.     xb = x - w/2;
11.     xe = x + w/2;
12.     h = b(1).YData(i);
13.     vert = [xb 0;x 0;xe 0;xe h;x h;xb h]; % 6 个顶点
14.     face = [1 2 3 4 5 6];                 % 组成 1 个面
15.     vc = [249 190 148;255 255 255;249 190 148;249 190 148;255 255 255;249 190 148]./255;
16.     p = patch('Faces',face,'Vertices',vert,'FaceVertexCData',vc,'FaceColor','interp');
                                              % 面片
17.     p.EdgeColor = 'none';                 % 隐藏边线
18. end
19. xlim([0.3 6.7]);                          % 设置 x 轴的取值范围
20. ylim([0 max(data) * 1.1]);                % 设置 y 轴的取值范围
21. grid on                                   % 添加网格
22. box on                                    % 显示外框
23. xlabel('X','FontSize',7)
24. ylabel('Y','FontSize',7)
25. ax = gca;                                 % 设置坐标系为当前坐标系
26. ax.FontSize = 6;                          % 修改坐标系刻度标签的字体大小
27. ax.TickDir = "out";                       % 刻度线朝外
28. box off
29. line([0.3,6.7],[max(data) * 1.1,max(data) * 1.1],'Color','k','LineWidth',0.25)
30. line([6.7,6.7],[0,max(data) * 1.1],'Color','k','LineWidth',0.25)
31.
32. set(gcf,'PaperUnits','points','Position',[0 0 400 250])
```

```
33.    exportgraphics(gcf,'sam04_11.png','ContentType','image','Resolution',300)    % 保存为 png 文件
34.    exportgraphics(gcf,'sam04_11.pdf','ContentType','vector')                     % 保存为 pdf 文件
```

[代码说明]

代码第 3 行为绘图数据，第 4～6 行绘制柱状图，第 7～18 行用面片重新绘制渐变色填充的柱形面。

[技术要点]

第 4 行用 bar 函数绘制柱状图后，第 5、6 行隐藏柱形面和边线。隐藏的目的是要重新绘制柱形面。使用序列对象的 XData、YData、BarWidth 等属性值可以计算出每个柱形面 4 个顶点的坐标，就可以用 patch 函数构造颜色填充的面片来重绘柱形面。关于面片的创建请参见例 023。

本例不仅使用了原柱形面的 4 个顶点，还增加了底边中心和顶边中心两个顶点。将它们的颜色设置为白色，其他顶点的颜色设置为橙黄色，插值绘图后，面片绘制的效果就是图 4-7 所示的效果。

## 例 039　分区标注柱状图

图 4-8 对柱状图进行分区和标注。前两个柱形与后面 5 个柱形之间添加标注线，将它们分成两个区，并在 $x$ 轴下面给两个分区添加标签。

[图表效果]

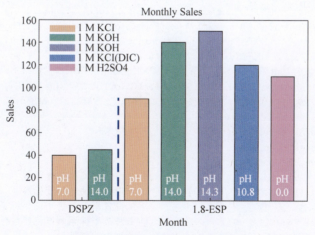

图 4-8　对柱形面进行分区和标注

[代码实现]

```
1.    % 分区标注柱状图
2.    clear;close all;                                      % 清空工作空间的变量,关闭所有打开的对话框
```

3.     x = 1:7;     %["Jan", "Feb", "Mar", "Apr"];    %绘图数据
4.     y = [40,45,90,140,150,120,110];
5.     h = bar(x,y,'FaceColor','#6CBFBF');           %绘图
6.     h.BarWidth = 0.65;                             %修改属性
7.     h.CData(1,:) = [249 190 148]./255;
8.     h.CData(2,:) = [143 206 157]./255;
9.     h.CData(3,:) = [249 190 148]./255;
10.    h.CData(4,:) = [143 206 157]./255;
11.    h.CData(5,:) = [179 168 206]./255;
12.    h.CData(6,:) = [140 176 220]./255;
13.    h.CData(7,:) = [237 167 202]./255;
14.    h.FaceColor = 'flat';
15.
16.    for i = 1:length(y)                            %添加文本
17.        text(i,14,"pH",'HorizontalAlignment','center',"FontSize",8)
18.    end
19.    text(1,6,"7.0",'HorizontalAlignment','center',"FontSize",8)
20.    text(2,6,"14.0",'HorizontalAlignment','center',"FontSize",8)
21.    text(3,6,"7.0",'HorizontalAlignment','center',"FontSize",8)
22.    text(4,6,"14.0",'HorizontalAlignment','center',"FontSize",8)
23.    text(5,6,"14.3",'HorizontalAlignment','center',"FontSize",8)
24.    text(6,6,"10.8",'HorizontalAlignment','center',"FontSize",8)
25.    text(7,6,"0.0",'HorizontalAlignment','center',"FontSize",8)
26.
27.    ln = line([2.5 2.5],[0 y(3)+1]);               %添加标注线
28.    ln.LineStyle = '--';                           %修改属性
29.    ln.LineWidth = 1.25;
30.    ln.Color = 'b';
31.
32.    rectangle('Position',[0.6 148 0.7 6],'FaceColor',h.CData(1,:),'EdgeColor','none')    %图例
33.    text(1.4,152,"1 M KCI","HorizontalAlignment","left","FontSize",7)
34.    rectangle('Position',[0.6 140 0.7 6],'FaceColor',h.CData(2,:),'EdgeColor','none')
35.    text(1.4,144,"1 M KOH","HorizontalAlignment","left","FontSize",7)
36.    rectangle('Position',[0.6 132 0.7 6],'FaceColor',h.CData(5,:),'EdgeColor','none')
37.    text(1.4,136,"1 M KOH","HorizontalAlignment","left","FontSize",7)
38.    rectangle('Position',[0.6 124 0.7 6],'FaceColor',h.CData(6,:),'EdgeColor','none')
39.    text(1.4,128,"1 M KCI(DIC)","HorizontalAlignment","left","FontSize",7)
40.    rectangle('Position',[0.6 116 0.7 6],'FaceColor',h.CData(7,:),'EdgeColor','none')
41.    text(1.4,120,"1 M H2SO4","HorizontalAlignment","left","FontSize",7)
42.
43.    title('Monthly Sales','FontSize',8)            %标题
44.    ylabel('Sales','FontSize',7)
45.    xlabel('Month','FontSize',7)
46.    xticks([1.5 5])                                %设置x轴的刻度位置
47.    xticklabels(["DSPZ" "1.8 - ESP"])              %设置x轴的刻度标签
48.    ax = gca;                                      %设置坐标系为当前坐标系
49.    ax.FontSize = 6;                               %修改坐标系刻度标签的字体大小
50.    ax.TickDir = "out";                            %刻度线朝外
51.    xlim([0.3 7.7])                                %设置x轴的取值范围
52.    ylim([0 160])                                  %设置y轴的取值范围
53.    box off
54.    line([0.3,7.7],[160,160],'Color','k','LineWidth',0.25)
55.    line([7.7,7.7],[0,160],'Color','k','LineWidth',0.25)
56.

```
57.    set(gcf,'PaperUnits','points','Position',[0 0 400 250])
58.    exportgraphics(gcf,'sam04_12.png','ContentType','image','Resolution',250)   % 保存为 png 文件
59.    exportgraphics(gcf,'sam04_12.pdf','ContentType','vector')                    % 保存为 pdf 文件
```

[代码说明]

代码第 3、4 行为绘图数据，第 5～14 行绘制柱状图并修改柱形面的颜色，第 16～25 行给每个柱形添加数据标签，第 27～30 行添加分区标注线并修改其属性，第 32～41 行绘制图例，第 46、47 行设置 $x$ 轴的刻度标签。

[技术要点]

本例在技术上并没有什么特别的地方。第 46、47 行设置 $x$ 轴的刻度标签，用 xticks 函数指定在 $x$ 轴上显示刻度标签的位置，用 xticklabels 函数在该处显示指定的刻度标签。

第 4～16 行绘制柱状图并修改各柱形面的颜色。注意，修改单个柱形面的颜色需要设置 bar 对象的 FaceColor 属性的值为 'Flat' 后，前面用 bar 对象的 CData 属性修改柱形面颜色才能生效。CData 属性的值是一个 7 行 3 列的颜色矩阵，CData(i,:) 表示第 i 行的所有值。

## 例 040　用图片填充柱形面

用图片填充曲面也常常称为颜色映射或贴图。MATLAB 中可以对曲面对象进行图片填充。借鉴例 038 的思路，绘制柱状图后隐藏柱形面，用曲面重新绘制柱形面并用指定图片进行填充，可以实现如图 4-9 所示的用图片填充柱形面的效果。

[图表效果]

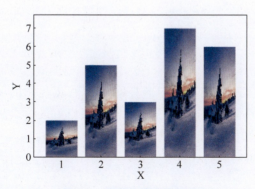

图 4-9　用图片填充柱形面

[代码实现]

```
1.    % 用图片填充柱形面
2.    clear;close all;                                       % 清空工作空间的变量,关闭所有打开的对话框
3.    data = [2 5 3 7 6];                                    % 数据
```

```
4.    b = bar(data);                                        % 绘制条形图
5.    b(1).FaceColor = 'none';                              % 修改属性,隐藏各柱形
6.    b(1).EdgeColor = 'none';
7.    c = imread('d:\pic.jpg');                             % 读入图片
8.    for i = 1:length(data)                                % 用曲面绘制各柱形,并映射图片
9.        x = b(1).XData(i);
10.       w = b(1).BarWidth;
11.       xb = x - w/2;
12.       xe = x + w/2;
13.       h = b(1).YData(i);
14.       x = linspace(xb,xe,20);
15.       y = linspace(0,h,20);
16.       [X,Y] = meshgrid(x,y);                            % 计算得到柱形曲面数据
17.       Z = zeros(size(X));
18.       sur = surface(X,Y,Z,'CData',flipud(c),'FaceColor','texturemap');   % 绘制曲面
19.       sur.EdgeColor = 'none';                           % 隐藏边线
20.   end
21.   xlim([0.3 5.7])                                       % 设置 x 轴的取值范围
22.   ylim([0 max(data) * 1.1])                             % 设置 y 轴的取值范围
23.   xlabel('X','FontSize',7)
24.   ylabel('Y','FontSize',7)
25.   ax = gca;                                             % 设置坐标系为当前坐标系
26.   ax.FontSize = 6;                                      % 修改坐标系刻度标签的字体大小
27.   ax.TickDir = "out";                                   % 刻度线朝外
28.   box off
29.   line([0.3,5.7],[max(data) * 1.1,max(data) * 1.1],'Color','k','LineWidth',0.25)
30.   line([5.7,5.7],[0,max(data) * 1.1],'Color','k','LineWidth',0.25)
31.
32.   set(gcf,'PaperUnits','points','Position',[0 0 400 250])
33.   exportgraphics(gcf,'sam04_13.png','ContentType','image','Resolution',300)   % 保存为 png 文件
34.   exportgraphics(gcf,'sam04_13.pdf','ContentType','vector')                    % 保存为 pdf 文件
```

[代码说明]

代码第 3 行为绘图数据,第 4～6 行绘制柱状图并隐藏柱形面,第 7 行读入图片数据,第 8～20 行用曲面重绘柱形面并映射图片。

[技术要点]

在 MATLAB 中,曲面是一种基本图形对象,可以根据规则的 $m$ 行 $n$ 列的网格数据绘制,也可以根据散乱数据通过 Delaunay 三角化形成网格后进行绘制。本例使用前者,即根据规则网格数据进行绘制。规则网格曲面如图 4-10 所示。代码第 9～18 行利用原有柱形面的尺寸数据构造一个曲面并进行绘制。

第 7 行用 imread 函数读取图片数据。第 18 行用 surface 函数绘制曲面时,用 CData 参数指定导入的图片数据。注意不能直接使用导入的图片数据,而是需要用 flipud 函数先将图片矩阵数据进行上下翻转后再使用,否则图片贴上去是倒的。另外,还需要将 FaceColor 属性的值设置为 'texturemap'。

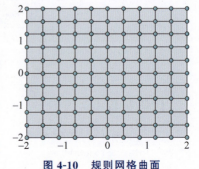

图 4-10　规则网格曲面

# 例 041　三角形柱状图

MATLAB 中用 bar 函数绘制的柱状图是矩形面,无法绘制如图 4-11 所示的三角形面。本例实现颜色渐变填充的三角形柱状图。

[图表效果]

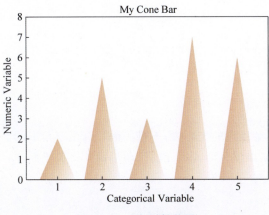

图 4-11　三角形柱状图

[代码实现]

```
1.  %三角形柱状图
2.  clear;close all;                          %清空工作空间的变量,关闭所有打开的对话框
3.  data = [2 5 3 7 6];                       %数据
4.  figure;
5.  set(gcf,'Color',[1 1 1]);                 %设置绘图窗口背景色为白色
6.  b = bar(data);                            %绘制柱状图
7.  b(1).FaceColor = 'none';                  %隐藏各柱形
8.  b(1).EdgeColor = 'none';
9.  for i = 1:length(data)                    %用三角形面片重绘各柱形
10.     x = b(1).XData(i);
11.     w = b(1).BarWidth;
12.     xb = x - w/2;
13.     xe = x + w/2;
14.     h = b(1).YData(i);
15.     vert = [xb 0;xe 0;x h];               %计算各顶点坐标,添加到顶点数组
16.     face = [1 2 3];
17.     vc = [249 190 148;255 255 255;249 190 148]./255;
18.     p = patch('Faces',face,'Vertices',vert,'FaceVertexCData',vc,'FaceColor','interp');
19.     p.EdgeColor = 'none';
20. end
21. xlim([0.3 5.7])                           %设置 x 轴的取值范围
22. ylim([0 8])                               %设置 y 轴的取值范围
23. title('My Cone Bar','FontSize',8)         %标题
24. xlabel('Categorical Variable','FontSize',7)
```

```
25.    ylabel('Numeric Variable','FontSize',7)
26.    ax = gca;                                          % 设置坐标系为当前坐标系
27.    ax.FontSize = 6;                                   % 修改坐标系刻度标签的字体大小
28.    ax.TickDir = "out";                                % 刻度线朝外
29.    box off
30.    line([0.3,5.7],[8,8],'Color','k','LineWidth',0.25)
31.    line([5.7,5.7],[0,8],'Color','k','LineWidth',0.25)
32.
33.    set(gcf,'PaperUnits','points','Position',[0 0 400 250])
34.    exportgraphics(gcf,'sam04_14.png','ContentType','image','Resolution',300)    % 保存为 png 文件
35.    exportgraphics(gcf,'sam04_14.pdf','ContentType','vector')                    % 保存为 pdf 文件
```

[代码说明]

代码第 3 行为绘图数据，第 6~8 行绘制柱状图并隐藏柱形面，第 9~20 行用面片重绘三角形柱形面。

[技术要点]

知道原有柱形面 4 个顶点的坐标后，不难用面片画出三角形的面来，指定三角形面 3 个顶点的颜色，就可以绘制出颜色渐变填充的三角形面片。关于面片，参阅例 023 和例 038 可以了解更多。

## 例 042　倒三角形柱状图

倒三角形柱状图如图 4-12 所示。如果例 041 介绍的三角形面是最稳定的结构，则本节介绍的倒三角形面是最不稳定的结构。但这样的图形给人一种飘逸的感觉，就像阿凡达电影中一飘浮在云端的山峰。

[图表效果]

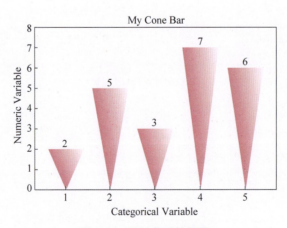

图 4-12　倒三角形柱状图

[代码实现]

```matlab
1.  % 倒三角形柱状图
2.  clear;close all;                                  % 清空工作空间的变量,关闭所有打开的对话框
3.  data = [2 5 3 7 6];                               % 数据
4.  figure;
5.  set(gcf,'Color',[1 1 1]);                         % 设置绘图窗口背景色为白色
6.  b = bar(data);                                    % 绘制柱状图
7.  b(1).FaceColor = 'none';                          % 隐藏各柱形
8.  b(1).EdgeColor = 'none';
9.  for i = 1:length(data)                            % 用倒三角形重绘各柱形
10.     x = b(1).XData(i);
11.     w = b(1).BarWidth;
12.     xb = x - w/2;
13.     xe = x + w/2;
14.     h = b(1).YData(i);
15.     vert = [x 0;xe h;xb h];                       % 计算顶点坐标并添加到顶点数组
16.     face = [1 2 3];
17.     vc = [0.94 0.53 0.59;1 1 1;0.94 0.53 0.59];
18.     p = patch('Faces',face,'Vertices',vert,'FaceVertexCData',vc,'FaceColor','interp');
19.     p.EdgeColor = 'none';
20. end
21.
22. for i = 1:length(data)                            % 添加数据标签
23.     text(i,data(i) + 0.2,num2str(data(i)),"HorizontalAlignment","center")
24. end
25.
26. xlim([0.3 5.7])                                   % 设置 x 轴的取值范围
27. ylim([0 8])                                       % 设置 y 轴的取值范围
28. title('My Cone Bar','FontSize',8)                 % 标题
29. xlabel('Categorical Variable','FontSize',7)
30. ylabel('Numeric Variable','FontSize',7)
31. ax = gca;                                         % 设置坐标系为当前坐标系
32. ax.FontSize = 6;                                  % 修改坐标系刻度标签的字体大小
33. ax.TickDir = "out";                               % 刻度线朝外
34. box off
35. line([0.3,5.7],[8,8],'Color','k','LineWidth',0.25)
36. line([5.7,5.7],[0,8],'Color','k','LineWidth',0.25)
37.
38. set(gcf,'PaperUnits','points','Position',[0 0 400 250])
39. exportgraphics(gcf,'sam04_15.png','ContentType','image','Resolution',300)   % 保存为 png 文件
40. exportgraphics(gcf,'sam04_15.pdf','ContentType','vector')                   % 保存为 pdf 文件
```

[代码说明]

代码第 3 行为绘图数据,第 6~8 行绘制柱状图并隐藏柱形面,第 9~20 行用面片重绘倒三角形柱形面,第 22~24 行添加数据标签。

[技术要点]

例 041 重绘了三角形柱形面,换成本例的倒三角形柱形面一点也不难。

## 例 043　柱状图叠加箭头图片标注

柱状图叠加箭头图片标注的效果如图 4-13 所示。

[图表效果]

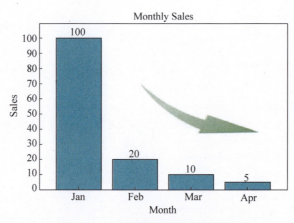

图 4-13　柱状图叠加箭头图片标注

[代码实现]

```matlab
1.  %柱状图叠加箭头图片标注
2.  clear;close all;                              %清空工作空间的变量,关闭所有打开的对话框
3.  x = ["Jan","Feb","Mar","Apr"];                %绘图数据
4.  y = [100,20,10,5];
5.  bar(x,y,'FaceColor','#6CBFBF')                %绘图
6.  for i = 1:length(y)                           %添加数据标签
7.      text(i,y(i) + 3,num2str(y(i)),"HorizontalAlignment","center","FontSize",6)
8.  end
9.
10. hold on                                       %叠加绘图
11. ax = gca;                                     %设置坐标系为当前坐标系
12. C = imread('arrow.png');                      %读取箭头图片数据
13. hi = image(ax,flipud(C));                     %图片上下翻转
14. t = hgtransform('Parent',ax);                 %图形变换对象
15. set(hi,'Parent',t)                            %图片的父对象为变换对象
16. Sxy = makehgtform('scale',[0.018 0.35 0.1]);  %缩放变换矩阵
17. Tz = makehgtform('translate',2,35,0);         %平移变换矩阵
18. set(t,'Matrix',Tz * Sxy)                      %进行变换
19.
20. title('Monthly Sales','FontSize',8)           %标题
21. ylabel('Sales','FontSize',7)
22. xlabel('Month','FontSize',7)
23. ax.FontSize = 6;                              %修改坐标系刻度标签的字体大小
```

```
24.    ax.TickDir = "out";                      % 刻度线朝外
25.    yMin = min(y);                           % 设置 y 轴的取值范围
26.    yMax = max(y);
27.    yRag = yMax - yMin;
28.    ylim([0,yMax + yRag/10])
29.    xlim([0.3,4.7])
30.    hold off
31.    xticks(1:4)
32.    xticklabels(["Jan","Feb","Mar","Apr"])   % 设置 x 轴刻度的标签
33.    box off
34.    line([0.3,4.7],[yMax + yRag/10,yMax + yRag/10],'Color','k','LineWidth',0.25)   % 外框
35.    line([4.7,4.7],[0,yMax + yRag/10],'Color','k','LineWidth',0.25)
36.
37.    set(gcf,'PaperUnits','points','Position',[0 0 400 250])
38.    exportgraphics(gcf,'sam04_16.png','ContentType','image','Resolution',300)   % 保存为 png 文件
39.    exportgraphics(gcf,'sam04_16.pdf','ContentType','vector')                   % 保存为 pdf 文件
```

[代码说明]

代码第 3、4 行为绘图数据，第 5 行绘制柱状图，第 6～8 行添加数据标签，第 10～18 行给柱状图叠加箭头图片标注。

[技术要点]

本例演示了如何在已有图表中添加一张图片，并将图片放大或缩小后移动到指定位置。代码第 12 行用 imread 函数读取图片数据，第 13 行将数据上下翻转后用 image 函数生成图像对象，第 14～18 行将图像对象缩小后移动到指定位置。

MATLAB 中可以使用 hgtransform 对象实现图形的几何变换。第 14 行用 hgtransform 函数生成一个 hgtransform 对象，将它作为图片对象的父对象。然后用 makehgtform 函数生成缩放变换矩阵和平移变换矩阵。指定参数为 scale 时表示生成缩放变换矩阵，需要指定图形在 $x$、$y$ 和 $z$ 方向上的缩放比例，缩放比例大于 1 时表示放大，0～1 时表示缩小；指定参数为 translate 时表示生成平移变换矩阵，需要指定平移目标位置的三维坐标。

有缩放变换矩阵和平移变换矩阵后，按照左乘的原则，即后发生的变换矩阵左乘原来的变换矩阵，用最终得到的变换矩阵赋给 hgtransform 对象的 Matrix 属性实现几何变换。

注意不能分多次将不同的变换矩阵赋给 Matrix 属性进行变换，因为每次变换是相对原始状态，即原始大小和位置进行变换的，而不是相对当前大小和位置进行变换的。

## 例 044  百分比堆叠柱状图叠加连线

例 037 介绍的冲击图在堆叠柱状图各分组之间添加了区域填充，本例介绍在各分组之间叠加连线的方法，如图 4-14 所示。

[图表效果]

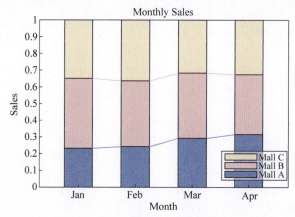

图 4-14　百分比堆叠柱状图叠加连线

[代码实现]

```matlab
1.    %百分比堆叠柱状图叠加连线
2.    clear;close all;                        %清空工作空间的变量,关闭所有打开的对话框
3.    x = 1:4;                                %数据
4.    y = [100,80,120,150;180,130,160,170;150,120,130,155];
5.    ySum = sum(y);                          %根据原始数据计算各分组中各序列柱形长度所占百分比
6.    y2 = y./ySum;
7.    h = bar(x,y2,'stacked');                %根据百分比数据绘制堆叠柱状图
8.    h(1).FaceColor = '#899CCB';             %设置各序列的属性
9.    h(1).BarWidth = 0.5;
10.   h(2).FaceColor = '#F1C0C4';
11.   h(2).BarWidth = 0.5;
12.   h(3).FaceColor = '#FBE7C0';
13.   h(3).BarWidth = 0.5;
14.
15.   s = size(y2);                           %序列个数
16.   h1 = zeros(3);h2 = zeros(3);            %连线起点和终点 y 坐标初始化
17.   for i = 1:s(1) - 1                      %绘制各相邻分组之间的连线
18.       for j = 1:s(2) - 1
19.           h1(j) = h1(j) + h(i).YData(j);  %计算连线起点和终点的坐标
20.           h2(j) = h2(j) + h(i).YData(j + 1);
21.           x1 = h(i).XData(j) + h(i).BarWidth/2;
22.           x2 = h(i).XData(j + 1) - h(i).BarWidth/2;
23.           hl = line([x1 x2],[h1(j) h2(j)]);  %绘制连线
24.           hl.Color = h(i).FaceColor;
25.       end
26.   end
27.
28.   xlim([0.3 4.7])                         %设置 x 轴的取值范围
29.   title('Monthly Sales','FontSize',8)     %标题
30.   ylabel('Sales','FontSize',7)
31.   xlabel('Month','FontSize',7)
32.   ax = gca;                               %设置坐标系为当前坐标系
```

```
33.    ax.FontSize = 6;                              % 修改坐标系刻度标签的字体大小
34.    ax.TickDir = "out";                           % 刻度线朝外
35.    ylim([0,1])
36.    xticks(1:4)
37.    xticklabels(["Jan","Feb","Mar","Apr"])
38.    box off
39.    line([0.3,4.7],[1,1],'Color','k','LineWidth',0.25)
40.    line([4.7,4.7],[0,1],'Color','k','LineWidth',0.25)
41.    lgd = legend(["Mall A","Mall B","Mall C"]);
42.    lgd.BackgroundAlpha = 0.5;
43.    lgd.Location = "southeast";
44.
45.    set(gcf,'PaperUnits','points','Position',[0 0 400 250])
46.    exportgraphics(gcf,'sam04_17.png','ContentType','image','Resolution',300)   % 保存为 png 文件
47.    exportgraphics(gcf,'sam04_17.pdf','ContentType','vector')                    % 保存为 pdf 文件
```

[代码说明]

代码第 3~6 行为绘图数据，第 7~13 行绘制百分比堆叠柱状图并隐藏柱形面，第 15~26 行绘制分组之间的连线。

[技术要点]

绘制连线需要知道连线起点和终点的坐标，它们的 $x$ 坐标容易知道，$y$ 坐标可以通过累加计算获得。

## 例 045  百分比堆叠柱状图垂直渐变填充

图 4-15 所示为将百分比堆叠柱状图各分组中各序列对应的柱形面在垂向上进行渐变色填充。

[图表效果]

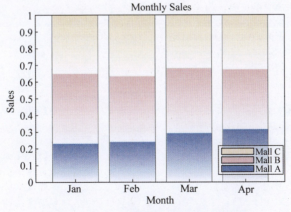

图 4-15  百分比堆叠柱状图垂直渐变填充

[代码实现]

```matlab
1.    % 百分比堆叠柱状图渐变填充
2.    clear;close all;              % 清空工作空间的变量,关闭所有打开的对话框
3.    x = 1:4;                      % 数据
4.    y = [100,80,120,150;180,130,160,170;150,120,130,155];
5.    ySum = sum(y);                % 根据原始数据计算各分组中各序列柱形长度所占百分比
6.    y2 = y./ySum;
7.    h = bar(x,y2,'stacked');      % 根据百分比绘制堆叠柱状图
8.    h(1).FaceColor = '#899CCB';   % 修改属性
9.    h(2).FaceColor = '#F1C0C4';
10.   h(3).FaceColor = '#FBE7C0';
11.
12.   s = size(y);                  % 序列个数
13.   h1 = zeros(3);h2 = zeros(3);  % h1~h4 为各小方块 4 个顶点的 y 值,初始化为 0
14.   h3 = zeros(3);h4 = zeros(3);
15.   for i = 1:s(1)                % 用渐变色填充的面片重绘柱形中各小方块
16.       for j = 1:s(2)
17.           if i == 1
18.               h1(j) = 0;h2(j) = 0;
19.           else
20.               h1(j) = h1(j) + h(i-1).YData(j);    % 累加
21.               h2(j) = h1(j);
22.           end
23.           h3(j) = h3(j) + h(i).YData(j);          % 累加
24.           h4(j) = h3(j);
25.           x1 = h(i).XData(j) - h(i).BarWidth/2;
26.           x2 = h(i).XData(j) + h(i).BarWidth/2;
27.           x3 = x2;
28.           x4 = x1;
29.           vert = [x1 h1(j);x2 h2(j);x3 h3(j);x4 h4(j)];  % 计算各顶点坐标,组成顶点数组
30.           face = [1 2 3 4];
31.           cr = h(i).FaceColor;
32.           vc = [[1 1 1];[1 1 1];cr;cr];
33.           va = [0.8;0.8;0.8;0.8];
34.           p = patch('Faces',face,'Vertices',vert,...
35.               'FaceVertexCData',vc,'FaceColor','interp');   % 绘制面片
36.           % p = patch('Faces',face,'Vertices',vert,...
37.           %    'FaceVertexCData',vc,'FaceColor','interp',...
38.           %    'FaceVertexAlphaData',va,'FaceAlpha','flat');
39.           p.EdgeColor = 'none';
40.       end
41.   end
42.
43.   title('Monthly Sales','FontSize',8)       % 标题
44.   ylabel('Sales','FontSize',7)
45.   xlabel('Month','FontSize',7)
46.   xlim([0.3 4.7])                           % 设置 x 轴的取值范围
47.   ax = gca;                                 % 设置坐标系为当前坐标系
48.   ax.FontSize = 6;                          % 修改坐标系刻度标签的字体大小
49.   ax.TickDir = "out";                       % 刻度线朝外
50.   ylim([0,1])
51.   xticks(1:4)
```

```
52.     xticklabels(["Jan","Feb","Mar","Apr"])
53.     box off
54.     line([0.3,4.7],[1,1],'Color','k','LineWidth',0.25)
55.     line([4.7,4.7],[0,1],'Color','k','LineWidth',0.25)
56.     lgd = legend(["Mall A","Mall B","Mall C"]);
57.     lgd.BackgroundAlpha = 0.5;
58.     lgd.Location = "southeast";
59.
60.     set(gcf,'PaperUnits','points','Position',[0 0 400 250])
61.     exportgraphics(gcf,'sam04_18.png','ContentType','image','Resolution',300)    % 保存为 png 文件
62.     exportgraphics(gcf,'sam04_18.pdf','ContentType','vector')                    % 保存为 pdf 文件
```

[代码说明]

代码第 3～6 行为绘图数据，第 7～10 行绘制百分比堆叠柱状图并设置各序列的颜色，第 12～41 行用面片重绘各分组中各序列对应的柱形面。

[技术要点]

例 038 已经介绍了创建矩形面片并进行渐变色填充的方法，本例的关键是获得各分组中各序列对应的柱形面各顶点的坐标。各点的横坐标容易计算，纵坐标可以通过累加计算获得。得到各顶点的坐标后，可以直接重绘该柱形面。

对柱形图进行垂直方向上的渐变色填充，柱形面上面两个顶点的颜色相同，下面两个顶点的颜色也相同。

## 例 046　百分比堆叠柱状图水平渐变填充

图 4-16 所示为对百分比堆叠柱状图各分组中各序列对应的柱形面进行水平方向的渐变色填充。

[图表效果]

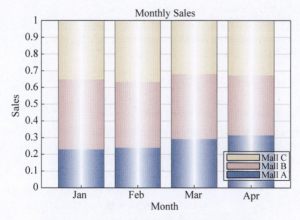

图 4-16　百分比堆叠柱状图水平渐变填充

[代码实现]

```matlab
1.  %百分比堆叠柱状图水平渐变填充
2.  clear;close all;                    %清空工作空间的变量,关闭所有打开的对话框
3.  x = 1:4;                            %数据
4.  y = [100,80,120,150;180,130,160,170;150,120,130,155];
5.  ySum = sum(y);                      %根据原始数据计算各分组中各序列柱形长度所占百分比
6.  y2 = y./ySum;
7.  h = bar(x,y2,'stacked');            %根据百分比绘制堆叠柱状图
8.  h(1).FaceColor = '#899CCB';         %修改属性
9.  h(2).FaceColor = '#F1C0C4';
10. h(3).FaceColor = '#FBE7C0';
11.
12. s = size(y);                        %序列个数
13. h1 = zeros(3);h2 = zeros(3);        %h1~h4 为各小方块 4 个顶点的 y 值,初始化为 0
14. h3 = zeros(3);h4 = zeros(3);
15. for i = 1:s(1)                      %用水平渐变色填充的面片重绘柱形中各小方块
16.     for j = 1:s(2)
17.         if i == 1
18.             h1(j) = 0;h2(j) = 0;
19.         else
20.             h1(j) = h1(j) + h(i-1).YData(j);
21.             h2(j) = h1(j);
22.         end
23.         h3(j) = h3(j) + h(i).YData(j);
24.         h4(j) = h3(j);
25.         x1 = h(i).XData(j) - h(i).BarWidth/2;
26.         x2 = h(i).XData(j) + h(i).BarWidth/2;
27.         x3 = x2;
28.         x4 = x1;                    %以上计算小方块 4 个顶点的坐标
29.         vert = [x1 h1(j);h(i).XData(j) h1(j);x2 h2(j);x3 h3(j);h(i).XData(j) h3(j);x4 h4(j)];
30.         face = [1 2 3 4 5 6];
31.         cr = h(i).FaceColor;
32.         vc = [cr;[1 1 1];cr;cr;[1 1 1];cr];
33.         va = [0.8;0.8;0.8;0.8;0.8;0.8];
34.         p = patch('Faces',face,'Vertices',vert,...
35.             'FaceVertexCData',vc,'FaceColor','interp');    %绘制面片
36.         % p = patch('Faces',face,'Vertices',vert,...
37.         %     'FaceVertexCData',vc,'FaceColor','interp',...
38.         %     'FaceVertexAlphaData',va,'FaceAlpha','flat');
39.         p.EdgeColor = 'none';
40.     end
41. end
42.
43. title('Monthly Sales','FontSize',8)  %标题
44. ylabel('Sales','FontSize',7)
45. xlabel('Month','FontSize',7)
46. xlim([0.3 4.7])                     %设置 x 轴的取值范围
47. ax = gca;                           %设置坐标系为当前坐标系
48. ax.FontSize = 6;                    %修改坐标系刻度标签的字体大小
49. ax.TickDir = "out";                 %刻度线朝外
50. ylim([0,1])
51. xticks(1:4)
```

```
52.    xticklabels(["Jan","Feb","Mar","Apr"])
53.    box off
54.    line([0.3,4.7],[1,1],'Color','k','LineWidth',0.25)
55.    line([4.7,4.7],[0,1],'Color','k','LineWidth',0.25)
56.    lgd = legend(["Mall A","Mall B","Mall C"]);
57.    lgd.BackgroundAlpha = 0.5;
58.    lgd.Location = "southeast";
59.    grid on                              % 添加网格
60.
61.    set(gcf,'PaperUnits','points','Position',[0 0 400 250])
62.    exportgraphics(gcf,'sam04_19.png','ContentType','image','Resolution',300)   % 保存为 png 文件
63.    exportgraphics(gcf,'sam04_19.pdf','ContentType','vector')                    % 保存为 pdf 文件
```

[代码说明]

代码第 3～6 行为绘图数据,第 7～10 行绘制百分比堆叠柱状图并设置各序列的颜色,第 12～41 行用面片重绘各分组中各序列对应的柱形面。

[技术要点]

实现图 4-16 所示的柱形面的水平渐变填充效果,需要指定柱形面 6 个顶点的颜色。除了周围 4 个顶点外,还需要增加上边和下边的中心点。将中心点的颜色设置为白色,将其他顶点的颜色设置为指定的颜色,插值出来得到的就是水平渐变填充的效果。

## 例 047　重叠柱状图

图 4-17 所示的复合柱状图中两组柱形面有重叠,称为重叠柱状图。如果一组柱形面包含另外一组柱形面,常称为子弹图。

[图表效果]

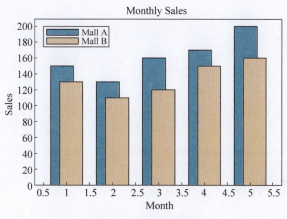

图 4-17　重叠柱状图

[代码实现]

```matlab
1.   % 重叠柱状图
2.   clear;close all;                                          % 清空工作空间的变量,关闭所有打开的对话框
3.   x = 1:5;                                                  % 数据
4.   y = [150,130,160,170,200;130,110,120,150,160];
5.   bar(x - 0.1,y(1,:),0.5,'FaceColor','#6CBFBF')             % 绘制绿色柱状图序列
6.   hold on                                                   % 叠加绘图
7.   bar(x + 0.1,y(2,:),0.5,'FaceColor','#F4CE91')             % 绘制黄色柱状图序列
8.   hold off                                                  % 取消叠加绘图
9.
10.  title('Monthly Sales','FontSize',8)                       % 标题
11.  ylabel('Sales','FontSize',7)
12.  xlabel('Month','FontSize',7)
13.  ax = gca;                                                 % 设置坐标系为当前坐标系
14.  ax.FontSize = 6;                                          % 修改坐标系刻度标签的字体大小
15.  ax.TickDir = "out";                                       % 刻度线朝外
16.  yMin = min(min(y));                                       % 设置 y 轴的取值范围
17.  yMax = max(max(y));
18.  yRag = yMax - yMin;
19.  ylim([0, yMax + yRag/10])
20.  xlim([0.3 5.7])                                           % 设置 x 轴的取值范围
21.  box off
22.  line([0.3,5.7],[yMax + yRag/10,yMax + yRag/10],'Color','k','LineWidth',0.25)
23.  line([5.7,5.7],[0,yMax + yRag/10],'Color','k','LineWidth',0.25)
24.  lgd = legend(["Mall A","Mall B"],'Location','northwest'); % 图例
25.  lgd.BackgroundAlpha = 0.5;                                % 图例区域半透明
26.
27.  set(gcf,'PaperUnits','points','Position',[0 0 400 250])
28.  print(gcf,['sam04_21','.png'],'-r300','-dpng')
29.  print(gcf,['sam04_21','.pdf'],'-bestfit','-dpdf')
```

[代码说明]

代码第 3、4 行为绘图数据,第 5~8 行绘制重叠柱状图,第 10~22 行用面片重绘三角形柱形面。

[技术要点]

将复合柱状图各序列分别绘制并控制 $x$ 坐标实现部分重叠,就会得到重叠柱状图的效果。

## 例 048　分区柱状图

图 4-18 中将复合柱状图各序列的柱形面绘制在一起,形成 3 个分区,称为分区柱状图。这种柱状图也比较常见。

[图表效果]

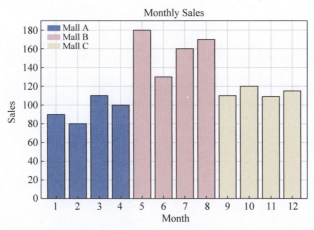

图 4-18　分区柱状图

[代码实现]

```
1.   % 分区柱状图
2.   clear;close all;                        % 清空工作空间的变量,关闭所有打开的对话框
3.   x = 1:12;                               % 数据
4.   y = [90,80,110,100,180,130,160,170,110,120,109,115];
5.   h = bar(x,y);                           % 绘制柱状图
6.   h.FaceColor = "flat";                   % 单独设置各柱面的颜色
7.   h.CData(1,:) = [0.54 0.61 0.80];
8.   h.CData(2,:) = [0.54 0.61 0.80];
9.   h.CData(3,:) = [0.54 0.61 0.80];
10.  h.CData(4,:) = [0.54 0.61 0.80];
11.  h.CData(5,:) = [0.95 0.75 0.77];
12.  h.CData(6,:) = [0.95 0.75 0.77];
13.  h.CData(7,:) = [0.95 0.75 0.77];
14.  h.CData(8,:) = [0.95 0.75 0.77];
15.  h.CData(9,:) = [0.98 0.91 0.75];
16.  h.CData(10,:) = [0.98 0.91 0.75];
17.  h.CData(11,:) = [0.98 0.91 0.75];
18.  h.CData(12,:) = [0.98 0.91 0.75];
19.
20.  rectangle('Position',[0.6 178 0.6 6],'FaceColor',h.CData(1,:),'EdgeColor','none')    % 图例
21.  text(1.4,182,"Mall A","HorizontalAlignment","left","FontSize",6)
22.  rectangle('Position',[0.6 170 0.6 6],'FaceColor',h.CData(5,:),'EdgeColor','none')
23.  text(1.4,174,"Mall B","HorizontalAlignment","left","FontSize",6)
24.  rectangle('Position',[0.6 162 0.6 6],'FaceColor',h.CData(9,:),'EdgeColor','none')
25.  text(1.4,166,"Mall C","HorizontalAlignment","left","FontSize",6)
26.
27.  title('Monthly Sales','FontSize',8)     % 标题
28.  ylabel('Sales','FontSize',7)            % 设置 y 轴标题
29.  xlabel('Month','FontSize',7)            % 设置 x 轴标题
30.  xlim([0.3 12.7])                        % 设置 x 轴的取值范围
31.  ylim([0 max(y) + 10])                   % 设置 y 轴的取值范围
```

```
32.    ax = gca;                                  % 设置坐标系为当前坐标系
33.    ax.FontSize = 6;                           % 修改坐标系刻度标签的字体大小
34.    ax.TickDir = "out";                        % 刻度线朝外
35.    grid on                                    % 添加网格
36.    box off
37.    line([0.3,12.7],[max(y)+10,max(y)+10],'Color','k','LineWidth',0.25)
38.    line([12.7,12.7],[0,max(y)+10],'Color','k','LineWidth',0.25)
39.
40.    set(gcf,'PaperUnits','points','Position',[0 0 400 250])
41.    exportgraphics(gcf,'sam04_20.png','ContentType','image','Resolution',300)    % 保存为 png 文件
42.    exportgraphics(gcf,'sam04_20.pdf','ContentType','vector')                    % 保存为 pdf 文件
```

[代码说明]

代码第 3、4 行为绘图数据，第 5～18 行绘制柱状图并修改各柱形面的颜色，第 19～25 行绘制图例。

[技术要点]

修改柱状图中单个柱形面的颜色，设置序列对象的 FaceColor 属性的值为 'Flat'，然后直接用 CData 属性修改单个柱形面的颜色。

## 例 049　分区堆叠柱状图

图 4-19 所示为绘制完堆叠柱状图后，通过在 $x$ 轴底部添加线和文本的标注的方式实现对柱形分组的分区。

[图表效果]

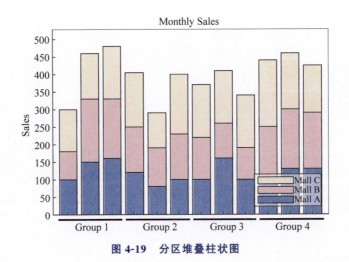

图 4-19　分区堆叠柱状图

## [代码实现]

```matlab
1.  % 分区堆叠柱状图
2.  clear;close all;                              % 清空工作空间的变量,关闭所有打开的对话框
3.  x = 1:12;                                     % 数据
4.  y = [100,80,120;150,180,130;160,170,150;120,130,155;...
5.       80,110,100;100,130,170;100,120,150;160,100,150;...
6.       100,90,150;90,160,190;130,170,160;130,160,135];
7.  h = bar(x,y,'stacked');                       % 绘制堆叠柱状图
8.  h(1).FaceColor = '#899CCB';                   % 修改属性
9.  h(2).FaceColor = '#F1C0C4';
10. h(3).FaceColor = '#FBE7C0';
11.
12. title('Monthly Sales','FontSize',8)           % 标题
13. ylabel('Sales','FontSize',7)
14. % xlabel('Month','FontSize',7)
15. xlim([0.3 12.7])                              % 设置 x 轴的取值范围
16. xticklabels([])                               % 删除 x 轴刻度的标签
17.
18. annotation('line',[0.145 0.327],[0.09 0.09],'LineWidth',1.25);  % 添加线形标注,分组
19. annotation('line',[0.337 0.516],[0.09 0.09],'LineWidth',1.25);
20. annotation('line',[0.526 0.702],[0.09 0.09],'LineWidth',1.25);
21. annotation('line',[0.712 0.892],[0.09 0.09],'LineWidth',1.25);
22. annotation('textbox',[0.145 0.06 0.18 0.04],'String',...
23.     "Group 1",'EdgeColor','none',...
24.     'HorizontalAlignment','center','FontSize',6)
25. annotation('textbox',[0.337 0.06 0.18 0.04],'String',...
26.     "Group 2",'EdgeColor','none',...
27.     'HorizontalAlignment','center','FontSize',6)
28. annotation('textbox',[0.526 0.06 0.18 0.04],'String',...
29.     "Group 3",'EdgeColor','none',...
30.     'HorizontalAlignment','center','FontSize',6)
31. annotation('textbox',[0.712 0.06 0.18 0.04],'String',...
32.     "Group 4",'EdgeColor','none',...
33.     'HorizontalAlignment','center','FontSize',6)
34.
35. ax = gca;                                     % 设置坐标系为当前坐标系
36. ax.FontSize = 6;                              % 修改坐标系刻度标签的字体大小
37. ax.TickDir = "out";                           % 刻度线朝外
38. box off
39. y2 = y';
40. yMax = max(sum(y2));
41. ylim([0,yMax*1.1])
42. line([0.3,12.7],[yMax*1.1,yMax*1.1],'Color','k','LineWidth',0.25)  % 外框
43. line([12.7,12.7],[0,yMax*1.1],'Color','k','LineWidth',0.25)
44. lgd = legend(["Mall A","Mall B","Mall C"]);   % 图例
45. lgd.BackgroundAlpha = 0.5;
46. lgd.Location = "southeast";
47.
48. set(gcf,'PaperUnits','points','Position',[0 0 400 300])
49. exportgraphics(gcf,'sam04_22.png','ContentType','image','Resolution',300)  % 保存为 png 文件
50. exportgraphics(gcf,'sam04_22.pdf','ContentType','vector')                  % 保存为 pdf 文件
```

[代码说明]

代码第 3~6 行为绘图数据,第 7~10 行绘制堆叠柱状图并设置各序列的颜色,第 18~33 行在横轴底部添加直线标注进行分区,并添加文本标注分区的名称。

[技术要点]

MATLAB 中用 annotation 函数给图表添加标注。函数的第 1 个参数指定标注的类型,后面指定标注的位置和内容等。注意,标注的位置和大小用当前位置或大小占绘图窗口的宽度或高度的比值设置,值为 0~1。

## 例 050  给柱状图设置基线

默认时,柱状图的基线为 $y=0$ 的水平线,即 $x$ 轴。设置基线为其他水平线时,将绘制基线到数据点 $y$ 值处的柱形面,如图 4-20 所示。

[图表效果]

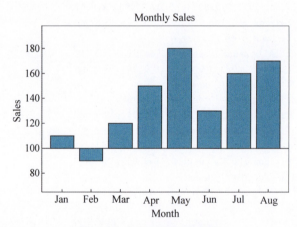

图 4-20  给柱状图设置基线

[代码实现]

```
1.   % 给柱状图设置基线
2.   clear;close all;                    % 清空工作空间的变量,关闭所有打开的对话框
3.   x = 1:8;
4.   y = [110,90,120,150,180,130,160,170];
5.   h = bar(x,y);                       % 绘制复合柱状图
6.   h.FaceColor = '#6CBFBF';            % 修改属性
7.   h.BaseValue = 100;
8.   h.ShowBaseLine = "on";
9.   hb = h.BaseLine;                    % 基线对象
10.  hb.LineStyle = '-';
11.  title('Monthly Sales','FontSize',8) % 标题
12.  ylabel('Sales','FontSize',7)
```

```
13.    xlabel('Month','FontSize',7)
14.    ax = gca;                                  % 设置坐标系为当前坐标系
15.    ax.FontSize = 6;                           % 修改坐标系刻度标签的字体大小
16.    ax.TickDir = "out";                        % 刻度线朝外
17.    yMin = min(min(y));                        % 设置 y 轴的取值范围
18.    yMax = max(max(y));
19.    yRag = yMax - yMin;
20.    ylim([65,yMax + yRag/5])
21.    xlim([0.3,8.7])
22.    xticks(1:8)
23.    xticklabels(["Jan","Feb","Mar","Apr","May","Jun","Jul","Aug"])
24.    box off
25.    line([0.3,8.7],[yMax + yRag/5,yMax + yRag/5],'Color','k','LineWidth',0.25)
26.    line([8.7,8.7],[65,yMax + yRag/5],'Color','k','LineWidth',0.25)
27.
28.    set(gcf,'PaperUnits','points','Position',[0 0 400 300])
29.    exportgraphics(gcf,'sam04_23.png','ContentType','image','Resolution',300)    % 保存为 png 文件
30.    exportgraphics(gcf,'sam04_23.pdf','ContentType','vector')                    % 保存为 pdf 文件
```

[代码说明]

代码第 3、4 行为绘图数据,第 5~8 行绘制柱状图并修改属性,第 7~10 行设置基线,包括基线的位置和颜色。

[技术要点]

设置柱状图的基线,直接设置 bar 对象的 BaseValue 属性即可。

## 例 051　反转柱状图的 y 轴

图 4-21 中 y 轴的标注从上往下是从小到大的,与正常的 y 轴反向,而且柱状图也是倒转过来的。

[图表效果]

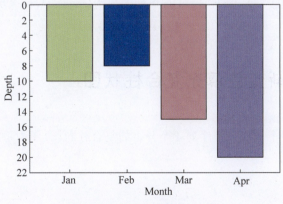

图 4-21　反转柱状图的 y 轴

[代码实现]

```
1.   % 反转柱状图的 y 轴
2.   clear;close all;                                          % 清空工作空间的变量,关闭所有打开的对话框
3.   bar(1,10,'FaceColor',[0.894 0.894 0.373])                 % 绘制第 1 个柱形面
4.   hold on
5.   bar(2,8,'FaceColor',[0.278 0.345 0.635])                  % 绘制第 2 个柱形面
6.   bar(3,15,'FaceColor',[0.878 0.553 0.545])                 % 绘制第 3 个柱形面
7.   bar(4,20,'FaceColor',[0.686 0.549 0.733])                 % 绘制第 4 个柱形面
8.
9.   ax = gca;                                                 % 设置坐标系为当前坐标系
10.  ax.YDir = "reverse";                                      % y 向反转
11.  ax.FontSize = 6;                                          % 修改坐标系刻度标签的字体大小
12.  ax.TickDir = "out";                                       % 刻度线朝外
13.  xticks(1:4)                                               % x 轴刻度的位置
14.  xticklabels(["Jan" "Feb" "Mar" "Apr"])                    % 设置 x 轴刻度的标签
15.  xlim([0.3 4.7])                                           % 设置 x 轴的取值范围
16.  ylim([0 22])                                              % 设置 y 轴的取值范围
17.  box off
18.  line([0.3,4.7],[22,22],'Color','k','LineWidth',0.25)
19.  line([4.7,4.7],[0,22],'Color','k','LineWidth',0.25)
20.
21.  set(gcf,'PaperUnits','points','Position',[0 0 400 300])
22.  exportgraphics(gcf,'sam04_24.png','ContentType','image','Resolution',300)   % 保存为 png 文件
23.  exportgraphics(gcf,'sam04_24.pdf','ContentType','vector')                   % 保存为 pdf 文件
```

[代码说明]

代码第 3~7 行绘制柱状图,第 9~16 行定义图表样式。

[技术要点]

设置坐标系对象的 YDir 属性或 XDir 属性的值为'reverse',可以反转 y 轴或 x 轴,而且图表会跟着反转。

## 例 052　水平渐变色填充复合柱状图

图 4-22 所示为一个具有 3 个序列 4 个分组的复合柱状图,图中每个柱形面都进行了水平方向的渐变色填充。

[图表效果]

图 4-22　水平渐变色填充复合柱状图

[代码实现]

```
1.   % 水平渐变色填充复合柱状图
2.   clear;close all;                    % 清空工作空间的变量,关闭所有打开的对话框
3.   x = 1:4;                            % 数据
4.   y = [100,80,120,150;180,130,160,170;150,120,130,155];
5.   h = bar(x,y);                       % 绘制柱状图
6.   h(1).FaceColor = '#899CCB';         % 设置各序列的属性
7.   h(2).FaceColor = '#F1C0C4';
8.   h(3).FaceColor = '#FBE7C0';
9.
10.  s = size(y);                        % 序列个数
11.  h1 = zeros(3);h2 = zeros(3);        % h1~h4 表示重绘各柱形时 4 个顶点的 y 坐标,初始化为 0
12.  h3 = zeros(3);h4 = zeros(3);
13.  for i = 1:s(1)                      % 用渐变色面片重绘各柱形
14.      h(i).Visible = "off";           % 隐藏各序列柱形
15.      for j = 1:s(2)                  % 用面片重绘
16.          h1(j) = 0;h2(j) = 0;
17.          h3(j) = h(i).YData(j);
18.          h4(j) = h3(j);
19.          % 分组中相邻柱形之间的距离
20.          bb = (h(i).BarWidth - h(i).GroupWidth)/(s(1) - 1);
21.          % 分组中柱形的宽度
22.          bw = h(i).GroupWidth/s(1);
23.          if i == 1
24.              x1 = h(i).XData(j) - h(i).BarWidth/2;      % x1 是左下角点的横坐标
25.          else
26.              x1 = h(i).XData(j) - h(i).BarWidth/2 + (bb + bw) * (i - 1);
27.          end
28.          x2 = x1 + bw;                                  % 右下角点,逆时针方向
29.          x3 = x2;
30.          x4 = x1;
```

```
31.         vert = [x1 h1(j);(x1 + x2)/2 h1(j);x2 h2(j);x3 h3(j);(x1 + x2)/2 h3(j);x4 h4(j)];
32.         face = [1 2 3 4 5 6];
33.         cr = h(i).FaceColor;
34.         vc = [cr;[1 1 1];cr;cr;[1 1 1];cr];
35.         va = [0.8;0.8;0.8;0.8;0.8;0.8];
36.         p = patch('Faces',face,'Vertices',vert,...
37.             'FaceVertexCData',vc,'FaceColor','interp');  %绘制面片
38.         % p = patch('Faces',face,'Vertices',vert,...
39.         %     'FaceVertexCData',vc,'FaceColor','interp',...
40.         %     'FaceVertexAlphaData',va,'FaceAlpha','flat');
41.         p.EdgeColor = 'none';
42.
43.         text((x1 + x2)/2,h3(j) + 2,num2str(h3(j)),...
44.             'Rotation',90,'FontSize',6)                  %绘制数据标签
45.     end
46. end
47.
48. title('Monthly Sales','FontSize',8)                      %标题
49. ylabel('Sales','FontSize',7)
50. xlabel('Month','FontSize',7)
51. xlim([0.3 4.7])
52. ylim([0 max(max(y)) + 20])
53. ax = gca;                                                %设置坐标系为当前坐标系
54. ax.FontSize = 6;                                         %修改坐标系刻度标签的字体大小
55. ax.TickDir = "out";                                      %刻度线朝外
56. xticks(1:4)
57. xticklabels(["Jan" "Feb" "Mar" "Apr"])
58. box off
59. line([0.3,4.7],[max(max(y)) + 20,max(max(y)) + 20],'Color','k','LineWidth',0.25)
60. line([4.7,4.7],[0,max(max(y)) + 20],'Color','k','LineWidth',0.25)
61. lgd = legend("Mall A","Mall B","Mall C");
62. lgd.BackgroundAlpha = 0.5;                               %图例区域半透明
63. lgd.Location = "southeast";
64.
65. set(gcf,'PaperUnits','points','Position',[0 0 400 300])
66. exportgraphics(gcf,'sam04_25.png','ContentType','image','Resolution',300)   %保存为 png 文件
67. exportgraphics(gcf,'sam04_25.pdf','ContentType','vector')                   %保存为 pdf 文件
```

[代码说明]

代码第 3、4 行为绘图数据，第 5~8 行绘制复合柱状图并设置各序列的颜色，第 10~46 行实现每个柱形面的水平方向渐变色填充。

[技术要点]

例 038 已经介绍了用面片实现水平方向渐变色填充的方法，这里不再赘述。本例的关键是确定每个柱形面 4 个顶点的坐标。首先这是一个复合柱状图，使用两层 for 循环遍历，可以对每个柱面进行设置。其次，对于当前柱形面，代码第 16~30 行计算其 4 个顶点的横坐标 $x1$~$x4$ 和纵坐标 $h1$~$h4$。计算横坐标时注意需要考虑每个分组中相邻柱形面之间的间距。

顶点坐标确定后就可以用 patch 函数绘制面片。

# 例 053　柱状图叠加背景色

图 4-23 所示为绘制柱状图并给它叠加背景色。

[图表效果]

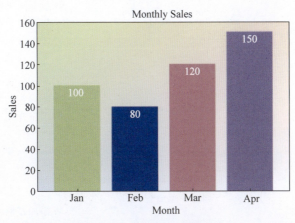

图 4-23　柱状图叠加背景色

[代码实现]

```
1.    % 柱状图叠加背景色
2.    clear;close all;                          % 清空工作空间的变量,关闭所有打开的对话框
3.    x = 1:4;                                   % 绘图数据
4.    y = [100,80,120,150];
5.    h = bar(x,y);                              % 绘图
6.    h.Visible = "off";                         % 隐藏柱形
7.
8.    ax = gca;                                  % 设置坐标系为当前坐标系
9.    dxMin = 0.3;dxMax = 4.7;
10.   dyMin = 0;dyMax = 160;
11.   ax.XLim = [dxMin dxMax];
12.   ax.YLim = [dyMin dyMax];
13.   % 用面片绘制绘图区背景矩形
14.   vert = [dxMin,dyMin;dxMax,dyMin;dxMax,dyMax;dxMin,dyMax];
15.   face = [1,2,3,4];
16.   % color = [1 0 0;1 1 0;0 1 0;0 0 1];
17.   color = uint8([173 175 177;                % 绘图区 4 个顶点的颜色,用 RGB 格式
18.       216 217 218;
19.       236 154 132;
20.       228 228 85]);
21.   % 面片,渐变色填充
22.   p = patch('Vertices',vert,'Faces',face,...
23.       'FaceVertexCData',color,'FaceColor','interp');
24.
25.   % 手工重绘柱状图
```

```
26.    cr = [0.894 0.894 0.373;0.278 0.345 0.635;0.878 0.553 0.545;0.686 0.549 0.733];
                                                          % 定义颜色
27.    for i = 1:length(y)
28.        rectangle('Position',[x(i) - h.BarWidth/2 0 h.BarWidth y(i)],...
29.            'FaceColor',cr(i,:),'EdgeColor','none')   % 用矩形重绘柱形
30.        text(x(i),y(i) - 4,num2str(y(i)),...
31.            "FontSize",7,'HorizontalAlignment','center')  % 添加数据标签
32.    end
33.
34.    xticks(1:4)                                       % 设置 x 轴刻度的位置
35.    xticklabels(["Jan","Feb","Mar","Apr"])            % 设置 x 轴刻度的标签
36.    title('Monthly Sales','FontSize',8)               % 标题
37.    ylabel('Sales','FontSize',7)
38.    xlabel('Month','FontSize',7)
39.    ax.FontSize = 6;                                  % 修改坐标系刻度标签的字体大小
40.    ax.TickDir = "out";                               % 刻度线朝外
41.    view(2)                                           % 二维视图
42.    xlim([0.3,4.7])
43.    ylim([0,160])
44.    box off
45.    line([0.3,4.7],[160,160],'Color','k','LineWidth',0.25)
46.    line([4.7,4.7],[0,160],'Color','k','LineWidth',0.25)
47.    camlight left                                     % 添加左侧光照
48.    camlight right                                    % 添加右侧光照
49.
50.    set(gcf,'PaperUnits','points','Position',[0 0 400 300])
51.    exportgraphics(gcf,'sam04_26.png','ContentType','image','Resolution',300)  % 保存为 png 文件
52.    exportgraphics(gcf,'sam04_26.pdf','ContentType','vector')                  % 保存为 pdf 文件
```

[代码说明]

代码第 3、4 行为绘图数据,第 5、6 行和第 25～32 行绘制柱状图,第 8～23 行用面片绘制渐变色背景。

[技术要点]

例 017 通过绘制矩形面给图表添加背景色,例 019 通过设置坐标系对象的属性给图表添加颜色渐变的背景。本例用面片绘制背景,并实现更加灵活的渐变色填充。使用面片,可以设置更多的顶点。创建面片的方法请参见例 023 和例 038。

本例用 rectangle 函数绘制矩形面来绘制柱状图。也可以在绘制完背景色后,使用 hold on 语句,然后用 bar 函数绘制柱状图,并用前面介绍过的方法修改单个柱形面的颜色。

## 例 054  柱状图+渐变色背景+分区标注

图 4-24 中绘制一组水平渐变色填充的柱状图,添加线标注将柱形面分成 6 个区,在每个分区下面添加刻度标签。

[图表效果]

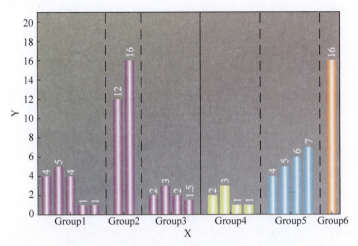

图 4-24 柱状图添加背景色并进行分区标注

[代码实现]

```
1.   %柱状图 + 渐变色背景 + 分区标注
2.   clear;close all;                                      %清空工作空间的变量,关闭所有打开的对话框
3.   data = [4 5 4 1 1 0 12 16 0 2 3 2 1.5 0 2 3 1 1 0 4 5 6 7 0 16];   %绘图数据
4.   b = bar(data);                                        %绘制柱状图
5.   b(1).Visible = "off";                                 %隐藏柱形
6.
7.   ax = gca;                                             %设置坐标系为当前坐标系
8.   dxMin = 0.3;dxMax = 25.7;
9.   dyMin = 0;dyMax = 21;
10.  ax.XLim = [dxMin dxMax];                              %设置 x 轴的取值范围
11.  ax.YLim = [dyMin dyMax];                              %设置 y 轴的取值范围
12.  %用面片绘制绘图区背景矩形
13.  vert = [dxMin,dyMin;dxMax,dyMin;dxMax,dyMax;dxMin,dyMax];
14.  face = [1,2,3,4];
15.  %color = [1 0 0;1 1 0;0 1 0;0 0 1];
16.  color = uint8([173 175 177;                           %绘图区 4 个顶点的颜色,采用 RGB 格式
17.          216 217 218;
18.          236 154 132;
19.          228 228 85]);
20.  %面片,渐变色填充
21.  p = patch('Vertices',vert,'Faces',face,...
22.          'FaceVertexCData',color,'FaceColor','interp',...
23.          'FaceAlpha',0.5);
24.
25.  %用面片重绘渐变填充柱状图
26.  for i = 1:length(data)
27.      x = b(1).XData(i);
28.      w = b(1).BarWidth;
29.      xb = x - w/2;
30.      xe = x + w/2;
```

```matlab
31.     h = b(1).YData(i);
32.     vert = [xb 0;x 0;xe 0;xe h;x h;xb h];
33.     face = [1 2 3 4 5 6];
34.     if i <= 13
35.         vc = [1 0 1;1 1 1;1 0 1;1 0 1;1 1 1;1 0 1];      % 各分区的颜色
36.     elseif i <= 18
37.         vc = [1 1 0;1 1 1;1 1 0;1 1 0;1 1 1;1 1 0];
38.     elseif i <= 23
39.         vc = [0 1 1;1 1 1;0 1 1;0 1 1;1 1 1;0 1 1];
40.     else
41.         vc = [1 0.5 0;1 1 1;1 0.5 0;1 0.5 0;1 1 1;1 0.5 0];
42.     end
43.     p = patch('Faces',face,'Vertices',vert,'FaceVertexCData',vc,'FaceColor','interp');
44.     p.EdgeColor = 'none';
45.
46.     if data(i) ~= 0
47.         text(i,data(i) + 0.2,num2str(data(i)),...
48.             'Rotation',90,'FontSize',7)              % 数据标签
49.     end
50. end
51.
52. line([6 6],[0 21],'LineStyle','--','Color','k')   % 分隔线
53. line([9 9],[0 21],'LineStyle','--','Color','k')
54. line([14 14],[0 21],'LineStyle','-','Color','k')
55. line([19 19],[0 21],'LineStyle','--','Color','k')
56. line([24 24],[0 21],'LineStyle','--','Color','k')
57.
58. xticks([3 7.5 11.5 16.5 21.5 25])                 % 设置 x 轴刻度的位置
59. xticklabels(["Group1" "Group2" "Group3" "Group4" "Group5" "Group6"])   % 刻度标签
60. box on                                            % 显示外框
61. xlabel('X','FontSize',7)
62. ylabel('Y','FontSize',7)
63. ax.FontSize = 6;                                  % 修改坐标系刻度标签的字体大小
64. ax.TickDir = "out";                               % 刻度线朝外
65. box off
66. line([0.3,25.7],[21,21],'Color','k','LineWidth',0.25)
67. line([25.7,25.7],[0,21],'Color','k','LineWidth',0.25)
68.
69. set(gcf,'PaperUnits','points','Position',[0 0 400 300])
70. exportgraphics(gcf,'sam04_27.png','ContentType','image','Resolution',300)   % 保存为 png 文件
71. exportgraphics(gcf,'sam04_27.pdf','ContentType','vector')                   % 保存为 pdf 文件
```

[代码说明]

代码第 3 行为绘图数据，需要添加线标注的位置指定数据为 0，第 4、5 行和第 25～50 行绘制水平渐变色填充的柱状图，第 7～23 行绘制渐变色背景。

[技术要点]

本例绘制渐变色背景和渐变色柱形面都使用面片，请参见例 023 和例 038 了解面片的创建。用 xticks 函数指定 $x$ 轴刻度的位置，用 xticklabels 函数指定刻度标签。

## 例 055　背景色+侧面文本标注柱状图

图 4-25 所示为颜色垂直渐变的柱状图,添加了渐变色背景,在每个柱形面旁边添加了文本标注。

[图表效果]

图 4-25　柱状图添加背景色并在侧面添加文本标注

[代码实现]

```
1.    %背景色+侧面文本标注柱状图
2.    clear;close all;                          %清空工作空间的变量,关闭所有打开的对话框
3.    x = 1:10;                                 %绘图数据
4.    y = [100,0,80,0,120,0,150,0,180,0];
5.    b = bar(x,y,'FaceColor','#6CBFBF');       %绘图
6.    b(1).Visible = "off";                     %隐藏柱形
7.
8.    ax = gca;                                 %设置坐标系为当前坐标系
9.    dxMin = 0.3;dxMax = 10.7;
10.   dyMin = 0;dyMax = 190;
11.   ax.XLim = [dxMin dxMax];                  %设置 x 轴的取值范围
12.   ax.YLim = [dyMin dyMax];                  %设置 y 轴的取值范围
13.   %用面片绘制绘图区背景矩形
14.   vert = [dxMin,dyMin;dxMax,dyMin;dxMax,dyMax;dxMin,dyMax];
15.   face = [1,2,3,4];
16.   % color = [1 0 0;1 1 0;0 1 0;0 0 1];
17.   color = [ 134 152 164;                    %绘图区 4 个顶点的颜色,R,G,B
18.       134 152 164;
19.       13 26 45;
20.       13 26 45]./255;
21.   %面片,用渐变色填充
22.   p = patch('Vertices',vert,'Faces',face,...
23.       'FaceVertexCData',color,'FaceColor','interp',...
24.       'FaceAlpha',0.5);
25.
```

```matlab
26.     % 用面片重绘渐变填充柱状图
27.     for i = 1:length(y)
28.         xx = b(1).XData(i);
29.         w = b(1).BarWidth * 1.2;
30.         xb = xx - w/2;
31.         xe = xx + w/2;
32.         h = b(1).YData(i);
33.         vert = [xb 0;xe 0;xe h;xb h];
34.         % vert = [xb 0;xx 0;xe 0;xe h;xx h;xb h];
35.         face = [1 2 3 4];
36.         vc = [168 138 35;168 138 35;243 235 177;243 235 177]./255;
37.         % vc = [1 0.5 0;1 1 1;1 0.5 0;1 0.5 0;1 1 1;1 0.5 0];
38.         p = patch('Faces',face,'Vertices',vert,'FaceVertexCData',vc,'FaceColor','interp');
39.         p.EdgeColor = 'none';
40.     end
41.     for i = 1:length(y) - 1
42.         if y(i) ~ = 0
43.             text(i + 1,0,"a'bacdefghijklmn",...
44.                 'Rotation',90,'FontSize',12,...
45.                 'Color','w')
46.         end
47.     end
48.
49.     title('Monthly Sales','FontSize',8)        % 标题
50.     ylabel('Sales','FontSize',7)
51.     % xlabel('Month','FontSize',7)
52.     xticklabels([])                             % 设置 x 轴刻度的位置
53.     ax.FontSize = 6;                            % 修改坐标系刻度标签的字体大小
54.     ax.TickDir = "out";                         % 刻度线朝外
55.     yMin = min(y);
56.     yMax = max(y);
57.     yRag = yMax - yMin;
58.     ylim([0 190])                               % 设置 y 轴的取值范围
59.     xlim([0.3 10.7])                            % 设置 x 轴的取值范围
60.     box off
61.     line([0.3,10.7],[190,190],'Color','k','LineWidth',0.25)
62.     line([10.7,10.7],[0,190],'Color','k','LineWidth',0.25)
63.     camlight                                    % 添加光照
64.
65.     set(gcf,'PaperUnits','points','Position',[0 0 400 250])
66.     exportgraphics(gcf,'sam04_28.png','ContentType','image','Resolution',300)    % 保存为 png 文件
67.     exportgraphics(gcf,'sam04_28.pdf','ContentType','vector')                    % 保存为 pdf 文件
```

[代码说明]

代码第 3、4 行为绘图数据,第 5、6 行和第 26～47 行绘制柱状图和文本标注,第 8～24 行绘制渐变色背景。

[技术要点]

本例绘制渐变色背景和渐变色柱形面都使用面片,请参见例 023 和例 038 了解面片的创建。用 text 函数绘制文本标注时用 Rotation 参数可以设置文本的旋转角度,值的单位为度。

## 例 056　三维柱状图

MATLAB 可以绘制三维柱状图，如图 4-26 所示。三维复合柱状图中，同一种颜色的柱体构成一个序列，对应于同一个 $x$ 值的柱体构成一个分组。图 4-26 中共有 3 个序列，15 个分组。

［图表效果］

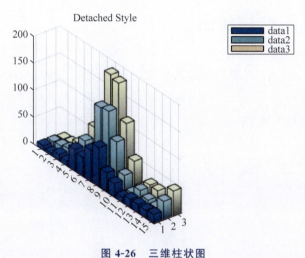

图 4-26　三维柱状图

［代码实现］

```
1.   % 三维柱状图
2.   clear;close all;                              % 清空工作空间的变量,关闭所有打开的对话框
3.   load count.dat                                % 数据
4.   Y = count(1:15,:);
5.   h = bar3(Y);                                  % 绘制三维柱状图
6.   h(1).FaceColor = '#0000FF';                   % 修改属性
7.   h(2).FaceColor = '#6CBFBF';
8.   h(3).FaceColor = '#F4CE91';
9.   title('Detached Style','FontSize',8)          % 标题
10.  ax = gca;                                     % 设置坐标系为当前坐标系
11.  ax.FontSize = 6;                              % 修改坐标系刻度标签的字体大小
12.  ax.TickDir = "out";                           % 刻度线朝外
13.  camlight left                                 % 添加左侧光照
14.  camlight right                                % 添加右侧光照
15.  lighting phong                                % phong 光照
16.  legend                                        % 显示图例
17.
18.  set(gcf,'PaperUnits','points','Position',[0 0 400 300])
19.  exportgraphics(gcf,'sam04_29.png','ContentType','image','Resolution',300)   % 保存为 png 文件
20.  exportgraphics(gcf,'sam04_29.pdf','ContentType','vector')                   % 保存为 pdf 文件
```

[代码说明]

代码第3、4行为绘图数据,取 count 矩阵的前 15 行数据绘图,第 5～8 行绘制三维柱状图。

[技术要点]

MATLAB 中用 bar3 函数绘制三维柱状图,可以给三维图表添加光照,代码第 13、14 行给场景添加左侧光照和右侧光照,第 15 行设置光照算法为 phong 光照。

## 例 057　三维圆锥柱状图

MATLAB 中 bar3 函数绘制长方体表示的三维柱状图,默认时不能绘制三维圆锥柱状图。使用前面绘制渐变色填充柱状图类似的思路,可以自己绘制圆锥面代替长方体,生成三维圆锥柱状图,如图 4-27 所示。

[图表效果]

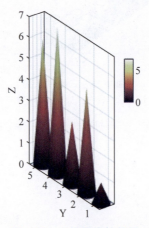

图 4-27　三维圆锥柱状图

[代码实现]

```
1.   %三维圆锥柱状图
2.   clear;close all;              %清空工作空间的变量,关闭所有打开的对话框
3.   data = [1 5 3 7 6];           %数据
4.   b = bar3(data);               %绘制三维柱状图
5.   b(1).FaceColor = 'none';      %隐藏柱体
6.   b(1).EdgeColor = 'none';
7.   y = b(1).YData(:,2);          %获取原柱体的数据
8.   z = b(1).ZData(:,2);
9.   r = (y(3) - y(2))/2;          %底面半径
10.  t = r:-r/40:0;                %圆锥面的半径变化,从 t 到 0
11.  rc = t;
```

```
12.    [X,Y,Z] = cylinder(rc);                    % 单位圆锥曲面上网格节点的坐标
13.    for i = 1:length(data)                     % 用圆锥面重绘各柱体
14.        y0 = (y(2 + 6 * (i - 1)) + y(3 + 6 * (i - 1)))/2;   % y 中心位置(0,y0,0)
15.        z0 = z(2 + 6 * (i - 1));               % 高度
16.        % 绘制圆锥
17.        h(i) = surf(X,Y + y0,Z * z0);
18.        h(i).EdgeColor = 'none';
19.        h(i).FaceColor = 'interp';
20.        hold on                                 % 叠加绘图
21.    end
22.    ylabel('Y','FontSize',7)
23.    zlabel('Z','FontSize',7)
24.    % 删除 x 轴刻度线和刻度标签
25.    ax = gca;                                   % 设置坐标系为当前坐标系
26.    ax.FontSize = 6;                            % 修改坐标系刻度标签的字体大小
27.    ax.TickDir = "out";                         % 刻度线朝外
28.    axx = ax.XAxis;                             % x 坐标轴
29.    axx.TickLength = [0;0];                     % 刻度线长度为 0
30.    axx.TickLabels = '';                        % 没有刻度标签
31.    % 其他设置
32.    grid on                                     % 添加网格
33.    box on                                      % 显示外框
34.    axis equal                                  % 各坐标轴方向上度量单位相同
35.    colormap hot                                % 修改颜色查找表
36.    camlight left                               % 添加左侧光照
37.    camlight right                              % 添加右侧光照
38.    lighting phong                              % phong 光照
39.    colorbar('Position',[0.68 0.55 0.03 0.18]); % 显示色条
40.    hold off                                    % 取消叠加绘图
41.
42.    set(gcf,'PaperUnits','points','Position',[0 0 400 300])
43.    exportgraphics(gcf,'sam04_30.png','ContentType','image','Resolution',300)   % 保存为 png 文件
44.    exportgraphics(gcf,'sam04_30.pdf','ContentType','vector')                   % 保存为 pdf 文件
```

[代码说明]

代码第 3 行为绘图数据，第 4～6 行绘制三维柱状图并隐藏柱体，第 7～21 行用圆锥面重绘柱体。

[技术要点]

本例的关键在于圆锥面的绘制和平移。MATLAB 中使用 cylinder 函数可以绘制单位柱面，在 MATLAB 命令窗口输入以下代码：

```
>> cylinder
```

绘制单位柱面如图 4-28 所示。单位柱面的半径和高度都是 1。

单位柱面是一个曲面对象。cylinder 函数可以返回曲面网格节点处的坐标组成的矩阵 X、Y 和 Z，如代码第 12 行所示。

```
[X,Y,Z] = cylinder(rc)
```

参数 rc 指定不同高度上柱面半径组成的向量，例如以下代码：

```
>> t = 1: -1/40:0;
>> cylinder(t)
```

绘制单位圆锥面如图 4-29 所示。圆锥面的半径从上往下逐渐增加,由 0 变为 1。

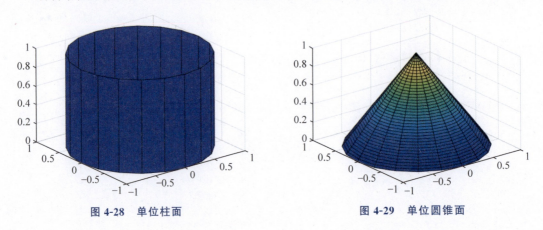

图 4-28　单位柱面　　　　　　　　图 4-29　单位圆锥面

得到单位圆锥面后,改变圆锥面的高度、半径、位置和颜色就可以实现圆锥面柱状图的绘制。代码第 7、8 行用序列对象的 YData 属性和 ZData 属性获取所有柱体的位置和高度,第 9 行计算圆锥面的底面半径。然后第 13~21 行用 for 循环遍历每个圆锥面,对于当前圆锥面,计算底面中心位置和高度,在 X、Y 和 Z 矩阵基础上进行变换,并用最后得到的数据用 surf 函数绘制圆锥曲面。

采用插值着色时会使用当前颜色查找表的颜色对曲面进行索引着色。本例使用 hot 颜色查找表。

## 例 058　三维圆柱柱状图

本例绘制三维圆柱柱状图,用圆柱面代替原有的长方体,如图 4-30 所示。

[图表效果]

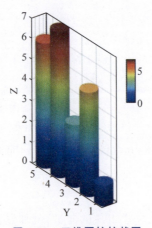

图 4-30　三维圆柱柱状图

[代码实现]

```matlab
1.  % 三维圆柱柱状图
2.  clear;close all;                              % 清空工作空间的变量,关闭所有打开的对话框
3.  data = [1 5 3 7 6];                          % 数据
4.  b = bar3(data);                              % 绘制三维柱状图
5.  b(1).FaceColor = 'none';                     % 隐藏柱体
6.  b(1).EdgeColor = 'none';
7.  y = b(1).YData(:,2);                         % 获取原柱体的数据
8.  z = b(1).ZData(:,2);
9.  r = (y(3) - y(2))/2;                         % 底面半径
10. [X,Y,Z] = cylinder(r);                       % 单位柱面上网格节点的坐标
11. for i = 1:length(data)                       % 重绘圆柱面
12.     y0 = (y(2+6*(i-1)) + y(3+6*(i-1)))/2;   % y 中心位置(0,y0,0)
13.     z0 = z(2+6*(i-1));                       % 高度
14.     % 盖住圆柱
15.     theta = 0:pi/10:2*pi;
16.     rt = 0:r/20:r;
17.     [TT,RR] = meshgrid(theta,rt);
18.     XT = RR.*cos(TT);
19.     YT = y0 + RR.*sin(TT);
20.     ZT = z0*ones(size(XT));
21.     h2 = surf(XT,YT,ZT);                     % 用曲面绘制圆柱面上面的盖子
22.     h2.EdgeColor = 'none';
23.     h2.FaceColor = 'interp';
24.     hold on                                  % 叠加绘图
25.     % 绘制圆柱面
26.     h = surf(X,Y + y0,Z*z0);
27.     h.EdgeColor = 'none';
28.     h.FaceColor = 'interp';
29. end
30. ylabel('Y','FontSize',7)
31. zlabel('Z','FontSize',7)
32. % 删除 x 轴的刻度线和刻度标签
33. ax = gca;                                    % 设置坐标系为当前坐标系
34. ax.FontSize = 6;                             % 修改坐标系刻度标签的字体大小
35. ax.TickDir = "out";                          % 刻度线朝外
36. axx = ax.XAxis;                              % x 轴
37. axx.TickLength = [0;0];                      % 刻度线长度为 0
38. axx.TickLabels = '';                         % 没有刻度标签
39. % 其他设置
40. grid on                                      % 添加网格
41. box on                                       % 显示外框
42. axis equal                                   % 各坐标轴方向上度量单位相同
43. colormap jet                                 % 修改颜色查找表
44. camlight left                                % 添加左侧光照
45. camlight right                               % 添加右侧光照
46. lighting phong                               % phong 光照
47. colorbar('Position',[0.68 0.55 0.03 0.18]);  % 显示色条
48. hold off                                     % 取消叠加绘图
49.
50. set(gcf,'PaperUnits','points','Position',[0 0 400 300])
51. exportgraphics(gcf,'sam04_31.png','ContentType','image','Resolution',300)   % 保存为 png 文件
```

52.    exportgraphics(gcf,'sam04_31.pdf','ContentType','vector')            % 保存为 pdf 文件

[代码说明]

代码第 3 行为绘图数据，第 4～6 行绘制三维柱状图并隐藏柱体，第 7～29 行用圆锥面重绘柱体。

[技术要点]

实现圆柱柱状图的方法与例 057 中的圆锥柱状图类似。都是在 cylinder 函数生成的单位柱面的基础上进行修改。

绘制圆柱还需要增加一步操作，就是需要在圆柱面的顶端增加一个圆形面作为封盖。第 14～21 行用 surf 函数绘制该曲面。

## 例 059    有序堆叠柱状图

如图 4-31 所示，堆叠柱状图按照各分组的总长度对分组进行了升序排列。

[图表效果]

图 4-31    有序堆叠柱状图

[代码实现]

```
1.    % 有序堆叠柱状图
2.    clear;close all;                              % 清空工作空间的变量,关闭所有打开的对话框
3.    x = 1:12;                                     % 绘图数据
4.    y = [70,80,90;150,180,130;160,170,150;120,130,155;...
5.        80,110,70;100,130,170;100,120,150;160,100,150;...
6.        100,90,150;90,160,190;130,170,160;130,160,135];
7.    y2 = sum(y,2);
8.    y3 = [y y2];
```

```
9.    y4 = sortrows(y3,4);                    % 根据各分组的总长度升序排列
10.   y5 = y4(:,1:3);
11.   h = bar(x,y5,'stacked');                 % 根据排序数据绘制堆叠柱状图
12.   h(1).FaceColor = '#899CCB';              % 设置各序列的颜色
13.   h(2).FaceColor = '#F1C0C4';
14.   h(3).FaceColor = '#FBE7C0';
15.
16.   title('Monthly Sales','FontSize',8);     % 标题
17.   ylabel('Sales','FontSize',7);
18.   % xlabel('Month','FontSize',7);
19.   xlim([0.3 12.7]);                        % 设置 x 轴的取值范围
20.   xticklabels(split(num2str(1:12)))        % 设置 x 轴的刻度标签
21.   y6 = y5';
22.   yMax = max(sum(y6));
23.   ylim([0,yMax*1.1])
24.   box off
25.   line([0.3,12.7],[yMax*1.1,yMax*1.1],'Color','k','LineWidth',0.25)
26.   line([12.7,12.7],[0,yMax*1.1],'Color','k','LineWidth',0.25)
27.
28.   ax = gca;                                % 设置坐标系为当前坐标系
29.   ax.FontSize = 6;                         % 修改坐标系刻度标签的字体大小
30.   ax.TickDir = "out";                      % 刻度线朝外
31.   lgd = legend("Mall A","Mall B","Mall C"); % 图例
32.   lgd.BackgroundAlpha = 0.5;               % 图例区域半透明
33.   lgd.Location = 'northwest';              % 图例的位置
34.   grid on                                  % 添加网格
35.
36.   set(gcf,'PaperUnits','points','Position',[0 0 400 250])
37.   exportgraphics(gcf,'sam04_32.png','ContentType','image','Resolution',300)   % 保存为 png 文件
38.   exportgraphics(gcf,'sam04_32.pdf','ContentType','vector')                    % 保存为 pdf 文件
```

[代码说明]

代码第 3～10 行为绘图数据，并根据各分组的总长对分组进行升序排列，第 11～14 行绘制有序堆叠柱状图并设置各序列的颜色。

[技术要点]

本例需要首先对数据根据各分组的总长度对分组进行升序排列，然后用排序后的数据绘制堆叠柱状图。

## 例 060　有序堆叠柱状图叠加平滑线形图

图 4-32 在例 059 的基础上添加了平滑曲线图。

[图表效果]

图 4-32　有序堆叠柱状图叠加平滑线形图

[代码实现]

```matlab
1.  % 有序堆叠柱状图叠加平滑线形图
2.  clear;close all;                          % 清空工作空间的变量,关闭所有打开的对话框
3.  x = 1:12;                                 % 绘图数据
4.  y = [70,80,90;150,180,130;160,170,150;120,130,155;...
5.      80,110,70;100,130,170;100,120,150;160,100,150;...
6.      100,90,150;90,160,190;130,170,160;130,160,135];
7.  y2 = sum(y,2);
8.  y3 = [y y2];
9.  y4 = sortrows(y3,4);                      % 根据各分组的总长度进行升序排列
10. y5 = y4(:,1:3);
11. h = bar(x,y5,'stacked');                  % 根据排序数据绘制堆叠柱状图
12. h(1).FaceColor = '#899CCB';               % 设置各序列的颜色
13. h(2).FaceColor = '#F1C0C4';
14. h(3).FaceColor = '#FBE7C0';
15. 
16. hold on                                   % 叠加绘图
17. y6 = sum(y5') + 30 * ones(1,12) + rand(1,12) * 30;   % 绘制线形图的 y 数据
18. pp = spline(x,y6);                        % 对数据进行样条插值,平滑处理
19. xx = linspace(min(x),max(x),100);
20. yy = ppval(pp,xx);
21. h1 = plot(xx,yy,'-r');                    % 根据平滑数据绘制线形图
22. h2 = plot(x,y6,'or');                     % 根据原数据绘制数据点
23. h2.MarkerFaceColor = 'r';
```

```
24.
25.    for i = 1:length(y6)
26.        text(i,y6(i) + 30,num2str(y6(i)),...
27.            'FontSize',7,'HorizontalAlignment','center')    % 数据标签
28.    end
29.
30.    title('Monthly Sales','FontSize',8)                    % 标题
31.    ylabel('Sales','FontSize',7)
32.    % xlabel('Month','FontSize',7)
33.    xlim([0.3 12.7])                                       % 设置 x 轴的取值范围
34.    xticklabels(split(num2str(1:12)))
35.    y6 = y5';
36.    yMax = max(sum(y6)) + 60;
37.    ylim([0,yMax * 1.1])
38.    box off
39.    line([0.3,12.7],[yMax * 1.1,yMax * 1.1],'Color','k','LineWidth',0.25)
40.    line([12.7,12.7],[0,yMax * 1.1],'Color','k','LineWidth',0.25)35.
41.    ax = gca;                                              % 设置坐标系为当前坐标系
42.    ax.FontSize = 6;                                       % 修改坐标系刻度标签的字体大小
43.    ax.TickDir = "out";                                    % 刻度线朝外
44.    lgd = legend(["Mall A","Mall B","Mall C"]);
45.    lgd.BackgroundAlpha = 0.5;                             % 图例区域半透明
46.    lgd.Location = 'northwest';                            % 图例的位置
47.    grid on                                                % 添加网格
48.    hold off                                               % 取消叠加绘图
49.
50.    set(gcf,'PaperUnits','points','Position',[0 0 400 250])
51.    exportgraphics(gcf,'sam04_33.png','ContentType','image','Resolution',300)   % 保存为 png 文件
52.    exportgraphics(gcf,'sam04_33.pdf','ContentType','vector')                   % 保存为 pdf 文件
```

[代码说明]

代码第 3～10 行为绘图数据,并根据各分组的总长对分组进行升序排列,第 11～14 行绘制有序堆叠柱状图并设置各序列的颜色,第 16～28 行在有序堆叠柱状图顶端绘制平滑线形图并添加数据标签。

[技术要点]

本例是个组合图,包括有序堆叠柱状图和平滑曲线图。两种图表的绘制请参见例 020 和例 059。

## 例 061　双向堆叠柱状图

图 4-33 所示为双向堆叠柱状图,实际上是在 0 基线上下各绘制了一组堆叠柱状图。

[图表效果]

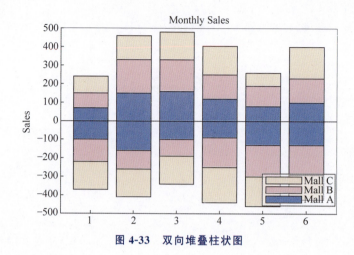

图 4-33  双向堆叠柱状图

[代码实现]

```
1.    % 双向堆叠柱状图
2.    clear;close all;                          % 清空工作空间的变量,关闭所有打开的对话框
3.    x = 1:6;                                  % 数据,两组
4.    y = [70,80,90;150,180,130;160,170,150;120,130,155;...
5.        80,110,70;100,130,170];
6.    y2 = [ -100, -120, -150; -160, -100, -150; -100, -90, -150;...
7.        -90, -160, -190; -130, -170, -160; -130, -160, -135];
8.    h = bar(x,y,'stacked');                   % 绘制第 1 组堆叠柱状图
9.    h(1).FaceColor = '#899CCB';               % 各序列的颜色
10.   h(2).FaceColor = '#F1C0C4';
11.   h(3).FaceColor = '#FBE7C0';
12.
13.   hold on                                   % 叠加绘图
14.   h2 = bar(x,y2,'stacked');                 % 绘制第 2 组堆叠柱状图
15.   h2(1).FaceColor = '#899CCB';              % 各序列的颜色
16.   h2(2).FaceColor = '#F1C0C4';
17.   h2(3).FaceColor = '#FBE7C0';
18.
19.   title('Monthly Sales','FontSize',8)       % 标题
20.   ylabel('Sales','FontSize',7)
21.   % xlabel('Month','FontSize',7)
22.   xlim([0.3 6.7])                           % 设置 x 轴的取值范围
23.   ylim([ -500,500])
24.   xticks(1:6)
25.   xticklabels(split(num2str(1:6)))
26.   box off
27.   line([0.3,6.7],[500,500],'Color','k','LineWidth',0.25)    % 外框
28.   line([6.7,6.7],[ -500,500],'Color','k','LineWidth',0.25)
29.
30.   ax = gca;                                 % 设置坐标系为当前坐标系
31.   ax.FontSize = 6;                          % 修改坐标系刻度标签的字体大小
```

```
32.     ax.TickDir = "out";                          % 刻度线朝外
33.     lgd = legend("Mall A","Mall B","Mall C");
34.     lgd.BackgroundAlpha = 0.5;                    % 图例区域半透明
35.     lgd.Location = 'southeast';                   % 图例位置
36.     hold off                                      % 取消叠加绘图
37.
38.     set(gcf,'PaperUnits','points','Position',[0 0 400 250])
39.     exportgraphics(gcf,'sam04_34.png','ContentType','image','Resolution',300)   % 保存为 png 文件
40.     exportgraphics(gcf,'sam04_34.pdf','ContentType','vector')                   % 保存为 pdf 文件
```

[代码说明]

代码第 3~7 行为绘图数据，y2 的数据也可以是正数，只是绘图时取负，第 8~17 行绘制堆叠柱状图并设置各序列的颜色。

[技术要点]

绘制堆叠柱状图请参阅例 035。

## 例 062　柱状图＋标签 1

图 4-34 所示为绘制水平渐变填充的柱状图，并在柱形面侧面添加文本标注。

[图表效果]

图 4-34　水平渐变色填充柱状图侧面添加文本标注

[代码实现]

```
1.      % 柱状图 + 标签 1
2.      clear;close all;                              % 清空工作空间的变量，关闭所有打开的对话框
3.      x = 1:10;                                     % 绘图数据
4.      y = [100,0,80,0,120,0,150,0,180,0];
5.      b = bar(x,y,'FaceColor','#6CBFBF');           % 绘图
6.      b(1).CData(1,:) = [1 0 0];                    % 设置属性
7.      b(1).CData(3,:) = [0 1 0];
```

```matlab
8.      b(1).CData(5,:) = [0 0 1];
9.      b(1).CData(7,:) = [1 1 0];
10.     b(1).CData(9,:) = [1 0 1];
11.     b(1).Visible = "off";                      % 隐藏柱形
12.
13.     % 用面片重绘渐变填充柱状图
14.     for i = 1:length(y)
15.         xx = b(1).XData(i);
16.         w = b(1).BarWidth * 1.2;
17.         xb = xx - w/2;
18.         xe = xx + w/2;
19.         h = b(1).YData(i);
20.         vert = [xb 0;xx 0;xe 0;xe h;xx h;xb h];
21.         face = [1 2 3 4 5 6];
22.         cr = b(1).CData(i,:);
23.         vc = [cr;1 1 1;cr;cr;1 1 1;cr];
24.         p = patch('Faces',face,'Vertices',vert,'FaceVertexCData',vc,'FaceColor','interp');
25.         p.EdgeColor = 'none';
26.     end
27.     for i = 1:length(y) - 1
28.         if y(i) ~ = 0
29.             text(i + 1,0,"a'bacdefghijklmn",...
30.                 'Rotation',90,'FontSize',12,...
31.                 'Color',b(1).CData(i,:))        % 绘制数据标签
32.         end
33.     end
34.
35.     title('Monthly Sales','FontSize',8)        % 标题
36.     ylabel('Sales','FontSize',7)
37.     % xlabel('Month','FontSize',7)
38.     xticklabels([])                            % 设置 x 轴的刻度标签
39.     ax = gca;                                  % 设置坐标系为当前坐标系
40.     ax.FontSize = 6;                           % 修改坐标系刻度标签的字体大小
41.     ax.TickDir = "out";                        % 刻度线朝外
42.     yMin = min(y);
43.     yMax = max(y);
44.     yRag = yMax - yMin;
45.     ylim([0 190])                              % 设置 y 轴的取值范围
46.     xlim([0.3 10.7])                           % 设置 x 轴的取值范围
47.     box off
48.     line([0.3,10.7],[190,190],'Color','k','LineWidth',0.25)
49.     line([10.7,10.7],[0,190],'Color','k','LineWidth',0.25)
50.     camlight                                   % 添加光照
51.
52.     set(gcf,'PaperUnits','points','Position',[0 0 400 300])
53.     exportgraphics(gcf,'sam04_35.png','ContentType','image','Resolution',300)   % 保存为 png 文件
54.     exportgraphics(gcf,'sam04_35.pdf','ContentType','vector')                   % 保存为 pdf 文件
```

[代码说明]

代码第 3、4 行为绘图数据,第 5～11 行绘制柱状图并设置各柱形面的颜色,第 13～33 行对各柱形面进行水平渐变色填充。

[技术要点]

本例用面片实现柱形面的水平渐变色填充。面片的创建和设置请参见例 023 和例 038。

## 例 063　柱状图＋标签 2

本例与例 062 类似，绘制水平渐变色填充的柱状图，但是在每个柱形面的顶端添加文本标注，如图 4-35 所示。

[图表效果]

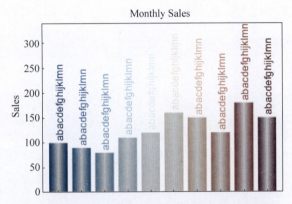

图 4-35　水平渐变色填充柱状图顶部添加文本标注

[代码实现]

```
1.   % 柱状图 + 标签 2
2.   clear;close all;                          % 清空工作空间的变量,关闭所有打开的对话框
3.   x = 1:10;                                 % 绘图数据
4.   y = [100,90,80,110,120,160,150,120,180,150];
5.   b = bar(x,y,'FaceColor','#6CBFBF');       % 绘图
6.   b(1).CData(1,:) = [16 70 128]./255;       % 设置各柱形的颜色
7.   b(1).CData(2,:) = [49 124 183]./255;
8.   b(1).CData(3,:) = [109 173 209]./255;
9.   b(1).CData(4,:) = [182 215 232]./255;
10.  b(1).CData(5,:) = [233 241 244]./255;
11.  b(1).CData(6,:) = [251 227 213]./255;
12.  b(1).CData(7,:) = [246 178 147]./255;
13.  b(1).CData(8,:) = [220 109 87]./255;
14.  b(1).CData(9,:) = [183 34 48]./255;
15.  b(1).CData(10,:) = [109 1 31]./255;
16.  b(1).Visible = "off";
17.
18.  % 用面片重绘渐变填充柱状图
19.  for i = 1:length(y)
```

```
20.     xx = b(1).XData(i);
21.     w = b(1).BarWidth;
22.     xb = xx - w/2;
23.     xe = xx + w/2;
24.     h = b(1).YData(i);
25.     vert = [xb 0;xx 0;xe 0;xe h;xx h;xb h];
26.     face = [1 2 3 4 5 6];
27.     cr = b(1).CData(i,:);
28.     vc = [cr;1 1 1;cr;cr;1 1 1;cr];
29.     p = patch('Faces',face,'Vertices',vert,'FaceVertexCData',vc,'FaceColor','interp');
30.     p.EdgeColor = 'none';
31. end
32. for i = 1:length(y)
33.     text(i,y(i) + 5,"abacdefghijklmn",...
34.         'Rotation',90,'FontSize',10,...
35.         'Color',b(1).CData(i,:))        % 绘制数据标签
36. end
37.
38. title('Monthly Sales','FontSize',8)     % 标题
39. ylabel('Sales','FontSize',7)
40. % xlabel('Month','FontSize',7)
41. xticklabels([])                         % 设置 x 轴的刻度标签
42. ax = gca;                               % 设置坐标系为当前坐标系
43. ax.FontSize = 6;                        % 修改坐标系刻度标签的字体大小
44. ax.TickDir = "out";                     % 刻度线朝外
45. yMin = min(y);
46. yMax = max(y);
47. yRag = yMax - yMin;
48. ylim([0 340])                           % 设置 y 轴的取值范围
49. xlim([0.3 10.7])                        % 设置 x 轴的取值范围
50. box off
51. line([0.3,10.7],[340,340],'Color','k','LineWidth',0.25)
52. line([10.7,10.7],[0,340],'Color','k','LineWidth',0.25)
53. camlight                                % 添加光照
54.
55. set(gcf,'PaperUnits','points','Position',[0 0 400 260])
56. exportgraphics(gcf,'sam04_36.png','ContentType','image','Resolution',300)   % 保存为 png 文件
57. exportgraphics(gcf,'sam04_36.pdf','ContentType','vector')                    % 保存为 pdf 文件
```

[代码说明]

代码第 3、4 行为绘图数据，第 5~16 行绘制柱状图并设置各柱形面的颜色，第 18~36 行实现各柱形面的水平渐变色填充并添加文本标注。

[技术要点]

本例用面片实现柱形面的水平渐变色填充。面片的创建和设置请参见例 023 和例 038。

## 例 064　简单极坐标柱状图

在极坐标系中绘制的柱状图称为简单极坐标柱状图，如图 4-36 所示。简单极坐标柱状

图用方位角确定柱形面的位置和方向,用半径确定柱形面的高度。

[图表效果]

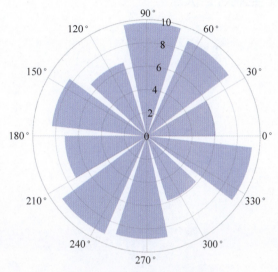

图 4-36　简单极坐标柱状图

[代码实现]

```
1.   % 简单极坐标柱状图
2.   clear;close all;
3.   t1 = pi/6;                              % 柱形面的夹角
4.   t2 = 6/180 * pi;                        % 柱形面之间的间距
5.   t = 0:9;
6.   tb = t.* (t1 + t2);                     % 柱形面的起始角度
7.   te = t.* (t1 + t2) + t1;                % 柱形面的终止角度
8.   thetas = [tb' te'];                     % 组合
9.   rb = zeros(10,1);                       % 柱形面的起始半径
10.  re = 5 + rand(10,1) * 5;                % 柱形面的终止半径
11.  rad = [rb re];                          % 组合
12.  pr = polarregion(thetas,rad,FaceColor = 'b');   % 绘图
13.  ax = gca;
14.  ax.FontSize = 6;
15.
16.  set(gcf,'PaperUnits','points','Position',[0 0 400 300])
17.  exportgraphics(gcf,'sam04_6.png','ContentType','image','Resolution',300)
18.  exportgraphics(gcf,'sam04_6.pdf','ContentType','vector')
```

[代码说明]

代码第 3~11 行组织数据,第 12 行绘制极坐标柱状图。

[技术要点]

用 polarregion 函数绘制极坐标柱状图。重点在于按照函数的要求组织各柱形面的角度向量和半径向量。

## 例 065　复合极坐标柱状图

在极坐标系中叠加绘制多组数据的简单极坐标柱状图，称为复合极坐标柱状图，如图 4-37 所示。

[图表效果]

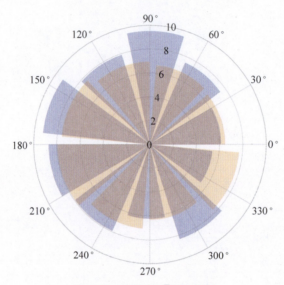

图 4-37　复合极坐标柱状图

[代码实现]

```
1.   % 复合极坐标柱状图
2.   clear;close all;
3.   t1 = pi/6;                                    % 柱形面的夹角
4.   t2 = 6/180 * pi;                              % 柱形面之间的间距
5.   t = 0:9;
6.   tb = t .* (t1 + t2);                          % 柱形面的起始角度
7.   te = t .* (t1 + t2) + t1;                    % 柱形面的终止角度
8.   thetas = [tb' te'];                           % 组合
9.   rb = zeros(10,1);                             % 柱形面的起始半径
10.  re = 5 + rand(10,1) * 5;                      % 柱形面的终止半径
11.  rad = [rb re];                                % 组合
12.  pr = polarregion(thetas,rad,FaceColor = 'b'); % 绘图
13.
14.  t3 = 40/180 * pi;                             % 绘制第 2 个简单极坐标柱状图
15.  t4 = 5/180 * pi;
16.  t0 = 0:7;
17.  tb2 = t0 .* (t3 + t4);
18.  te2 = t0 .* (t3 + t4) + t3;
```

```
19.    thetas2 = [tb2' te2'];                                  % 组合
20.    rb2 = zeros(8,1);
21.    re2 = 4 + rand(8,1) * 4;
22.    rad2 = [rb2 re2];                                       % 组合
23.    pr2 = polarregion(thetas2,rad2,FaceColor = [1 0.5 0]);  % 绘图
24.
25.    ax = gca;
26.    ax.FontSize = 6;
27.
28.    set(gcf,'PaperUnits','points','Position',[0 0 400 300])
29.    exportgraphics(gcf,'sam04_7.png','ContentType','image','Resolution',300)
30.    exportgraphics(gcf,'sam04_7.pdf','ContentType','vector')
```

[代码说明]

代码第 3~11 行和第 14~22 行组织数据，第 12 行和第 23 行绘制极坐标柱状图。

[技术要点]

用 polarregion 函数绘制极坐标柱状图。逐个绘制各简单极坐标柱状图。重点在于按照函数的要求组织各柱形面的角度向量和半径向量。

## 例 066　堆叠极坐标柱状图

堆叠极坐标柱状图如图 4-38 所示，各分组中各序列的柱形面依次堆叠。堆叠极坐标柱状图是复合极坐标柱状图的一种。

[图表效果]

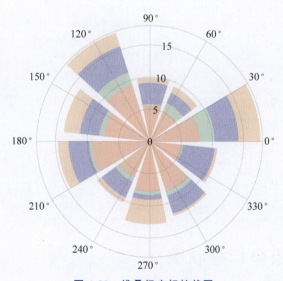

图 4-38　堆叠极坐标柱状图

[代码实现]

```matlab
1.   % 堆叠极坐标柱状图
2.   clear;close all;
3.   t1 = pi/6;                                          % 柱形面的夹角
4.   t2 = 6/180 * pi;                                    % 柱形面之间的间距
5.   t = 0:9;
6.   tb = t. * (t1 + t2);                                % 柱形面的起始角度
7.   te = t. * (t1 + t2) + t1;                           % 柱形面的终止角度
8.   thetas = [tb' te'];                                 % 组合
9.   rb = zeros(10,1);                                   % 柱形面的起始半径
10.  re = 5 + rand(10,1) * 5;                            % 柱形面的终止半径
11.  rad = [rb re];                                      % 组合
12.  pr = polarregion(thetas,rad,FaceColor = 'b');       % 绘图
13.
14.  rb2 = re;                                           % 叠加绘制第 2 个序列
15.  re2 = re + rand(10,1) * 4;
16.  rad2 = [rb2 re2];
17.  pr2 = polarregion(thetas,rad2,FaceColor = 'g');     % 绘图
18.
19.  rb3 = re2;                                          % 叠加绘制第 3 个序列
20.  re3 = re2 + rand(10,1) * 6;
21.  rad3 = [rb3 re3];
22.  pr3 = polarregion(thetas,rad3,FaceColor = 'b');     % 绘图
23.
24.  rb4 = re3;                                          % 叠加绘制第 4 个序列
25.  re4 = re3 + rand(10,1) * 4;
26.  rad4 = [rb4 re4];
27.  pr4 = polarregion(thetas,rad4,FaceColor = [1 0.5 0]);  % 绘图
28.
29.  ax = gca;
30.  ax.FontSize = 6;
31.
32.  set(gcf,'PaperUnits','points','Position',[0 0 400 300])
33.  exportgraphics(gcf,'sam04_8.png','ContentType','image','Resolution',300)
34.  exportgraphics(gcf,'sam04_8.pdf','ContentType','vector')
```

[代码说明]

代码第 3～11 行、第 14～16 行、第 19～21 行和第 24～26 行组织数据，第 12 行、第 17 行、第 22 行和第 27 行绘制极坐标柱状图。

[技术要点]

用 polarregion 函数绘制极坐标柱状图。依次绘制各序列。各分组的起始角和终止角相同。重点在于按照函数的要求组织各柱形面的角度向量和半径向量。

# 例 067　分区极坐标柱状图

分区极坐标柱状图如图 4-39 所示，同一序列的柱形面放在一起，用相同的颜色绘制。

整个图呈现明显的分区。

[图表效果]

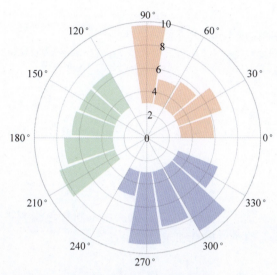

图 4-39　分区极坐标柱状图

[代码实现]

```
1.   % 分区极坐标柱状图
2.   clear;close all;
3.   t1 = 18/180 * pi;                              % 各柱形面的夹角
4.   t2 = 2/180 * pi;                               % 各柱形面之间的间隔
5.   t3 = 20/180 * pi;                              % 各分区之间的间隔
6.   t = 0:4;
7.   tb = t .* (t1 + t2);                           % 绘制第 1 个分区
8.   te = t .* (t1 + t2) + t1;
9.   thetas = [tb' te'];
10.  rb = ones(5,1) * 3;
11.  re = 5 + rand(5,1) * 5;
12.  rad = [rb re];
13.  pr = polarregion(thetas,rad,FaceColor = 'r');  % 绘图
14.
15.  tb = t3 + (t + 5) .* (t1 + t2);                % 绘制第 2 个分区
16.  te = t3 + (t + 5) .* (t1 + t2) + t1;
17.  thetas = [tb' te'];
18.  rb = ones(5,1) * 3;
19.  re = 5 + rand(5,1) * 5;
20.  rad = [rb re];
21.  pr = polarregion(thetas,rad,FaceColor = 'g');  % 绘图
22.
23.  tb = t3 * 2 + (t + 10) .* (t1 + t2);           % 绘制第 3 个分区
24.  te = t3 * 2 + (t + 10) .* (t1 + t2) + t1;
25.  thetas = [tb' te'];
26.  rb = ones(5,1) * 3;
27.  re = 5 + rand(5,1) * 5;
```

```
28.    rad = [rb re];
29.    pr = polarregion(thetas,rad,FaceColor = 'b');        % 绘图
30.
31.    ax = gca;
32.    ax.FontSize = 6;
33.
34.    set(gcf,'PaperUnits','points','Position',[0 0 400 300])
35.    exportgraphics(gcf,'sam04_9.png','ContentType','image','Resolution',300)
36.    exportgraphics(gcf,'sam04_9.pdf','ContentType','vector')
```

[代码说明]

代码第 3～12 行、第 15～20 行和第 23～28 行组织数据，第 13 行、第 21 行和第 29 行绘制极坐标柱状图。

[技术要点]

用 polarregion 函数绘制极坐标柱状图。依次用不同颜色绘制各序列。重点在于按照函数的要求组织各柱形面的角度向量和半径向量。

## 例 068  环形柱状图

图 4-40 所示为环形柱状图，该图用一组环形条带表示向量数据。环形条带的位置由半径控制，长度由末端的方位角控制。环形柱状图也常称为玉块图。

[图表效果]

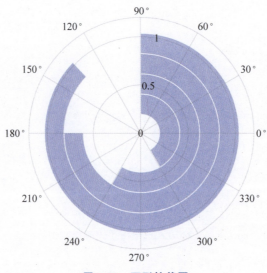

图 4-40  环形柱状图

[代码实现]

```
1.    % 环形柱状图
2.    clear;close all;                              % 清空工作空间的变量,关闭所有打开的对话框
3.    % 绘图数据
4.    thetas = [-pi/3 pi/2;-2*pi/3 pi/2;-pi pi/2;-5*pi/4 pi/2];
5.    radii = [0.2 0.4;0.41 0.61;0.62 0.82;0.83 1.03];
6.    pr = polarregion(thetas,radii,FaceColor = 'b');
7.
8.    ax = gca;                                     % 设置坐标系为当前坐标系
9.    ax.FontSize = 6;                              % 修改坐标系刻度标签的字体大小
10.
11.   set(gcf,'PaperUnits','points','Position',[0 0 400 300])
12.   exportgraphics(gcf,'sam04_37.png','ContentType','image','Resolution',300)   % 保存为 png 文件
13.   exportgraphics(gcf,'sam04_37.pdf','ContentType','vector')                   % 保存为 pdf 文件
```

[代码说明]

代码第 4、5 行为绘图数据,第 6 行绘制环形柱状图。

[技术要点]

用 polarregion 函数可以绘制环形柱状图。该函数是一个比较新的函数。

# 第 5 章

# 条形图

交换柱状图的 $x$ 轴和 $y$ 轴,得到的就是条形图。柱状图中的柱形面是立起来的,条形图中的条形面则是水平方向放置的。对应的,条形图中 $y$ 轴是分类轴,$x$ 轴是数值轴。

## 例 069　简单有序条形图

简单条形图用条形面表现向量数据。如图 5-1 所示,先将绘图数据按照大小升序排列,然后用排序数据绘制简单条形图。这种图形很常见。

[图表效果]

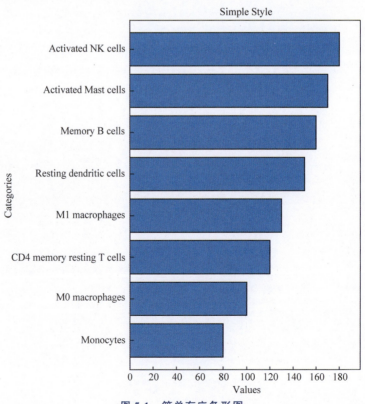

图 5-1　简单有序条形图

[代码实现]

```matlab
1.   %简单有序条形图
2.   clear;close all;                              %清空工作空间的变量,关闭所有打开的对话框
3.   x = 1:8;                                      %绘图数据
4.   y = [100,80,120,150,180,130,160,170];
5.   %数据升序排列
6.   y2 = sort(y,2,'ascend');
7.   barh(x,y2);                                   %绘制条形图
8.   title('Simple Style','FontSize',8)            %标题
9.   xlabel('Values','FontSize',7)
10.  ylabel('Categories','FontSize',7)
11.  yticks(1:8)                                   %设置y轴刻度的位置
12.  labels = ["Monocytes","M0 macrophages",...
13.      "CD4 memory resting T cells","M1 macrophages",...
14.      "Resting dendritic cells","Memory B cells",...
15.      "Activated Mast cells","Activated NK cells"];   %刻度标签
16.  yticklabels(labels)                           %设置刻度标签
17.  ax = gca;                                     %设置坐标系为当前坐标系
18.  ax.FontSize = 6;                              %修改坐标系刻度标签的字体大小
19.  ax.TickDir = "out";                           %刻度线朝外
20.  xlim([0 max(y) * 1.1])                        %设置x轴的取值范围
21.  ylim([0.3 8.7])
22.  box off
23.  line([0,max(y) * 1.1],[8.7,8.7],'Color','k','LineWidth',0.25)
24.  line([max(y) * 1.1,max(y) * 1.1],[0,8.7],'Color','k','LineWidth',0.25)
25.  
26.  set(gcf,'PaperUnits','points','Position',[0 0 400 450])
27.  exportgraphics(gcf,'sam05_01.png','ContentType','image','Resolution',300)   %保存为png文件
28.  exportgraphics(gcf,'sam05_01.pdf','ContentType','vector')                    %保存为pdf文件
```

[代码说明]

代码第3~6行为绘图数据,第7行绘制条形图。

[技术要点]

MATLAB中用barh函数绘制条形图。用sort函数对绘图数据进行排序。

## 例070　多色有序条形图

图5-1中所有条形面用相同的颜色进行绘制,图5-2所示的简单条形图也较常见,图中各条形面着不同的颜色。

[图表效果]

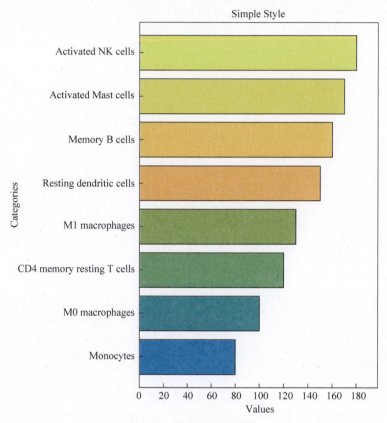

图 5-2 多色有序条形图

[代码实现]

```
1.   %多色有序条形图
2.   clear;close all;                          %清空工作空间的变量,关闭所有打开的对话框
3.   x = 1:8;                                  %数据
4.   y = [100,80,120,150,180,130,160,170];
5.   y2 = sort(y,2,'ascend');                  %升序排列
6.   bh = barh(x,y2);                          %绘制条形图
7.   cm = colormap;                            %颜色查找表的颜色矩阵
8.   bh.FaceColor = "flat";                    %修改柱形的颜色
9.   bh.CData = cm(round(y2/max(y2) * length(cm)),:);
10.  title('Simple Style','FontSize',8)        %标题
11.  xlabel('Values','FontSize',7)
12.  ylabel('Categories','FontSize',7)
13.  yticks(1:8)                               %设置 y 轴刻度的位置
14.  labels = ["Monocytes","M0 macrophages",...
15.      "CD4 memory resting T cells","M1 macrophages",...
16.      "Resting dendritic cells","Memory B cells",...
17.      "Activated Mast cells","Activated NK cells"];    %刻度标签
18.  yticklabels(labels)                       %设置刻度标签
```

```
19.     ax = gca;                                      % 设置坐标系为当前坐标系
20.     ax.FontSize = 6;                               % 修改坐标系刻度标签的字体大小
21.     ax.TickDir = "out";                            % 刻度线朝外
22.     colorbar                                       % 显示色条
23.     xlim([0 max(y) * 1.1])                         % 设置 x 轴的取值范围
24.     ylim([0.3 8.7])
25.     box off
26.     line([0,max(y) * 1.1],[8.7,8.7],'Color','k','LineWidth',0.25)
27.     line([max(y) * 1.1,max(y) * 1.1],[0,8.7],'Color','k','LineWidth',0.25)
28.
29.     set(gcf,'PaperUnits','points','Position',[0 0 400 450])
30.     exportgraphics(gcf,'sam05_02.png','ContentType','image','Resolution',300)  % 保存为 png 文件
31.     exportgraphics(gcf,'sam05_02.pdf','ContentType','vector')                   % 保存为 pdf 文件
```

[代码说明]

代码第 3～5 行为绘图数据，第 6～9 行绘制多色有序条形图。

[技术要点]

绘制多色有序条形图，可以用 barh 函数绘制单色条形图后，用序列对象的 CData 属性逐个修改条形面的 FaceColor 属性的值。本例用条形面的长度映射颜色查找表中的颜色，并通过矢量运算给 CData 属性赋值。注意，修改单个条形面的颜色，需要将序列对象的 FaceColor 属性的值设置为 'Flat'。

## 例 071　堆叠条形图

堆叠条形图是另一种形式的复合条形图，如图 5-3 所示，在同一个分组中，各序列的条形面依序向右堆叠。

[图表效果]

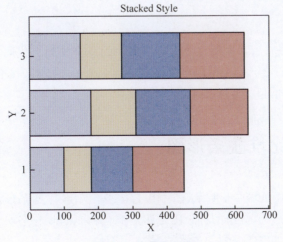

图 5-3　堆叠条形图

[代码实现]

```matlab
1.   % 堆叠条形图
2.   clear;close all;                              % 清空工作空间的变量,关闭所有打开的对话框
3.   x = [1,2,3];                                  % 数据
4.   y = [100,80,120,150;180,130,160,170;150,120,170,190];
5.   newOrders = ['#D9D1E3';'#F1DBB9';'#9FACD3';'#E99C93'];   % 使用自定义颜色序列 4
6.
7.   barh(x,y,'stacked');                          % 绘制堆叠条形图
8.   title('Stacked Style','FontSize',8)           % 标题
9.   xlabel('X','FontSize',7)
10.  ylabel('Y','FontSize',7)
11.  ax = gca;                                     % 设置坐标系为当前坐标系
12.  ax.FontSize = 6;                              % 修改坐标系刻度标签的字体大小
13.  ax.TickDir = "out";                           % 刻度线朝外
14.  colororder(ax,newOrders)                      % 使用颜色序列
15.  y2 = y';
16.  xMax = max(sum(y2)) * 1.1;
17.  xlim([0 xMax])
18.  ylim([0.3 3.7])
19.  box off
20.  line([0,xMax],[3.7,3.7],'Color','k','LineWidth',0.25)
21.  line([xMax,xMax],[0,3.7],'Color','k','LineWidth',0.25)
22.
23.  set(gcf,'PaperUnits','points','Position',[0 0 400 300])
24.  exportgraphics(gcf,'sam05_03.png','ContentType','image','Resolution',300)   % 保存为 png 文件
25.  exportgraphics(gcf,'sam05_03.pdf','ContentType','vector')                   % 保存为 pdf 文件
```

[代码说明]

代码第 3~5 行为绘图数据,第 7 行绘制堆叠条形图。

[技术要点]

注意 y 数据是矩阵,矩阵中每行数据对应图中的一个序列。代码第 14 行用 colororder 函数用指定的颜色序列绘图。第 5 行用变量 newOrders 自定义颜色序列。第 7 行指定 barh 函数的样式参数的值为 'stacked',绘制堆叠条形图。

## 例 072  百分比堆叠条形图

百分比堆叠条形图如图 5-4 所示,图中用每个分组中各序列条形面的长度占分组总长度的百分比绘堆叠条形图,分组的百分比之和是 100%,所以图中各分组等长。从该图中可以方便地看出每个分组中各序列的占比情况。

[图表效果]

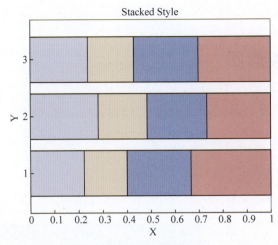

图 5-4 百分比堆叠条形图

[代码实现]

```
1.   %百分比堆叠条形图
2.   clear;close all;                              %清空工作空间的变量,关闭所有打开的对话框
3.   x = [1,2,3];                                  %数据
4.   y = [100,80,120,150;180,130,160,170;150,120,170,190];
5.   newOrders = ['#D9D1E3';'#F1DBB9';'#9FACD3';'#E99C93'];    %使用自定义颜色序列
6.   y2 = y'./sum(y');                             %计算每个分组中序列长度占分组总长度的百分比
7.   barh(x,y2,'stacked');                         %根据百分比数据绘制堆叠条形图
8.   title('Stacked Style','FontSize',8)           %标题
9.   xlabel('X','FontSize',7)
10.  ylabel('Y','FontSize',7)
11.  ax = gca;                                     %设置坐标系为当前坐标系
12.  ax.FontSize = 6;                              %修改坐标系刻度标签的字体大小
13.  ax.TickDir = "out";                           %刻度线朝外
14.  colororder(ax,newOrders)                      %使用颜色序列
15.  xlim([0 1])
16.  ylim([0.3 3.7])
17.  box off
18.  line([0,1],[3.7,3.7],'Color','k','LineWidth',0.25)
19.  line([1,1],[0,3.7],'Color','k','LineWidth',0.25)
20.
21.  set(gcf,'PaperUnits','points','Position',[0 0 400 300])
22.  exportgraphics(gcf,'sam05_04.png','ContentType','image','Resolution',300)   %保存为 png 文件
23.  exportgraphics(gcf,'sam05_04.pdf','ContentType','vector')                   %保存为 pdf 文件
```

[代码说明]

代码第 3~6 行为绘图数据,第 7 行绘制百分比堆叠条形图。

[技术要点]

代码第 6 行计算各分组中每个序列条形面的长度占分组总长度的百分比,第 7 行用

barh 函数绘制百分比数据的堆叠条形图。

代码第 5 行用变量 newOrders 自定义颜色序列,第 14 行用 colororder 函数指定的颜色序列绘图。

## 例 073　分区条形图

分区条形图将复合条形图中同一序列的条形面放在一起,如图 5-5 所示,整个图表呈现多个明显的分区。

[图表效果]

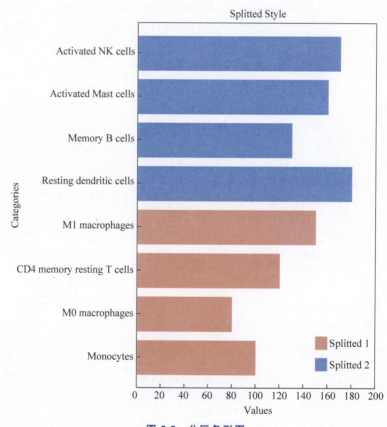

图 5-5　分区条形图

[代码实现]

```
1.    % 分区条形图
2.    clear;close all;                    % 清空工作空间的变量,关闭所有打开的对话框
3.    x = 1:8;                            % 绘图数据
4.    y = [100,80,120,150,180,130,160,170];
5.    bh = barh(x,y);                     % 绘制条形图
6.    bh.FaceColor = "flat";              % 开始修改单个柱形的颜色
```

```
7.     bh.EdgeColor = "none";
8.     for i = 1:4
9.         bh(1).CData(i,:) = [235 145 132]./255;          % 前 4 个柱形
10.        bh(1).CData(i + 4,:) = [128 172 249]./255;      % 后 4 个柱形
11.    end
12.    rectangle('Position',[150 1.2 10 0.3],...
13.        'FaceColor',bh(1).CData(1,:),'EdgeColor','none')   % 绘制图例
14.    rectangle('Position',[150 0.7 10 0.3],...
15.        'FaceColor',bh(1).CData(5,:),'EdgeColor','none')
16.    text(162,1.35,"Splitted 1","FontSize",7)
17.    text(162,0.85,"Splitted 2","FontSize",7)
18.
19.    title('Splitted Style','FontSize',8)               % 标题
20.    xlabel('Y','FontSize',7)
21.    ylabel('X','FontSize',7)
22.    xlim([0 200])                                       % 设置 x 轴的取值范围
23.    ylim([0.3 8.7])                                     % 设置 y 轴的取值范围
24.    yticks(1:8)                                         % 设置 y 轴刻度的位置
25.    labels = ["Monocytes","M0 macrophages",...
26.        "CD4 memory resting T cells","M1 macrophages",...
27.        "Resting dendritic cells","Memory B cells",...
28.        "Activated Mast cells","Activated NK cells"];   % 刻度标签
29.    yticklabels(labels)                                 % 设置刻度标签
30.    ax = gca;                                           % 设置坐标系为当前坐标系
31.    ax.FontSize = 6;                                    % 修改坐标系刻度标签的字体大小
32.    ax.TickDir = "out";                                 % 刻度线朝外
33.    box off
34.    line([0,200],[8.7,8.7],'Color','k','LineWidth',0.25)
35.    line([200,200],[0,8.7],'Color','k','LineWidth',0.25)
36.
37.    set(gcf,'PaperUnits','points','Position',[0 0 400 450])
38.    exportgraphics(gcf,'sam05_05.png','ContentType','image','Resolution',300)   % 保存为 png 文件
39.    exportgraphics(gcf,'sam05_05.pdf','ContentType','vector')                    % 保存为 pdf 文件
```

[代码说明]

代码第 3、4 行为绘图数据,第 5~11 行绘制分区条形图,第 12~17 行绘制图例。

[技术要点]

本例的绘图方法是先将所有数据绘制成简单条形图,然后分区修改条形面的颜色。代码第 5 行绘制简单条形图,第 8~11 行用序列对象的 CData 属性修改简单条形图中前 4 个条形面和后 4 个条形面的颜色。

## 例 074　条形图+标签 1

图 5-6 在简单条形图的基础上添加数据标签,数据标签绘制在条形面的左边内侧。绘图之前对数据进行了升序排列。

[图表效果]

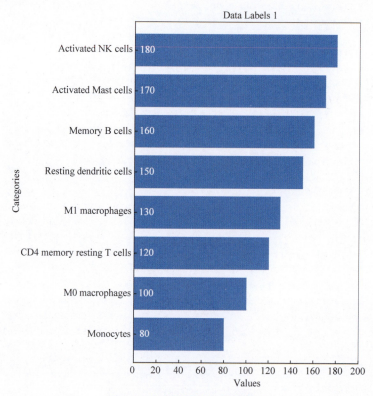

图 5-6　给条形图添加数据标签

[代码实现]

```matlab
1.    % 条形图 + 标签 1
2.    clear;close all;                              % 清空工作空间的变量,关闭所有打开的对话框
3.    x = 1:8;                                      % 绘图数据
4.    y = [100,80,120,150,180,130,160,170];
5.    y2 = sort(y);                                 % 正向排序
6.    bh = barh(x,y2);                              % 绘制条形图
7.    bh.EdgeColor = "none";                        % 修改属性
8.    bh.FaceColor = [67 146 208]./255;
9.
10.   for i = 1:length(y2)
11.       text(2,i,num2str(y2(i)),"FontSize",8)     % 数据标签
12.   end
13.
14.   title('Data Labels 1','FontSize',8)           % 标题
15.   xlabel('Values','FontSize',7)
16.   ylabel('Categories','FontSize',7)
17.   xlim([0 200])                                 % 设置 x 轴的取值范围
18.   ylim([0.3 8.7])                               % 设置 y 轴的取值范围
19.   yticks(1:8)                                   % 设置 y 轴刻度的位置
20.   labels = ["Monocytes","M0 macrophages",...
21.       "CD4 memory resting T cells","M1 macrophages",...
22.       "Resting dendritic cells","Memory B cells",...
23.       "Activated Mast cells","Activated NK cells"];     % 刻度标签
```

```
24.    yticklabels(labels)                                    % 设置刻度标签
25.    ax = gca;                                              % 设置坐标系为当前坐标系
26.    ax.FontSize = 6;                                       % 修改坐标系刻度标签的字体大小
27.    ax.TickDir = "out";                                    % 刻度线朝外
28.    box off
29.    line([0,200],[8.7,8.7],'Color','k','LineWidth',0.25)
30.    line([200,200],[0,8.7],'Color','k','LineWidth',0.25)
31.
32.    set(gcf,'PaperUnits','points','Position',[0 0 400 450])
33.    exportgraphics(gcf,'sam05_06.png','ContentType','image','Resolution',300)   % 保存为 png 文件
34.    exportgraphics(gcf,'sam05_06.pdf','ContentType','vector')                    % 保存为 pdf 文件
```

[代码说明]

代码第 3～5 行为绘图数据，第 6～12 行绘制简单条形图并添加数据标签。

[技术要点]

用 sort 函数对数据进行排序，用 barh 函数绘制条形图，用 text 函数进行文本标注。

## 例 075　条形图＋标签 2

图 5-7 所示为绘制的简单条形图并添加数据标签，数据标签绘制在各条形面的右边外侧。

[图表效果]

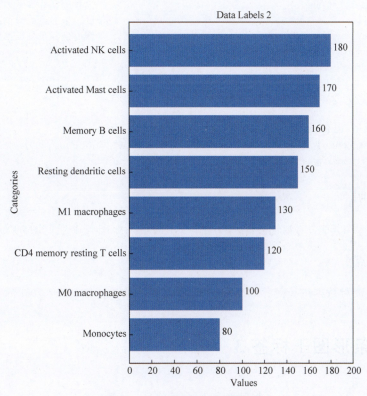

图 5-7　为条形图添加数据标签 2

[代码实现]

```matlab
1.   % 条形图 + 标签 2
2.   clear;close all;                                    % 清空工作空间的变量,关闭所有打开的对话框
3.   x = 1:8;                                            % 绘图数据
4.   y = [100,80,120,150,180,130,160,170];
5.   y2 = sort(y);                                       % 正向排序
6.   bh = barh(x,y2);                                    % 绘制条形图
7.   bh.EdgeColor = "none";                              % 修改属性
8.   bh.FaceColor = [67 146 208]./255;
9.   
10.  for i = 1:length(y2)
11.      text(y2(i) + 2,i,num2str(y2(i)),"FontSize",7)   % 数据标签
12.  end
13.  
14.  title('Data Labels 1','FontSize',8)                 % 标题
15.  xlabel('Values','FontSize',7)
16.  ylabel('Categories','FontSize',7)
17.  xlim([0 200])                                       % 设置 x 轴的取值范围
18.  ylim([0.3 8.7])                                     % 设置 y 轴的取值范围
19.  yticks(1:8)                                         % 设置 y 轴刻度的位置
20.  labels = ["Monocytes","M0 macrophages",...
21.      "CD4 memory resting T cells","M1 macrophages",...
22.      "Resting dendritic cells","Memory B cells",...
23.      "Activated Mast cells","Activated NK cells"];   % 刻度标签
24.  yticklabels(labels)                                 % 设置刻度标签
25.  ax = gca;                                           % 设置坐标系为当前坐标系
26.  ax.FontSize = 6;                                    % 修改坐标系刻度标签的字体大小
27.  ax.TickDir = "out";                                 % 刻度线朝外
28.  box off
29.  line([0,200],[8.7,8.7],'Color','k','LineWidth',0.25)
30.  line([200,200],[0,8.7],'Color','k','LineWidth',0.25)
31.  
32.  set(gcf,'PaperUnits','points','Position',[0 0 400 450])
33.  exportgraphics(gcf,'sam05_07.png','ContentType','image','Resolution',300)   % 保存为 png 文件
34.  exportgraphics(gcf,'sam05_07.pdf','ContentType','vector')                   % 保存为 pdf 文件
```

[代码说明]

代码第 3~5 行为绘图数据,第 6~12 行绘制简单条形图并添加数据标签。

[技术要点]

用 sort 函数对数据进行排序,用 barh 函数绘制条形图,用 text 函数进行文本标注。

## 例 076 条形图+标签 3

图 5-8 所示为绘制的简单条形图并添加文本标注,文本标注放在各条形面的下方。

[图表效果]

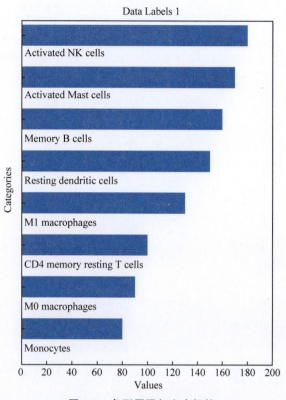

图 5-8 条形图添加文本标签

[代码实现]

```
1.    % 条形图 + 标签 3
2.    clear;close all;                          % 清空工作空间的变量,关闭所有打开的对话框
3.    x = 1:16;                                 % 数据
4.    y = [0,80,0,90,0,100,0,130,0,150,...
5.         0,160,0,170,0,180];
6.    bh = barh(x,y);                           % 绘制条形图
7.    bh.EdgeColor = "none";                    % 修改属性
8.    bh.FaceColor = [67 146 208]./255;
9.    bh.BarWidth = 1;
10.
11.   labels = ["Monocytes","M0 macrophages",...
12.       "CD4 memory resting T cells","M1 macrophages",...
13.       "Resting dendritic cells","Memory B cells",...
14.       "Activated Mast cells","Activated NK cells"];   % 刻度标签
15.   for i = 1:(length(y) + 1)/2
16.       text(2,2 * i - 1.2,labels(i),"FontSize",10,...
17.           'VerticalAlignment','baseline')
18.   end
19.
20.   title('Data Labels 1','FontSize',8)       % 标题
```

```
21.    xlabel('Values','FontSize',7)
22.    ylabel('Categories','FontSize',7)
23.    xlim([0 200])                                      % 设置 x 轴的取值范围
24.    ylim([0.3 16.7])                                   % 设置 y 轴的取值范围
25.    yticklabels([])                                    % 设置 y 轴刻度的位置
26.    ax = gca;                                          % 设置坐标系为当前坐标系
27.    ax.FontSize = 6;                                   % 修改坐标系刻度标签的字体大小
28.    ax.TickDir = "out";                                % 刻度线朝外
29.    box off
30.    line([0,200],[16.7,16.7],'Color','k','LineWidth',0.25)
31.    line([200,200],[0,16.7],'Color','k','LineWidth',0.25)
32.
33.    set(gcf,'PaperUnits','points','Position',[0 0 350 450])
34.    exportgraphics(gcf,'sam05_08.png','ContentType','image','Resolution',300)    % 保存为 png 文件
35.    exportgraphics(gcf,'sam05_08.pdf','ContentType','vector')                    % 保存为 pdf 文件
```

[代码说明]

代码第 3～5 行为绘图数据，第 6～9 行绘制简单条形图，第 11～16 行绘制文本标签。

[技术要点]

用 sort 函数对数据进行排序，用 barh 函数绘制条形图，用 text 函数进行文本标注。注意 y 数据中将需要添加文本标注的位置设置为 0，留出空位。

## 例 077  复合条形图

复合条形图用多组条形面表现多组数据，如图 5-9 所示。图中颜色相同的条形面组成一个序列，y 轴刻度标签对应的一组条形面组成一个分组。图 5-9 中共有 4 个序列，两个分组。

[图表效果]

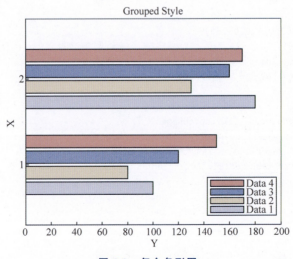

图 5-9  复合条形图

[代码实现]

```matlab
1.  % 复合条形图
2.  clear;close all;                                    % 清空工作空间的变量,关闭所有打开的对话框
3.  x = [1,2];                                          % 数据
4.  y = [100,80,120,150;180,130,160,170];
5.  newOrders = ['#D9D1E3';'#F1DBB9';'#9FACD3';'#E99C93'];    % 使用自定义颜色序列4
6.
7.  barh(x,y,'grouped');                                % 绘制条形图
8.  title('Grouped Style','FontSize',8)                 % 标题
9.  xlabel('Y','FontSize',7)
10. ylabel('X','FontSize',7)
11. xlim([0 200])                                       % 设置 x 轴的取值范围
12. ax = gca;                                           % 设置坐标系为当前坐标系
13. ax.FontSize = 6;                                    % 修改坐标系刻度标签的字体大小
14. ax.TickDir = "out";                                 % 刻度线朝外
15. colororder(ax,newOrders)                            % 使用自定义颜色序列
16. ylim([0.3 2.7])
17. box off
18. line([0,200],[2.7,2.7],'Color','k','LineWidth',0.25)
19. line([200,200],[0,2.7],'Color','k','LineWidth',0.25)
20. lgd = legend(["Data 1" "Data 2" "Data 3" "Data 4"]);
21. lgd.Location = 'southeast';
22.
23. set(gcf,'PaperUnits','points','Position',[0 0 400 300])
24. exportgraphics(gcf,'sam05_09.png','ContentType','image','Resolution',300)   % 保存为 png 文件
25. exportgraphics(gcf,'sam05_09.pdf','ContentType','vector')                   % 保存为 pdf 文件
```

[代码说明]

代码第 3~5 行为绘图数据,第 7 行绘制复合条形图。

[技术要点]

注意 y 数据为矩阵,矩阵中每列数据对应一个序列,每行数据对应一个分组。这一点与绘制柱状图的 y 数据不同,需要注意。

## 例 078 双向堆叠条形图

例 061 介绍了双向堆叠柱状图,本例介绍的双向堆叠条形图(图 5-10)与其类似,只是换了一个方向。

[图表效果]

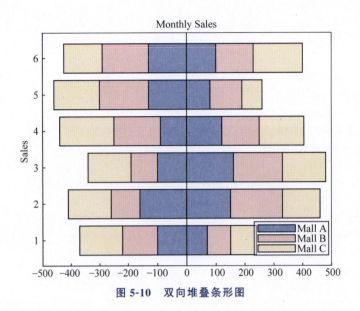

图 5-10 双向堆叠条形图

[代码实现]

```
1.   % 双向堆叠条形图
2.   clear;close all;                              % 清空工作空间的变量，关闭所有打开的对话框
3.   x = 1:6;                                      % 绘图数据，两组
4.   y = [70,80,90;150,180,130;160,170,150;120,130,155;...
5.       80,110,70;100,130,170];
6.   y2 = [-100,-120,-150;-160,-100,-150;-100,-90,-150;...
7.       -90,-160,-190;-130,-170,-160;-130,-160,-135];
8.   h = barh(x,y,'stacked');                      % 第 1 组堆叠条形图
9.   h(1).FaceColor = '#899CCB';                   % 修改属性
10.  h(2).FaceColor = '#F1C0C4';
11.  h(3).FaceColor = '#FBE7C0';
12.
13.  hold on                                       % 叠加绘图
14.  h2 = barh(x,y2,'stacked');                    % 第 2 组堆叠条形图
15.  h2(1).FaceColor = '#899CCB';                  % 修改属性
16.  h2(2).FaceColor = '#F1C0C4';
17.  h2(3).FaceColor = '#FBE7C0';
18.
19.  title('Monthly Sales','FontSize',8)           % 标题
20.  ylabel('Sales','FontSize',7)
21.  % xlabel('Month','FontSize',7)
22.
23.  ylim([0.3 6.7])                               % 设置 y 轴的取值范围
24.  xlim([-500 500])
25.  box off
26.  line([-500,500],[6.7,6.7],'Color','k','LineWidth',0.25)
```

```
27.     line([500,500],[0,6.7],'Color','k','LineWidth',0.25)
28.
29.     ax = gca;                              % 设置坐标系为当前坐标系
30.     ax.FontSize = 6;                       % 修改坐标系刻度标签的字体大小
31.     ax.TickDir = "out";                    % 刻度线朝外
32.     lgd = legend(["Mall A","Mall B","Mall C"]);
33.     lgd.BackgroundAlpha = 0.5;             % 图例区域半透明
34.     lgd.Location = 'southeast';            % 图例位置
35.
36.     set(gcf,'PaperUnits','points','Position',[0 0 400 300])
37.     exportgraphics(gcf,'sam05_10.png','ContentType','image','Resolution',300)   % 保存为 png 文件
38.     exportgraphics(gcf,'sam05_10.pdf','ContentType','vector')                   % 保存为 pdf 文件
```

[代码说明]

代码第 3～7 行为绘图数据，第 8～17 行绘制双向堆叠条形图并设置各序列的颜色。

[技术要点]

注意，代码中 y2 数据都取了负值，数据也可以为正值，只是绘图时取负并用负值绘图。

## 例 079　金字塔图

金字塔图是双向条形图的一种，如图 5-11 所示。中线两侧的条形图从上往下都进行了升序排列，所以图表整体呈现上尖下宽的金字塔外观。

[图表效果]

图 5-11　金字塔图

[代码实现]

```
1.   % 金字塔图
2.   clear;close all;                                  % 清空工作空间的变量,关闭所有打开的对话框
3.   x = 1:8;                                          % 数据,两组
4.   y = [70,80,90,130 150,180,200,230];
5.   y2 = [85,100,120,150 160,200,220,250];
6.   y2 = -y2;                                         % 取负
7.   y = fliplr(y);                                    % 左右翻转
8.   y2 = fliplr(y2);
9.   h = barh(x,y);                                    % 绘制第 1 组条形图
10.  hold on                                           % 叠加绘图
11.  h2 = barh(x,y2);                                  % 绘制第 2 组条形图
12.
13.  title('Monthly Sales','FontSize',8)               % 标题
14.  ylabel('Sales','FontSize',7)
15.  xlim([-320 320])                                  % 设置 x 轴的取值范围
16.  ylim([0.3 8.7])                                   % 设置 y 轴的取值范围
17.  ax = gca;                                         % 设置坐标系为当前坐标系
18.  ax.FontSize = 6;                                  % 修改坐标系刻度标签的字体大小
19.  ax.TickDir = "out";                               % 刻度线朝外
20.  box off
21.  line([-320,320],[8.7,8.7],'Color','k','LineWidth',0.25)
22.  line([320,320],[0,8.7],'Color','k','LineWidth',0.25)
23.  legend(["Data 1" "Data 2"])
24.
25.  set(gcf,'PaperUnits','points','Position',[0 0 400 300])
26.  exportgraphics(gcf,'sam05_11.png','ContentType','image','Resolution',300)   % 保存为 png 文件
27.  exportgraphics(gcf,'sam05_11.pdf','ContentType','vector')                   % 保存为 pdf 文件
```

[代码说明]

代码第 3~8 行为绘图数据,第 9~11 行绘制金字塔图。

[技术要点]

先将绘图数据进行升序排列,然后用 barh 函数绘制条形图即可。

## 例 080　蝴蝶图

蝴蝶图也是双向条形图的一种,如图 5-12 所示。中线处裂开,使得两侧的条形图之间有窄的间隔。两侧的条形从上往下降序排列,整个图看起来像张开翅膀的蝴蝶。

[图表效果]

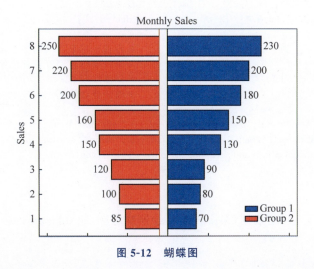

图 5-12　蝴蝶图

[代码实现]

```
1.   % 蝴蝶图
2.   clear;close all;                           % 清空工作空间的变量,关闭所有打开的对话框
3.   x = 1:8;                                   % 绘图数据,两组
4.   y = [70,80,90,130 150,180,200,230];
5.   y2 = [85,100,120,150 160,200,220,250];
6.   y2 = - y2;                                 % 取负
7.   h = barh(x,y);                             % 绘制第 1 组条形图
8.   h.BaseValue = 0;                           % 修改属性
9.   h.ShowBaseLine = "on";
10.
11.  hold on                                    % 叠加绘图
12.  % h2 = barh(x,y2);
13.  for i = 1:length(y2)                       % 用矩形绘制第 2 组条形图
14.      rectangle('Position',[y2(i) - 20,i - h.BarWidth/2, - y2(i),h.BarWidth],'FaceColor','r')
15.  end
16.  line([ - 20 - 20],[0.3 8.7])               % 第 2 组条形的基线
17.  for i = 1:length(y)                        % 数据标签
18.      text(y(i) + 5,i,num2str(y(i)),"FontSize",6)
19.      text(y2(i) - 25,i,num2str( - y2(i)),...
20.          "FontSize",6,"HorizontalAlignment","right")
21.  end
22.  % 绘制图例
23.  rectangle('Position',[210,1.3,30,0.2],'FaceColor',h.CData(1,:))
24.  rectangle('Position',[210,0.9,30,0.2],'FaceColor','r')
25.  text(245,1.4,"Group 1","FontSize",6)
26.  text(245,1.0,"Group 2","FontSize",6)
27.
28.  title('Monthly Sales','FontSize',8)        % 标题
29.  ylabel('Sales','FontSize',7)
30.  xlim([ - 320 320])                         % 设置 x 轴的取值范围
31.  ylim([0.3 8.7])                            % 设置 y 轴的取值范围
```

```
32.    xticklabels([])                              % 设置 x 轴刻度的位置
33.    box off
34.    line([-320,320],[8.7,8.7],'Color','k','LineWidth',0.25)
35.    line([320,320],[0,8.7],'Color','k','LineWidth',0.25)
36.
37.    ax = gca;                                    % 设置坐标系为当前坐标系
38.    ax.FontSize = 6;                             % 修改坐标系刻度标签的字体大小
39.    ax.TickDir = "out";                          % 刻度线朝外
40.    hold off                                     % 取消叠加绘图
41.
42.    set(gcf,'PaperUnits','points','Position',[0 0 400 300])
43.    exportgraphics(gcf,'sam05_12.png','ContentType','image','Resolution',300)   % 保存为 png 文件
44.    exportgraphics(gcf,'sam05_12.pdf','ContentType','vector')                   % 保存为 pdf 文件
```

[代码说明]

代码第 3~6 行为绘图数据,第 7~21 行绘制蝴蝶图,第 22~26 行绘制图例。

[技术要点]

绘图数据要进行排序。用 barh 函数绘制一侧的条形图,用 rectangle 函数逐个绘制另一侧的条形。用 text 函数添加数据标签。

## 例 081  三维条形图

MATLAB 可以绘制三维条形图,如图 5-13 所示。三维复合条形图中,同一种颜色的柱体构成一个序列,对应于同一个 y 值的柱体构成一个分组。图 5-13 中共有 3 个序列,15 个分组。

[图表效果]

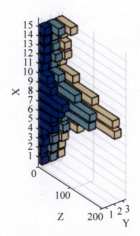

图 5-13  三维条形图

[代码实现]

```
1.   % 三维条形图
2.   clear;close all;                                      % 清空工作空间的变量,关闭所有打开的对话框
3.   load count.dat                                        % 绘图数据
4.   Y = count(1:15,:);
5.   h = bar3h(Y);                                         % 绘制三维条形图
6.   h(1).FaceColor = '#0000FF';                           % 修改各序列的属性
7.   h(2).FaceColor = '#6CBFBF';
8.   h(3).FaceColor = '#F4CE91';
9.   xlabel('Y','FontSize',7)
10.  ylabel('Z','FontSize',7)
11.  zlabel('X','FontSize',7)
12.  ax = gca;                                             % 设置坐标系为当前坐标系
13.  ax.FontSize = 6;                                      % 修改坐标系刻度标签的字体大小
14.  ax.TickDir = "out";                                   % 刻度线朝外
15.
16.  set(gcf,'PaperUnits','points','Position',[0 0 400 300])
17.  exportgraphics(gcf,'sam05_13.png','ContentType','image','Resolution',300)   % 保存为 png 文件
18.  exportgraphics(gcf,'sam05_13.pdf','ContentType','vector')                   % 保存为 pdf 文件
```

[代码说明]

代码第 3、4 行为绘图数据,取 count 矩阵的前 15 行数据绘图,第 5~8 行绘制三维条形图。

[技术要点]

MATLAB 中用 bar3h 函数绘制三维条形图。

# 第 6 章

# 面积图

与柱状图类似,面积图也是用面表示数据。它将连接数据点得到的折线与 $x$ 轴对应坐标范围围成的面用颜色填充得到面积图。面积图包括简单面积图、复合面积图、堆叠面积图和百分比堆叠面积图等,可以表现分类型、数值型和时间序列等各种类型的数据。

## 例 082  简单面积图

将线形图中的折线与坐标轴之间的区域用颜色进行填充,得到面积图。MATLAB 中可以使用 area 函数绘制面积图。如果绘图数据是向量,则绘制简单面积图。图 6-1 中没有使用 area 函数,用 fill 函数实现了另外一种简单面积图,该图对平滑曲线与 $x$ 轴之间的区域进行垂直渐变色填充。

[图表效果]

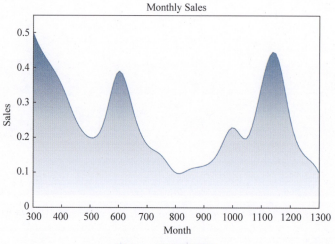

图 6-1  简单面积图

[代码实现]

```matlab
1.   % 简单面积图
2.   clear;close all;                              % 清空工作空间的变量,关闭所有打开的对话框
3.   load MyColormap02                             % 加载自定义颜色查找表
4.   x = 300:50:1300;                              % 绘图数据
5.   y = [0.5 0.42 0.35 0.25 0.2 0.25 0.39 ...
6.        0.28 0.18 0.15 0.1 0.11 0.12 0.16 ...
7.        0.23 0.2 0.35 0.44 0.25 0.15 0.1];
8.   pp = spline(x,y);                             % 通过样条插值平滑数据
9.   xx = linspace(min(x),max(x),100);
10.  yy = ppval(pp,xx);
11.  n = length(xx);
12.  xx2 = xx(end:-1:1);                           % 用曲线与横轴构造多边形,计算顶点坐标
13.  yy2 = yy(end:-1:1);
14.  xx2(n+1) = xx(1);
15.  yy2(n+1) = 0;
16.  xx2(n+2) = xx(end);
17.  yy2(n+2) = 0;
18.  maxY = max(yy2);
19.  colormap(MyColormap02)
20.  f = fill(xx2,yy2,yy2/maxY);                   % 用 fill 函数填充曲线与横轴之间的区域
21.  f.EdgeColor = "none";                         % 不显示边线
22.  hold on                                       % 叠加绘图
23.  plot(xx2,yy2,'-','Color',[0.5100 0.6300 0.7000])    % 绘制平滑曲线
24.  xlim([300 1300])
25.  box off
26.  line([300,1300],[maxY*1.1,maxY*1.1],'Color','k','LineWidth',0.25)
27.  line([1300,1300],[0,maxY*1.1],'Color','k','LineWidth',0.25)
28.
29.  ylim([0 maxY*1.2])                            % 设置 y 轴的取值范围
30.  title('Monthly Sales','FontSize',8)           % 标题
31.  xlabel('Month','FontSize',7)
32.  ylabel('Sales','FontSize',7)
33.  ax = gca;                                     % 设置坐标系为当前坐标系
34.  ax.FontSize = 6;                              % 修改坐标系刻度标签的字体大小
35.  ax.TickDir = "out";                           % 刻度线朝外
36.  box on                                        % 显示外框
37.
38.  set(gcf,'PaperUnits','points','Position',[0 0 400 250])
39.  exportgraphics(gcf,'sam06_01.png','ContentType','image','Resolution',300)   % 保存为 png 文件
40.  exportgraphics(gcf,'sam06_01.pdf','ContentType','vector')                   % 保存为 pdf 文件
```

[代码说明]

代码第 4~10 行为绘图数据,并进行平滑处理,第 11~24 行用垂直渐变色填充曲线和坐标横轴之间的区域。

[技术要点]

代码第 8~10 行对给定数据进行了平滑,第 8 行根据原始数据确定样条插值模型,第 9 行对 x 数据进行细分,第 10 行根据样条插值模型和细分的 x 值计算对应的 y 值。

代码第 3 行载入自定义的颜色查找表 MyColormap02，该颜色查找表在灰色与白色之间渐变；第 19 行将它设置为与当前图表关联的颜色查找表。用 fill 函数填充区域时会用指定数据映射该颜色查找表的颜色。

第 11~20 行计算完区域多边形顶点的横坐标和纵坐标后，用 fill 函数填充该区域多边形。注意多边形顶点按逆时针方向排列。fill 函数的第 3 个参数设置为 y2/maxY，表示使用归一化后的 y2 向量映射颜色查找表，并获取颜色进行绘图。

## 例 083　复合面积图

图 6-2 在图 6-1 的基础上叠加一个红色的面积图，称为复合面积图。MATLAB 中只能通过叠加绘制简单面积图实现复合面积图的绘制。

[图表效果]

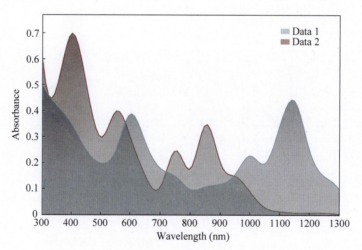

图 6-2　复合面积图

[代码实现]

```
1.    % 复合面积图
2.    clear;close all;                    % 清空工作空间的变量,关闭所有打开的对话框
3.    load MyColormap02                   % 加载自定义颜色查找表
4.    load MyColormap03
5.    x = 300:50:1300;                    % 绘图数据,两组
6.    y1 = [0.5 0.42 0.35 0.25 0.2 0.25 0.39 ...
7.          0.28 0.18 0.15 0.1 0.11 0.12 0.16 ...
8.          0.23 0.2 0.35 0.44 0.25 0.15 0.1];
9.    y2 = [0.6 0.5 0.7 0.5 0.3 0.4 0.3 ...
10.         0.15 0.11 0.25 0.18 0.35 0.2 0.15 ...
11.         0.09 0.03 0.015 0.01 0.01 0.01 0.005];
12.   % 平滑数据
13.   pp1 = spline(x,y2);
```

```matlab
14.    xx1 = linspace(min(x),max(x),100);
15.    yy1 = ppval(pp1,xx1);
16.    n1 = length(xx1);
17.    xx2 = xx1(end:-1:1);                % 用曲线与横轴构造多边形,计算顶点坐标
18.    yy2 = yy1(end:-1:1);
19.    xx2(n1 + 1) = xx1(1);
20.    yy2(n1 + 1) = 0;
21.    xx2(n1 + 2) = xx1(end);
22.    yy2(n1 + 2) = 0;
23.    maxY1 = max(yy2);
24.    colormap(MyColormap03)
25.    f1 = fill(xx2,yy2,yy2/maxY1);       % 用fill函数填充曲线与横轴之间的区域
26.    f1.FaceAlpha = 0.5;
27.    f1.EdgeColor = "none";
28.    freezeColors                        % 调用该函数后可以在同一图中使用多个colormap
29.    hold on                             % 叠加绘图
30.    plot(xx2,yy2,'-','Color',[0.6353 0.0784 0.1843])    % 绘制平滑曲线
31.
32.    pp2 = spline(x,y1);                 % 平滑数据
33.    xx3 = linspace(min(x),max(x),100);
34.    yy3 = ppval(pp2,xx3);
35.    n2 = length(xx3);
36.    xx4 = xx3(end:-1:1);                % 用曲线与横轴构造多边形,计算顶点坐标
37.    yy4 = yy3(end:-1:1);
38.    xx4(n2 + 1) = xx3(1);
39.    yy4(n2 + 1) = 0;
40.    xx4(n2 + 2) = xx3(end);
41.    yy4(n2 + 2) = 0;
42.    maxY2 = max(yy4);
43.    colormap(MyColormap02)
44.    f2 = fill(xx4,yy4,yy4/maxY2);       % 用fill函数填充曲线与横轴之间的区域
45.    f2.FaceAlpha = 0.5;
46.    f2.EdgeColor = "none";
47.    plot(xx4,yy4,'-','Color',[0.5100 0.6300 0.7000])    % 绘制平滑曲线
48.
49.    rectangle('Position',[1100 0.7 30 0.02],...
50.        'FaceColor',[0.5100 0.6300 0.7000],...
51.        'EdgeColor','none','FaceAlpha',0.5)             % 绘制图例
52.    rectangle('Position',[1100 0.66 30 0.02],...
53.        'FaceColor',[0.6353 0.0784 0.1843],...
54.        'EdgeColor','none','FaceAlpha',0.5)
55.    text(1140,0.71,"Data 1","FontSize",7)
56.    text(1140,0.67,"Data 2","FontSize",7)
57.
58.    hold off                            % 取消叠加绘图
59.
60.    ylim([0 max(maxY1,maxY2) * 1.1])
61.    xlabel('Wavelength (nm)','FontSize',7)
62.    ylabel('Absorbance','FontSize',7)
63.    ax = gca;                           % 设置坐标系为当前坐标系
64.    ax.FontSize = 6;                    % 修改坐标系刻度标签的字体大小
65.    ax.TickDir = "out";                 % 刻度线朝外
66.    xlim([300 1300])
67.    box off
```

```
68.    line([300,1300],[max(maxY1,maxY2)*1.1,max(maxY1,maxY2)*1.1],'Color','k','LineWidth',0.25)
69.    line([1300,1300],[0,max(maxY1,maxY2)*1.1],'Color','k','LineWidth',0.25)
70.
71.    set(gcf,'PaperUnits','points','Position',[0 0 400 300])
72.    exportgraphics(gcf,'sam06_02.png','ContentType','image','Resolution',300)    % 保存为 png 文件
73.    exportgraphics(gcf,'sam06_02.pdf','ContentType','vector')                    % 保存为 pdf 文件
```

[代码说明]

代码第 5～15 行和第 32～34 行指定绘图数据和平滑数据，第 16～30 行和第 35～47 行绘制复合面积图，第 49～56 行绘制图例。

[技术要点]

简单面积图的绘制请参见例 082。第 3、4 行载入了两个自定义的颜色查找表，绘图时两个简单面积图根据 y 向数据分别映射颜色查找表，即可获取颜色并完成渐变色填充。

本例的关键在于在同一幅图中使用了两个颜色查找表。MATLAB 中规定一幅图只能使用一个颜色查找表。代码第 28 行使用了一个 freezecolors 工具，读者可以从 MATLAB 官网的文件交换中心搜索并下载该工具。使用该工具可以实现多个颜色查找表的使用。使用 freezecolors 工具很方便，将其 M 文件放在相同路径，如第 28 行调用 freezecolors 函数。

## 例 084　堆叠面积图

堆叠面积图如图 6-3 所示。多组面积图在垂向上堆叠显示。

[图表效果]

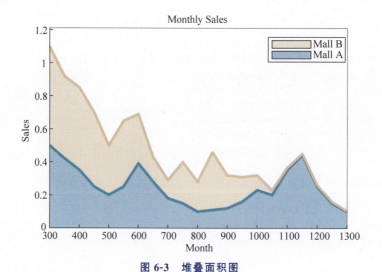

图 6-3　堆叠面积图

[代码实现]

```matlab
1.   % 堆叠面积图
2.   clear;close all;                                      % 清空工作空间的变量,关闭所有打开的对话框
3.   x = 300:50:1300;                                      % 绘图数据,两组
4.   y1 = [0.5 0.42 0.35 0.25 0.2 0.25 0.39 ...
5.         0.28 0.18 0.15 0.1 0.11 0.12 0.16 ...
6.         0.23 0.2 0.35 0.44 0.25 0.15 0.1];
7.   y2 = [0.6 0.5 0.5 0.45 0.3 0.4 0.3 ...
8.         0.15 0.11 0.25 0.18 0.35 0.2 0.15 ...
9.         0.09 0.03 0.015 0.01 0.01 0.01 0.005];
10.  % x = [x' x'];
11.  y = [y1' y2'];
12.  h = area(x,y);                                        % 绘制堆叠面积图
13.  h(1).FaceColor = '#6CBFBF';                           % 修改属性
14.  h(1).FaceAlpha = 0.5;
15.  h(2).FaceColor = '#F4CE91';
16.  h(2).FaceAlpha = 0.5;
17.  hold on                                               % 叠加绘图
18.  plot(x,y1,'-','Color','#6CBFBF','LineWidth',2)        % 绘制曲线1
19.  plot(x,y1 + y2,'-','Color','#F4CE91','LineWidth',2)   % 绘制曲线2
20.
21.  title('Monthly Sales','FontSize',8)                   % 标题
22.  xlabel('Month','FontSize',7)
23.  ylabel('Sales','FontSize',7)
24.  ax = gca;                                             % 设置坐标系为当前坐标系
25.  ax.FontSize = 6;                                      % 修改坐标系刻度标签的字体大小
26.  ax.TickDir = "out";                                   % 刻度线朝外
27.  xlim([300 1300])
28.  yy = [y1;y2];
29.  yMax = max(sum(yy));
30.  ylim([0 yMax * 1.1])
31.  box off
32.  line([300,1300],[yMax * 1.1,yMax * 1.1],'Color','k','LineWidth',0.25)
33.  line([1300,1300],[0,yMax * 1.1],'Color','k','LineWidth',0.25)
34.  hold off                                              % 取消叠加绘图
35.  lgd = legend("Mall A","Mall B",'Location','NorthEast');  % 图例,右下角
36.  lgd.BackgroundAlpha = 0.5;                            % 图例区域半透明
37.
38.  set(gcf,'PaperUnits','points','Position',[0 0 400 300])
39.  exportgraphics(gcf,'sam06_03.png','ContentType','image','Resolution',300)    % 保存为 png 文件
40.  exportgraphics(gcf,'sam06_03.pdf','ContentType','vector')                    % 保存为 pdf 文件
```

[代码说明]

代码第 3~11 行为绘图数据,第 12~19 行绘制堆叠面积图。

[技术要点]

本例直接使用 area 函数绘制堆叠面积图。当 y 数据为矩阵时,area 函数自动绘制堆叠面积图。第 18、19 行叠加绘制线形图,使面积图的轮廓更清晰。

## 例 085　百分比堆叠面积图

百分比堆叠面积图如图 6-4 所示，各分组的数据总和都是 100%，图表充满整个绘图区。

[图表效果]

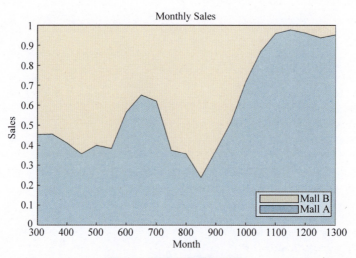

图 6-4　百分比堆叠面积图

[代码实现]

```matlab
1.    %百分比堆叠面积图
2.    clear;close all;                        %清空工作空间的变量,关闭所有打开的对话框
3.    x = 300:50:1300;                        %绘图数据,两组
4.    y1 = [0.5 0.42 0.35 0.25 0.2 0.25 0.39 ...
5.          0.28 0.18 0.15 0.1 0.11 0.12 0.16 ...
6.          0.23 0.2 0.35 0.44 0.25 0.15 0.1];
7.    y2 = [0.6 0.5 0.5 0.45 0.3 0.4 0.3 ...
8.          0.15 0.11 0.25 0.18 0.35 0.2 0.15 ...
9.          0.09 0.03 0.015 0.01 0.01 0.01 0.005];
10.   % x = [x' x'];
11.   y = [y1' y2'];
12.   ySum = sum(transpose(y));               %计算百分比
13.   yy = y'./ySum;
14.   h = area(x,yy');                        %用百分比数据绘制堆叠面积图
15.   h(1).FaceColor = '#6CBFBF';             %修改属性
16.   h(1).FaceAlpha = 0.5;
17.   h(2).FaceColor = '#F4CE91';
18.   h(2).FaceAlpha = 0.5;
19.   title('Monthly Sales','FontSize',8);    %标题
20.   xlabel('Month','FontSize',7);
21.   ylabel('Sales','FontSize',7);
22.   ax = gca;                               %设置坐标系为当前坐标系
23.   ax.FontSize = 6;                        %修改坐标系刻度标签的字体大小
```

```
24.     ax.TickDir = "out";                                    % 刻度线朝外
25.     xlim([300 1300])
26.     ylim([0 1])
27.     box off
28.     line([300,1300],[1,1],'Color','k','LineWidth',0.25)
29.     line([1300,1300],[0,1],'Color','k','LineWidth',0.25)
30.     hold off
31.     lgd = legend("Mall A","Mall B",'Location','SouthEast');   % 图例,右下角
32.     lgd.BackgroundAlpha = 0.5;
33.
34.     set(gcf,'PaperUnits','points','Position',[0 0 400 300])
35.     exportgraphics(gcf,'sam06_04.png','ContentType','image','Resolution',300)   % 保存为 png 文件
36.     exportgraphics(gcf,'sam06_04.pdf','ContentType','vector')                    % 保存为 pdf 文件
```

[代码说明]

代码第 3~13 行为绘图数据,第 14~18 行绘制百分比堆叠面积图并进行属性设置。

[技术要点]

绘制百分比堆叠面积图需要首先根据原始数据计算各分组中各序列高度占分组总高度的百分比,并使用百分比数据绘制堆叠面积图。

## 例 086 给面积图设置基线

图 6-5 所示为绘制的简单面积图,将基线设置为 $y=0.3$ 的横线,并将基线上方的面积图部分用橙黄色表示,基线下方的面积图部分用蓝色表示。

[图表效果]

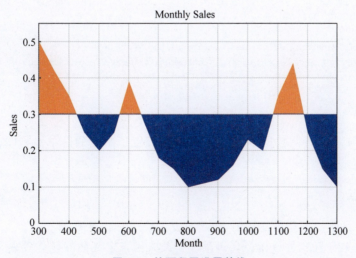

图 6-5 给面积图设置基线

[代码实现]

```matlab
1.   % 给面积图设置基线
2.   clear;close all;                                   % 清空工作空间的变量,关闭所有打开的对话框
3.   load MyColormap06                                  % 加载自定义颜色查找表
4.   x = 300:50:1300;                                   % 绘图数据
5.   y = [0.5 0.42 0.35 0.25 0.2 0.25 0.39 ...
6.        0.28 0.18 0.15 0.1 0.11 0.12 0.16 ...
7.        0.23 0.2 0.35 0.44 0.25 0.15 0.1];
8.
9.   n = length(x);
10.  x2 = x(end: - 1:1);                                % 用曲线与横轴构造多边形,计算顶点坐标
11.  y2 = y(end: - 1:1);
12.  x2(n + 1) = x(1);
13.  y2(n + 1) = 0.3;                                   % 0.3 为基线位置
14.  x2(n + 2) = x(end);
15.  y2(n + 2) = 0.3;
16.  maxY = max(y2);
17.  colormap(MyColormap06)
18.  f = fill(x2,y2,y2/maxY);                           % 用 fill 函数填充曲线与横轴之间的区域
19.  f.EdgeColor = "none";
20.
21.  yMax = max(y);
22.  ylim([0 yMax * 1.1])
23.  title('Monthly Sales','FontSize',8)                % 标题
24.  xlabel('Month','FontSize',7)
25.  ylabel('Sales','FontSize',7)
26.  ax = gca;                                          % 设置坐标系为当前坐标系
27.  ax.FontSize = 6;                                   % 修改坐标系刻度标签的字体大小
28.  ax.TickDir = "out";                                % 刻度线朝外
29.  grid on                                            % 添加网格
30.  xlim([300 1300])
31.  box off
32.  line([300,1300],[yMax * 1.1,yMax * 1.1],'Color','k','LineWidth',0.25)
33.  line([1300,1300],[0,yMax * 1.1],'Color','k','LineWidth',0.25)
34.
35.  set(gcf,'PaperUnits','points','Position',[0 0 400 300])
36.  exportgraphics(gcf,'sam06_05.png','ContentType','image','Resolution',300)   % 保存为 png 文件
37.  exportgraphics(gcf,'sam06_05.pdf','ContentType','vector')                   % 保存为 pdf 文件
```

[代码说明]

代码第 4～7 行为绘图数据,第 9～19 行绘制设置了基线的简单面积图,并设置基线上下面积图的颜色。

[技术要点]

本例用 fill 函数绘制简单面积图,使用该方法绘图请参阅例 082。

本例的关键在于颜色的设置。代码第 3 行载入了自定义的颜色查找表 MyColormap06。该颜色查找表以 0.6 处为分界,左侧为单色橙黄色,右侧为单色蓝色。第 18 行 fill 函数会自动取色进行填充。

注意，如果使用颜色查找表时发现图表上的颜色分界有偏差，可以选择"编辑"菜单中的"颜色图"选项，打开的"颜色图编辑器"对话框如图 6-6 所示。在"偏移"选项卡中将光标移到色条上方，左右拖动光标可以拖动色条。注意此时绘图窗口中面积图的颜色会同步改变，调整到合适位置即可。最后可以将正确的颜色查找表保存起来。

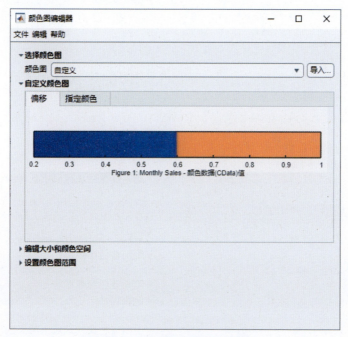

图 6-6 "颜色图编辑器"对话框

## 例 087　三维面积图

图 6-7 所示为在三维直角坐标系中绘制的三维面积图。面半透明，叠加三维火柴杆图。

[图表效果]

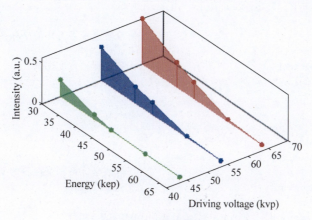

图 6-7　三维面积图

[代码实现]

```matlab
1.   % 三维面积图
2.   clear;close all;                          % 清空工作空间的变量,关闭所有打开的对话框
3.   y = [30 40 45 55 65];                     % 绘图数据
4.   z = [0.55 0.3 0.2 0.03 0; ...
5.        0.4 0.2 0.15 0.02 0; ...
6.        0.2 0.06 0.01 0 0];
7.   x = [65 55 45];
8.   plot3([65 65 65 65 65],y,z(1,:),'-ro','MarkerFaceColor','r','MarkerSize',4)
                                              % 绘制红色曲线
9.   hold on                                   % 叠加绘图
10.  f1 = fill3([65 65 65 65 65 65],[y 30],[z(1,:) 0],'r','FaceAlpha',0.5);
                                              % 填充红色曲线区域
11.  f1.FaceAlpha = 0.5;                       % 修改属性
12.  f1.EdgeColor = "none";
13.  plot3([65 65],[30 30],[0 0.55],'-r')      % 绘制红色曲线区域上的竖线
14.  plot3([65 65],[40 40],[0 0.3],'-r')
15.  plot3([65 65],[45 45],[0 0.2],'-r')
16.
17.  plot3([55 55 55 55 55],y,z(2,:),'-bo','MarkerFaceColor','b','MarkerSize',4)
                                              % 绘制蓝色曲线
18.  f2 = fill3([55 55 55 55 55 55],[y 30],[z(2,:) 0],'b','FaceAlpha',0.5);
                                              % 填充蓝色曲线区域
19.  f2.FaceAlpha = 0.5;                       % 修改属性
20.  f2.EdgeColor = "none";
21.  plot3([55 55],[30 30],[0 0.4],'-b')       % 绘制蓝色曲线区域上的竖线
22.  plot3([55 55],[40 40],[0 0.2],'-b')
23.  plot3([55 55],[45 45],[0 0.15],'-b')
24.
25.  plot3([45 45 45 45 45],y,z(3,:),'-go','MarkerFaceColor','g','MarkerSize',4)
                                              % 绘制绿色曲线
26.  f3 = fill3([45 45 45 45 45 45],[y 30],[z(3,:) 0],'g','FaceAlpha',0.5);
                                              % 填充绿色曲线区域
27.  f3.FaceAlpha = 0.5;                       % 修改属性
28.  f3.EdgeColor = "none";
29.  plot3([45 45],[30 30],[0 0.2],'-g')       % 绘制绿色曲线区域上的竖线
30.  plot3([45 45],[40 40],[0 0.06],'-g')
31.  plot3([45 45],[45 45],[0 0.01],'-g')
32.
33.  ax = gca;                                 % 设置坐标系为当前坐标系
34.  ax.YDir = 'reverse';                      % y轴反转
35.  ax.PlotBoxAspectRatio = [3 4 1];          % 各坐标轴宽度比例
36.  xlim([40 70])
37.  ylim([30 67])
38.  box on                                    % 显示外框
39.  xlabel("Driving voltage (kvp)","FontSize",7)
40.  ylabel("Energy (kep)","FontSize",7)
41.  zlabel("Intensity (a.u.)","FontSize",7)
42.  ax.FontSize = 6;                          % 修改坐标系刻度标签的字体大小
43.  ax.TickDir = "out";                       % 刻度线朝外
44.
45.  set(gcf,'PaperUnits','points','Position',[0 0 400 300])
```

```
46.     exportgraphics(gcf,'sam06_06.png','ContentType','image','Resolution',300)    % 保存为 png 文件
47.     exportgraphics(gcf,'sam06_06.pdf','ContentType','vector')                     % 保存为 pdf 文件
```

[代码说明]

代码第 3～7 行为绘图数据，第 8～31 行绘制三维面积图。

[技术要点]

三维面积图需要给每个数据点指定 $x$、$y$ 和 $z$ 坐标。红色、绿色和蓝色三个面积图需要绘制线形图、面积图和火柴杆图。其中面积图用 fill3 函数绘制，需要先指定三维折线及其在 $x$-$y$ 平面上投影线的起点和终点围成的多边形各顶点的坐标。注意各顶点按逆时针方向排列。

## 例 088　渐变色堆叠面积图

图 6-8 所示为渐变色堆叠面积图，每个面的底边指定为白色，上边为指定颜色。

[图表效果]

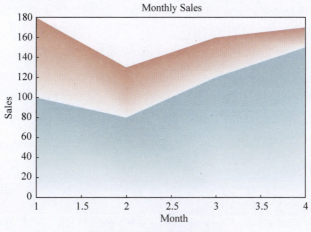

图 6-8　渐变色堆叠面积图

[代码实现]

```
1.    % 渐变色堆叠面积图
2.    clear;close all;                        % 清空工作空间的变量，关闭所有打开的对话框
3.    f = figure;
4.    f.Color = 'w';                          % 绘图窗口背景色为白色
5.    x = ["Jan","Feb","Mar","Apr"];          % 绘图数据
6.    y = [100,180;80,130;120,160;150,170];
7.    s = size(y);
8.    m = s(1);
9.    n = s(2);
```

```
10.    cs = [0.745 0.855 0.855; 0.910 0.608 0.494];
11.    for i = n: -1:1                                      % 顶点
12.      for j = m: -1:1
13.        verts(i,j,1) = j;
14.        verts(i,j,2) = y(j,i);
15.        verts(i,m+j,1) = j;
16.        if i == 1
17.          verts(i,m+j,2) = 0.0;
18.        else
19.          verts(i,m+j,2) = y(j,i-1);
20.        end
21.      end
22.    end
23.    for i = n: -1:1                                      % 使用面片实现渐变色填充
24.      for j = 1:m-1
25.        vert(1,1) = verts(i,j,1);
26.        vert(1,2) = verts(i,j,2);
27.        vert(2,1) = verts(i,m+j,1);
28.        vert(2,2) = verts(i,m+j,2);
29.        vert(3,1) = verts(i,m+j+1,1);
30.        vert(3,2) = verts(i,m+j+1,2);
31.        vert(4,1) = verts(i,j+1,1);
32.        vert(4,2) = verts(i,j+1,2);
33.        faces = [1 2 3 4];
34.        colors = [cs(i,:);1 1 1;1 1 1;cs(i,:)];
35.        patch('Vertices',vert,'Faces',faces,...
36.          'FaceVertexCData',colors,...
37.          'FaceColor','Interp','EdgeColor','none')
38.      end
39.    end
40.
41.    title('Monthly Sales','FontSize',8)                  % 标题
42.    xlabel('Month','FontSize',7)
43.    ylabel('Sales','FontSize',7)
44.    ax = gca;                                            % 设置坐标系为当前坐标系
45.    ax.FontSize = 6;                                     % 修改坐标系刻度标签的字体大小
46.    ax.TickDir = "out";                                  % 刻度线朝外
47.    box off                                              % 显示外框
48.    xl = ax.XLim;
49.    yl = ax.YLim;
50.    w = xl(2) - xl(1);
51.    h = yl(2) - yl(1);
52.    rectangle('Position',[xl(1) yl(1) w h],'LineWidth',0.5)       % 绘制外框
53.
54.    set(gcf,'PaperUnits','points','Position',[0 0 400 250])
55.    exportgraphics(gcf,'sam06_07.png','ContentType','image','Resolution',300)    % 保存为 png 文件
56.    exportgraphics(gcf,'sam06_07.pdf','ContentType','vector')                    % 保存为 pdf 文件
```

[代码说明]

代码第 5、6 行为绘图数据，第 7～39 行绘制渐变色填充的堆叠面积图。

[技术要点]

本例使用面片绘制单个的堆叠面。绘图的方法在例 023 已有介绍。堆叠面中，根据顶边数据点与底边对象点，可以将整个面分成很多四边形小面如图 3-11 所示。计算出这些小

面 4 个顶点的坐标后逐个绘制，最后得到渐变填充的堆叠面。

## 例 089　y-x 面积图

交换 $x$ 轴和 $y$ 轴后绘制的面积图如图 6-9 所示。交换坐标轴后，$y$ 轴为分类轴，$x$ 轴为数值轴。

[图表效果]

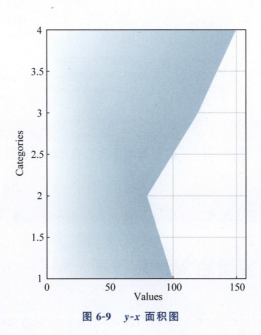

图 6-9　y-x 面积图

[代码实现]

```matlab
1.   % y-x 面积图
2.   clear;close all;                    % 清空工作空间的变量,关闭所有打开的对话框
3.   y = 1:4;                            % 绘图数据
4.   x = [100,80,120,150];
5.   n = length(x);
6.   for i = 1:n                         % 顶点
7.       verts(i,1) = x(i);
8.       verts(i,2) = y(i);
9.       verts(n + i,1) = 0;             % 顶点在坐标轴上的投影点,横坐标
10.      verts(n + i,2) = n - y(i) + 1;  % 顶点在坐标轴上的投影点,纵坐标
11.  end
12.  faces = 1:2 * n;
13.  c1 = x./max(x);
14.  c2 = c1';
15.  % colors = [c2;zeros(n,1)];
16.  colors = [0.745 0.855 0.855;0.745 0.855 0.855;0.745 0.855 0.855;0.745 0.855 0.855;...
17.      1 1 1;1 1 1;1 1 1;1 1 1];
18.  patch('Vertices',verts,'Faces',faces,...
19.      'FaceVertexCData',colors,...
```

```
20.         'FaceColor','Interp','EdgeColor','none')      % 绘制渐变色填充的面片
21.
22.     xMax = max(x);
23.     xlim([0 xMax * 1.05])
24.     ylim([1 4])
25.     rectangle('Position',[0,1,xMax * 1.05,3],'EdgeColor','k')   % 绘制外框
26.
27.     % title('Monthly Sales','FontSize',8)             % 标题
28.     ylabel('Categories','FontSize',7)
29.     xlabel('Values','FontSize',7)
30.     ax = gca;                                         % 设置坐标系为当前坐标系
31.     ax.FontSize = 6;                                  % 修改坐标系刻度标签的字体大小
32.     ax.TickDir = "out";                               % 刻度线朝外
33.     grid on                                           % 添加网格
34.     box off                                           % 显示外框
35.
36.     set(gcf,'PaperUnits','points','Position',[0 0 300 350])
37.     exportgraphics(gcf,'sam06_08.png','ContentType','image','Resolution',300)   % 保存为 png 文件
38.     exportgraphics(gcf,'sam06_08.pdf','ContentType','vector')                   % 保存为 pdf 文件
```

[代码说明]

代码第 3、4 行为绘图数据，第 5~20 行绘制渐变色填充的面积图，第 22~25 行绘制外框。

[技术要点]

本例用面片绘制渐变色填充的 $y\text{-}x$ 面积图。关于面片的创建，请参见例 023。

## 例 090  基线渐变着色复合面积图

例 083 介绍了渐变着色复合面积图的绘制，本例也是绘制渐变着色复合面积图，但是添加了 $y=0$ 的基线（图 6-10）。

[图表效果]

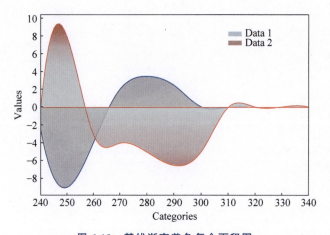

图 6-10  基线渐变着色复合面积图

[代码实现]

```matlab
1.   % 基线渐变着色复合面积图
2.   clear;close all;                    % 清空工作空间的变量,关闭所有打开的对话框
3.   load MyColormap04                   % 加载自定义颜色查找表
4.   load MyColormap05
5.   x = [240 250 260 270 280 290 ...
6.        300 310 320 330 340];          % 绘图数据,两组
7.   y1 = [0 8 -3 -4 -5 -6.5 ...
8.        -5 0 0.05 0.05 0.05];
9.   y2 = [-2.5 -9 -4 2 3.5 2.5 ...
10.       0.05 0 0 0];
11.
12.  pp1 = spline(x,y2);                 % 平滑数据
13.  xx1 = linspace(min(x),max(x),100);
14.  yy1 = ppval(pp1,xx1);
15.  n1 = length(xx1);                   % 渐变色填充用平滑数据描述的曲线
16.  xx2 = xx1(end:-1:1);
17.  yy2 = yy1(end:-1:1);
18.  xx2(n1+1) = xx1(1);
19.  yy2(n1+1) = 0;
20.  xx2(n1+2) = xx1(end);
21.  yy2(n1+2) = 0;
22.  maxY1 = max(yy2);
23.  colormap(MyColormap04)              % 使用自定义颜色查找表
24.  f1 = fill(xx2,yy2,yy2/maxY1);       % 用 fill 函数填充
25.  f1.FaceAlpha = 0.2;
26.  f1.EdgeColor = "none";
27.  freezeColors                        % 使用该函数,在一幅图中使用多个 colormaps
28.  hold on                             % 叠加绘图
29.  plot(xx2,yy2,'-','Color',[0 0 1])   % 绘制平滑曲线
30.
31.  pp2 = spline(x,y1);                 % 使用与上面相同的方法绘制另外一条曲线,并填充
32.  xx3 = linspace(min(x),max(x),100);
33.  yy3 = ppval(pp2,xx3);
34.  n2 = length(xx3);
35.  xx4 = xx3(end:-1:1);
36.  yy4 = yy3(end:-1:1);
37.  xx4(n2+1) = xx3(1);
38.  yy4(n2+1) = 0;
39.  xx4(n2+2) = xx3(end);
40.  yy4(n2+2) = 0;
41.  maxY2 = max(yy4);
42.  colormap(MyColormap05)              % 使用另外一个颜色查找表
43.  f2 = fill(xx4,yy4,yy4/maxY2);       % 用 fill 函数填充
44.  f2.FaceAlpha = 0.8;
45.  f2.EdgeColor = "none";
46.  plot(xx4,yy4,'-','Color',[1 0 0])   % 绘制平滑曲线
47.
48.  rectangle('Position',[310 8 5 0.5], ...
```

```
49.         'FaceColor',[0.5100 0.6300 0.7000],...        % 绘制图例
50.         'EdgeColor','none','FaceAlpha',0.5)
51.     rectangle('Position',[310 7 5 0.5],...
52.         'FaceColor',[0.6353 0.0784 0.1843],...
53.         'EdgeColor','none','FaceAlpha',0.5)
54.     text(317,8.25,"Data 1","FontSize",7)
55.     text(317,7.25,"Data 2","FontSize",7)
56.
57.     hold off                                          % 取消叠加绘图
58.
59.     % title('Monthly Sales','FontSize',8)             % 标题
60.     xlabel('Categories','FontSize',7)
61.     ylabel('Values','FontSize',7)
62.     ax = gca;                                         % 设置坐标系为当前坐标系
63.     ax.FontSize = 6;                                  % 修改坐标系刻度标签的字体大小
64.     ax.TickDir = "out";                               % 刻度线朝外
65.     xlim([240 340])
66.     yMin = min(min(y1),min(y2)) * 1.1;
67.     yMax = max(max(y1),max(y2)) * 1.3;
68.     ylim([yMin,yMax])
69.     box off
70.     line([240,340],[yMax,yMax],'Color','k','LineWidth',0.25)
71.     line([340,340],[yMin,yMax],'Color','k','LineWidth',0.25)
72.     hold off                                          % 取消叠加绘图
73.
74.     set(gcf,'PaperUnits','points','Position',[0 0 400 250])
75.     exportgraphics(gcf,'sam06_09.png','ContentType','image','Resolution',300)   % 保存为 png 文件
76.     exportgraphics(gcf,'sam06_09.pdf','ContentType','vector')                   % 保存为 pdf 文件
```

[代码说明]

代码第 3、4 行载入自定义颜色查找表，第 5~10 行为绘图数据，第 12~46 行绘制渐变色填充的复合面积图，第 48~55 行绘制图例。

[技术要点]

本例的绘图方法与例 083 相同，不同的是指定了基线。第 19 行、第 21 行、第 38 行和第 40 行处需要将对应的 y 坐标设置为 0。

与例 083 相同，本例也在同一幅图中使用了两个颜色查找表。MATLAB 中规定一幅图只能使用一个颜色查找表。代码第 27 行使用了 freezecolors 工具。不过笔者发现该工具有美中不足的地方，如本例中使用该工具后，后面实现的渐变填充，阴影会有一定角度的变形。注释掉 freezecolors 函数后，除了颜色不对外，阴影形状正常。

## 例 091 时间序列数据面积图

常常用线形图和面积图表现时间序列数据，如图 6-11 所示。该图本质上是一个堆叠面

积图。时间序列数据绘制的线形图或面积图,横轴为时间轴,横轴刻度标签为日期时间类型的数据。

[图表效果]

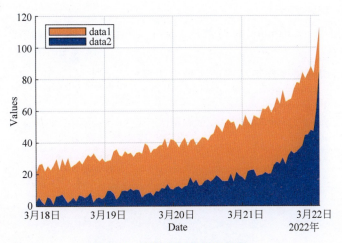

图 6-11　时间序列数据面积图

[代码实现]

```matlab
1.    % 时间序列数据面积图
2.    clear;close all;                                    % 清空工作空间的变量,关闭所有打开的对话框
3.    tbl = readtimetable('时间序列2.xlsx');               % 导入绘图数据
4.    xconf = [tbl.time(end:-1:1);tbl.time(1);tbl.time(end)];
5.    yconf1 = [tbl.data2(end:-1:1);0;0];
6.    f = fill(xconf,yconf1,[1 0.5 0]);                   % 用 fill 函数填充第 2 条曲线
7.    hold on                                             % 叠加绘图
8.    yconf2 = [tbl.data1(end:-1:1);0;0];
9.    f2 = fill(xconf,yconf2,'b');                        % 用 fill 函数填充第 1 条曲线
10.   xlim([min(tbl.time) max(tbl.time)])                 % 设置 x 轴的取值范围
11.   xlabel('Date','FontSize',7)
12.   ylabel('Values','FontSize',7)
13.   ax = gca;                                           % 设置坐标系为当前坐标系
14.   ax.FontSize = 6;                                    % 修改坐标系刻度标签的字体大小
15.   ax.TickDir = "out";                                 % 刻度线朝外
16.   box off                                             % 显示外框
17.   grid on                                             % 添加网格
18.   legend('Location','northwest')                      % 图例
19.   hold off                                            % 取消叠加绘图
20.
21.   set(gcf,'PaperUnits','points','Position',[0 0 400 250])
22.   exportgraphics(gcf,'sam06_10.png','ContentType','image','Resolution',300)   % 保存为 png 文件
23.   exportgraphics(gcf,'sam06_10.pdf','ContentType','vector')                   % 保存为 pdf 文件
```

[代码说明]

代码第 3 行为绘图数据,第 4～9 行绘制堆叠面积图。

[技术要点]

MATLAB 使用 readtimetable 函数从 Excel 文件读取时间序列数据,该函数返回一个时间表类型的对象。

第 4～9 行组织好需要颜色填充的区域多边形的顶点坐标后,用 fill 函数进行填充。

# 第 7 章

# 饼图

饼图常用于表示分类变量的唯一值占总体的百分比。可以用 MATLAB 绘制二维饼图和三维饼图。在 MATLAB 饼图的基础上可以进行美化,例如改变配色、设置透明度等。使用最新版本提供的 polarregion 函数可以绘制多环图、饼图与环状图的组合图等多种图表。

## 例 092　二维饼图

二维饼图用二维扇形面表现向量中各元素占总体的百分比,占比总和为 100%,图形上拼成一个圆形面。如图 7-1 所示,可以将感兴趣的扇区分离显示。

[图表效果]

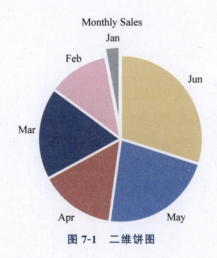

图 7-1　二维饼图

[代码实现]

1. %二维饼图
2. clear;close all;                      %清空工作空间的变量,关闭所有打开的对话框
3. sales = [20 80 120 100 150 200];      %数据
4. labels = ["Jan" "Feb" "Mar" "Apr" "May" "Jun"];

```matlab
5.      explode = [1 0 0 0 0 0];                              % 用数组表示各扇区是否分离,1 表示分离
6.      h = pie(sales,explode,labels);                        % 绘制饼图
7.      colors = [0.70 0.70 0.70;0.96 0.73 0.85;0.40 0.40 0.59;...
8.              0.85 0.44 0.44;0.49 0.61 0.90;0.96 0.84 0.56];  % 使用自定义颜色序列
9.      j = 1;
10.     for i = 1:length(h)
11.         if class(h(i)) == "matlab.graphics.primitive.Patch"   % 修改面片对象的竖线和面
12.             h(i).EdgeColor = 'w';
13.             h(i).LineWidth = 2;
14.             h(i).FaceColor = colors(j,:);
15.             j = j + 1;
16.         elseif class(h(i)) == "matlab.graphics.primitive.Text"  % 修改文本字体大小
17.             h(i).FontSize = 6;
18.         end
19.     end
20.     title('Monthly Sales','FontSize',8)                   % 标题
21.
22.     set(gcf,'PaperUnits','points','Position',[0 0 400 300])
23.     exportgraphics(gcf,'sam07_01.png','ContentType','image','Resolution',300)   % 保存为 png 文件
24.     exportgraphics(gcf,'sam07_01.pdf','ContentType','vector')                   % 保存为 pdf 文件
```

[代码说明]

代码第 3～5 行为绘图数据,第 6～19 行绘制饼图并修改其属性。

[技术要点]

用 pie 函数绘制二维饼图,该函数会根据给定的向量数据自动计算各元素占元素总和的百分比并绘图。代码第 5 行用 explode 变量指定要分离显示的扇区,值为 0 的扇区不分离,值为非 0 的扇区分离显示,如本例中指定将第 1 个扇区分离显示。

pie 函数会返回饼图中各图形元素的句柄 h,它是一个向量,其中包括扇形面、面的边线和标注文本等的句柄。第 10～19 行用 for 循环遍历各句柄,用 class 函数判断当前句柄表示的图形类型并分别修改属性。如果是面片,则修改它的边线颜色为白色,线宽为 2,面的颜色从给定颜色序列中依次获取。如果是文本,则修改它的字体大小。

## 例 093　分面饼图

图 7-2 在 3 个坐标系中分别显示 3 个二维饼图,这 3 个饼图表示原始数据中某分类变量唯一元素区分的 3 个数据子集。这样的维度表示称为分面饼图。

[图表效果]

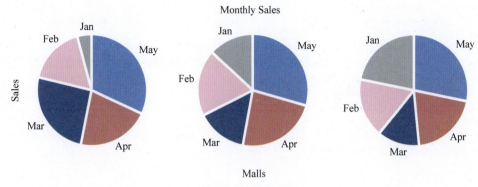

图 7-2　分面饼图

[代码实现]

```
1.   % 分面饼图
2.   clear;close all;                                    % 清空工作空间的变量,关闭所有打开的对话框
3.   sales = [20 80 120 100 150;                         % 绘图数据
4.       90 130 100 160 200;
5.       140 110 80 130 180];
6.   labels = ["Jan" "Feb" "Mar" "Apr" "May"];
7.   colors = [0.70 0.70 0.70;0.96 0.73 0.85;0.40 0.40 0.59;...
8.       0.85 0.44 0.44;0.49 0.61 0.90];                 % 使用自定义颜色序列 1
9.   T = tiledlayout(1,3,"TileSpacing","compact");       % 实现多图
10.  
11.  ax1 = nexttile;
12.  h1 = pie(sales(1,:),labels);                        % 绘制饼图
13.  j = 1;
14.  for i = 1:length(h1)
15.      if class(h1(i)) == "matlab.graphics.primitive.Patch"    % 修改扇区属性
16.          h1(i).EdgeColor = 'w';
17.          h1(i).LineWidth = 2;
18.          h1(i).FaceColor = colors(j,:);
19.          j = j + 1;
20.      elseif class(h1(i)) == "matlab.graphics.primitive.Text" % 修改文本字体大小
21.          h1(i).FontSize = 6;
22.      end
23.  end
24.  
25.  ax2 = nexttile;
26.  h2 = pie(sales(2,:),labels);                        % 绘制饼图
27.  j = 1;
28.  for i = 1:length(h2)
29.      if class(h2(i)) == "matlab.graphics.primitive.Patch"    % 修改扇区属性
30.          h2(i).EdgeColor = 'w';
31.          h2(i).LineWidth = 2;
32.          h2(i).FaceColor = colors(j,:);
33.          j = j + 1;
34.      elseif class(h2(i)) == "matlab.graphics.primitive.Text" % 修改文本字体大小
35.          h2(i).FontSize = 6;
```

```
36.        end
37.    end
38.
39.    ax3 = nexttile;
40.    h3 = pie(sales(3,:),labels);                              % 绘制饼图
41.    j = 1;
42.    for i = 1:length(h3)
43.        if class(h3(i)) == "matlab.graphics.primitive.Patch"  % 修改扇区属性
44.            h3(i).EdgeColor = 'w';
45.            h3(i).LineWidth = 2;
46.            h3(i).FaceColor = colors(j,:);
47.            j = j+1;
48.        elseif class(h3(i)) == "matlab.graphics.primitive.Text" % 修改文本字体大小
49.            h3(i).FontSize = 6;
50.        end
51.    end
52.
53.    title(T,'Monthly Sales','FontSize',8)                     % 标题
54.    xlabel(T,'Malls','FontSize',7)
55.    ylabel(T,'Sales','FontSize',7)
56.
57.    set(gcf,'PaperUnits','points','Position',[0 0 600 220])
58.    exportgraphics(gcf,'sam07_02.png','ContentType','image','Resolution',300)   % 保存为 png 文件
59.    exportgraphics(gcf,'sam07_02.pdf','ContentType','vector')                   % 保存为 pdf 文件
```

[代码说明]

代码第 3～8 行为绘图数据，第 11～51 行绘制分面饼图。

[技术要点]

本例用 tiledlayout…nexttile 结构实现多图布局，每个坐标系中二维饼图的绘制方法与例 092 相同。注意代码中 sales 数据用一个矩阵给出，每行数据绘制一个饼图。

## 例 094　三维饼图

二维饼图用二维扇面表现数据，用三维扇面表现数据则称为三维饼图，如图 7-3 所示。

[图表效果]

图 7-3　三维饼图

[代码实现]

```matlab
1.   % 三维饼图
2.   clear;close all;                                    % 清空工作空间的变量,关闭所有打开的对话框
3.   f = figure;
4.   f.Color = 'w';                                      % 绘图窗口背景色为白色
5.   sales = [20 80 120 100 150 200];                    % 绘图数据
6.   labels = ["Jan" "Feb" "Mar" "Apr" "May" "Jun"];
7.   explode = [1 0 0 0 0 0];                            % 用数组表示各扇区是否分离,1 表示分离
8.   h = pie3(sales,explode,labels);                     % 绘制饼图
9.   for i = 1:length(h)
10.      if class(h(i)) == "matlab.graphics.primitive.Patch"      % 修改扇区上下面属性
11.          h(i).EdgeColor = 'none';
12.      elseif class(h(i)) == "matlab.graphics.primitive.Surface" % 修改扇区侧面属性
13.          h(i).EdgeColor = 'none';
14.      elseif class(h(i)) == "matlab.graphics.primitive.Text"    % 修改文本属性
15.          h(i).FontSize = 6;
16.      end
17.  end
18.  title('Monthly Sales','FontSize',8)                 % 标题
19.  camlight                                            % 添加光照
20.  
21.  set(gcf,'PaperUnits','points','Position',[0 0 400 300])
22.  exportgraphics(gcf,'sam07_03.png','ContentType','image','Resolution',300)   % 保存为 png 文件
23.  exportgraphics(gcf,'sam07_03.pdf','ContentType','vector')                   % 保存为 pdf 文件
24.  
```

[代码说明]

代码第 5~7 行为绘图数据,第 8~17 行绘制三维饼图。

[技术要点]

用 pie3 函数绘制三维饼图,该函数根据给定的向量数据自动计算各元素占元素总和的百分比并绘图。代码第 5 行用 explode 变量指定要分离显示的扇区,值为 0 的扇区不分离,值为非 0 的扇区分离显示,如本例中指定将第 1 个扇区分离显示。

pie3 函数会返回饼图中各图形元素的句柄 h,它是一个向量,其中包括三维扇形上下面、侧面、边线和标注文本等的句柄。三维饼图中扇区的上下面用面片表示,侧面用曲面表示。

第 9~17 行用 for 循环遍历各句柄,用 class 函数判断当前句柄表示的图形类型并分别修改属性。如果是面片或曲面,则隐藏它的边线或网格线。如果是文本,则修改它的字体大小。

## 例 095  半透明三维饼图

图 7-4 在三维饼图的基础上将各扇区的上下面和侧面设置为半透明。

[图表效果]

图 7-4　半透明三维饼图

[代码实现]

```matlab
1.  %半透明三维饼图
2.  clear;close all;                                      %清空工作空间的变量,关闭所有打开的对话框
3.  sales = [20 80 120 100 150 200];                      %绘图数据
4.  labels = ["Jan" "Feb" "Mar" "Apr" "May" "Jun"];
5.  explode = [1 0 0 0 0 0];                              %用数组表示各扇区是否分离,1表示分离
6.  h = pie3(sales,explode,labels);                       %绘制饼图
7.  for i = 1:length(h)
8.      if class(h(i)) == "matlab.graphics.primitive.Patch"      %修改扇区上下面属性
9.          h(i).EdgeColor = 'none';
10.         h(i).FaceAlpha = 0.5;
11.     elseif class(h(i)) == "matlab.graphics.primitive.Surface"  %修改扇区侧面属性
12.         h(i).EdgeColor = 'none';
13.         h(i).FaceAlpha = 0.5;
14.     elseif class(h(i)) == "matlab.graphics.primitive.Text"     %修改文本属性
15.         h(i).FontSize = 6;
16.     end
17. end
18. title('Monthly Sales','FontSize',8);                  %标题
19. camlight                                              %添加光照
20.
21. set(gcf,'PaperUnits','points','Position',[0 0 400 300])
22. exportgraphics(gcf,'sam07_04.png','ContentType','image','Resolution',300)   %保存为png文件
23. exportgraphics(gcf,'sam07_04.pdf','ContentType','vector')                   %保存为pdf文件
```

[代码说明]

代码第3~5行为绘图数据,第6~17行绘制半透明的三维饼图。

[技术要点]

第6~17行用for循环遍历各句柄,用class函数判断当前句柄表示的图形类型并分别修改属性。如果是面片或曲面,则隐藏它的边线或网格线,用FaceAlpha属性设置面的透明度为0.5。

## 例 096　环状图

饼图用扇形面表示数据，环状图则用环形面表示数据，如图 7-5 所示。图中用不同颜色的环形面表示向量中各元素占总体的百分比，所有环形面拼成一个圆环。

［图表效果］

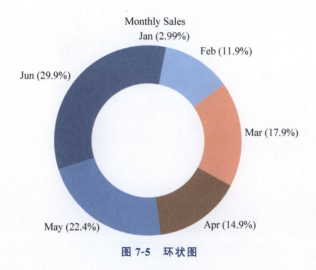

图 7-5　环状图

［代码实现］

```matlab
1.   % 环状图
2.   clear;close all;                                  % 清空工作空间的变量，关闭所有打开的对话框
3.   sales = [20 80 120 100 150 200];                  % 绘图数据
4.   labels = ["Jan" "Feb" "Mar" "Apr" "May" "Jun"];
5.   h = donutchart(sales,labels);                     % 绘制环状图
6.   colororder sail                                   % 颜色序列
7.   h.EdgeColor = "none";                             % 修改属性
8.   h.FontSize = 6;
9.   title('Monthly Sales');                           % 标题
10.  % t.FontSize = 8;
11.
12.  set(gcf,'PaperUnits','points','Position',[0 0 400 300])
13.  exportgraphics(gcf,'sam07_05.png','ContentType','image','Resolution',300)   % 保存为 png 文件
14.  exportgraphics(gcf,'sam07_05.pdf','ContentType','vector')                    % 保存为 pdf 文件
```

［代码说明］

代码第 3、4 行为绘图数据，第 5～8 行绘制环状图。

［技术要点］

MATLAB 中用 donutchart 函数可以绘制环状图。第 6 行用 colororder 函数使用

MATLAB 内置的 sail 颜色序列对环状图进行着色。注意，修改标签的字体大小使用 donutchart 函数返回的句柄的属性进行设置，而不是用坐标系的相关属性设置。

## 例 097　多环图

MATLAB 中使用 donutchart 函数并不能绘制多环图，所以绘制多环图需要另外想办法。使用最新版本推出的 polarregion 函数可以实现多环图。如图 7-6 所示，多环图用嵌套的环状图表现多组数据中元素的占比情况。

[图表效果]

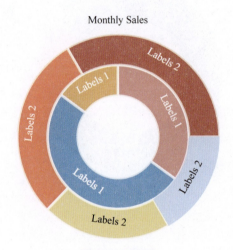

图 7-6　多环图

[代码实现]

```
1.  % 多环图
2.  clear;close all;                                      % 清空工作空间的变量，关闭所有打开的对话框
3.  thetas = [-pi/5 pi/2;pi/2 4*pi/5;4*pi/5 2*pi-pi/5];   % 绘图数据，角度
4.  radii = [0.4 0.7];                                    % 半径
5.  pr = polarregion(thetas,radii,FaceColor = [0.890 0.553 0.549]);  % 绘制内圈环状图
6.  pr(2).FaceColor = [0.949 0.718 0.302];                % 修改属性
7.  pr(3).FaceColor = [0.404 0.694 0.843];
8.  for i = 1:3
9.      pr(i).FaceAlpha = 0.8;
10.     pr(i).LineWidth = 2;
11.     pr(i).EdgeColor = 'w';
12. end
13. hold on                                               % 叠加绘图
14. thetas2 = [0 2*pi/3;2*pi/3 5*pi/4;5*pi/4 2*pi-pi/3;2*pi-pi/3 2*pi];
15. radii2 = [0.7 1];
16. pr2 = polarregion(thetas2,radii2,FaceColor = [0.824 0.231 0.243]);  % 绘制外圈环状图
17. pr2(2).FaceColor = [0.945 0.435 0.271];               % 修改属性
18. pr2(3).FaceColor = [0.976 0.875 0.514];
```

```
19.     pr2(4).FaceColor = [0.502 0.647 0.839];
20.     for i = 1:3
21.         pr2(i).FaceAlpha = 0.8;
22.         pr2(i).LineWidth = 2;
23.         pr2(i).EdgeColor = 'w';
24.     end
25.
26.     % 标签
27.     labels1 = "Labels 1";
28.     ang0 = (thetas(:,2) - thetas(:,1)) * 180/pi;
29.     ang1 = 0;
30.     for i = 1:3
31.         ang = ang1 + ang0(i)/2 + thetas(1,1) * 180/pi;
32.         if ang > 0 && ang < 180
33.             ang2 = ang - 90;
34.         else
35.             ang2 = ang + 90;
36.         end
37.         text(ang/180 * pi, 0.55, labels1, ...
38.             'Rotation', ang2, 'FontSize', 7, ...
39.             'HorizontalAlignment', 'center')             % 内圈文本标注
40.         ang1 = ang1 + ang0(i);
41.     end
42.
43.     labels2 = "Labels 2";
44.     ang0 = (thetas2(:,2) - thetas2(:,1)) * 180/pi;
45.     ang1 = 0;
46.     for i = 1:4
47.         ang = ang1 + ang0(i)/2 + thetas2(1,1) * 180/pi;
48.         if ang > 0 && ang < 180
49.             ang2 = ang - 90;
50.         else
51.             ang2 = ang + 90;
52.         end
53.         text(ang/180 * pi, 0.85, labels2, ...
54.             'Rotation', ang2, 'FontSize', 7, ...
55.             'HorizontalAlignment', 'center')             % 外圈文本标注
56.         ang1 = ang1 + ang0(i);
57.     end
58.
59.     title('Monthly Sales', 'FontSize', 8);                % 标题
60.     % t.FontSize = 8;
61.
62.     hold off                                              % 取消叠加绘图
63.     axis off                                              % 隐藏坐标系
64.
65.     set(gcf,'PaperUnits','points','Position',[0 0 400 300])
66.     exportgraphics(gcf,'sam07_06.png','ContentType','image','Resolution',300)    % 保存为 png 文件
67.     exportgraphics(gcf,'sam07_06.pdf','ContentType','vector')                    % 保存为 pdf 文件
```

[代码说明]

代码第 3、4 行和第 14、15 行为绘图数据，第 5～12 行和第 16～24 行绘制多环图，第

26～57 行绘制多环图中各环形面的标签。

[技术要点]

polarregion 函数利用指定的方位角区间和半径区间可以绘制环形面，连续指定，可以实现多环图的绘制。

绘制多环图中各环形面的标签时要计算好各标签的显示位置和旋转角度。

## 例 098　展示扇区组成明细

图 7-7 也是比较常见的，它用另外一个图表表示饼图中指定扇区所表示的数据的组成明细。另外一个图表可以是另外一个饼图，也可以是图 7-7 所示的堆叠柱状图。

[图表效果]

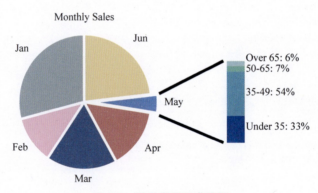

图 7-7　展示扇区组成明细

[代码实现]

```
1.  %展示扇区组成明细
2.  clear;close all;                              %清空工作空间的变量，关闭所有打开的对话框
3.  ax1 = axes('Position',[0.05 0.2 0.6 0.6]);    %坐标系 1
4.  ax2 = axes('Position',[0.75 0.35 0.05 0.3]);  %坐标系 2
5.  sales = [200 80 120 100 30 160];              %绘制饼图的数据
6.  labels = ["Jan" "Feb" "Mar" "Apr" "May" "Jun"];
7.  explode = [0 0 0 0 1 0];                      %用数组表示各扇区是否分离,1 表示分离
8.  h = pie(ax1,sales,explode,labels);            %绘制饼图
9.  colors = [0.70 0.70 0.70;0.96 0.73 0.85;0.40 0.40 0.59;...
10.     0.85 0.44 0.44;0.49 0.61 0.90;0.96 0.84 0.56];  %使用自定义颜色序列 1
11. j = 1;
12. for i = 1:length(h)
13.     if class(h(i)) == "matlab.graphics.primitive.Patch"   %修改扇区的属性
14.         h(i).EdgeColor = 'w';
15.         h(i).LineWidth = 2;
```

```
16.            h(i).FaceColor = colors(j,:);
17.            j = j + 1;
18.        elseif class(h(i)) == "matlab.graphics.primitive.Text"    % 修改文本的属性
19.            h(i).FontSize = 6;
20.        end
21.    end
22.    title(ax1,'Monthly Sales','FontSize',8)                        % 标题
23.
24.    rectangle(ax2,'Position',[0 0 25 33],...
25.        'FaceColor',[0 0 1],'EdgeColor','none')                    % 绘制右侧堆叠柱状图
26.    rectangle(ax2,'Position',[0 33 25 54],...
27.        'FaceColor',uint8([113 177 199]),'EdgeColor','none')
28.    rectangle(ax2,'Position',[0 87 25 7],...
29.        'FaceColor',uint8([141 211 173]),'EdgeColor','none')
30.    rectangle(ax2,'Position',[0 94 25 6],...
31.        'FaceColor',uint8([185 216 213]),'EdgeColor','none')
32.    text(ax2,27,100,"Over 65: 6 % ","FontSize",7)
33.    text(ax2,27,90,"50 - 65: 7 % ","FontSize",7)
34.    text(ax2,27,58,"35 - 49: 54 % ","FontSize",7)
35.    text(ax2,27,16,"Under 35: 33 % ","FontSize",7)
36.    ax2.Visible = "off";                                           % 隐藏坐标系 2
37.
38.    annotation('line',[0.56 0.74],[0.53 0.65],'LineWidth',3)       % 绘制标注引线
39.    annotation('line',[0.56 0.74],[0.45 0.35],'LineWidth',3)
40.
41.    set(gcf,'PaperUnits','points','Position',[0 0 400 300])
42.    exportgraphics(gcf,'sam07_07.png','ContentType','image','Resolution',300)   % 保存为 png 文件
43.    exportgraphics(gcf,'sam07_07.pdf','ContentType','vector')                    % 保存为 pdf 文件
44.
```

[代码说明]

代码第 3、4 行创建两个坐标系，第 5~7 行为绘制饼图的数据，第 8~22 行绘制饼图，第 24~36 行绘制右侧的堆叠柱状图，第 38、39 行绘制两个图之间的标注引线。

[技术要点]

本例的图表绘制需要注意的是，饼图和堆叠柱状图是在两个坐标系中分别绘制的。二维饼图的绘制方法可参阅例 092，堆叠柱状图本例中用 rectangle 函数直接绘制。标注引线因为跨过两个坐标系，用 annotation 函数绘制直线标注实现。

注意，annotation 函数绘制的标注对象是绘制在另外一个虚拟的坐标系中的。

## 例 099  环状图叠加饼图

图 7-8 所示是一个组合图，图的内部是饼图，外部是环状图。

[图表效果]

图 7-8 环状图叠加饼图

[代码实现]

```matlab
1.  % 环状图叠加饼图
2.  clear;close all;                                        % 清空工作空间的变量,关闭所有打开的对话框
3.  thetas = [-pi/5 pi/2;pi/2 4*pi/5;4*pi/5 2*pi-pi/5];      % 绘图数据
4.  radii = [0 0.4];
5.  pr = polarregion(thetas,radii,FaceColor = 'g');          % 绘制内圈饼图
6.  pr(2).FaceColor = 'b';                                   % 修改属性
7.  pr(3).FaceColor = 'y';
8.  for i = 1:3
9.      pr(i).FaceAlpha = 0.8;
10.     pr(i).LineWidth = 4;
11.     pr(i).EdgeColor = 'w';
12. end
13.
14. hold on                                                  % 叠加绘图
15. thetas0 = 0:pi/10:2*pi;                                  % 绘制外圈环状图的数据
16. thetas1 = thetas0(2:length(thetas0)-1);
17. thetas1 = repelem(thetas1,2);                            % 每个元素重复两次
18. thetas1 = [0 thetas1 2*pi];                              % 添加首值和末值
19. thetas2 = reshape(thetas1,2,20);                         % 重塑
20. thetas2 = thetas2';
21. radii2 = [0.42 1];
22. pr2 = polarregion(thetas2,radii2,FaceColor = 'm');       % 绘图
23. cm = colormap;
24. for i = 1:20                                             % 修改属性
25.     idx = round(i/20*length(cm));
26.     if idx == 0 idx = 1;end
27.     pr2(i).FaceColor = cm(idx,:);
28.     pr2(i).FaceAlpha = 0.8;
29.     pr2(i).EdgeColor = 'w';
```

```
30.         pr2(i).LineWidth = 2;
31.     end
32.
33.     ax = gca;                                                   % 设置坐标系为当前坐标系
34.     labels1 = ["Policy" "Info" "Technology"];                   % 内圈文本标注
35.     text(ax,27/180 * pi,0.2,labels1(1),...
36.         'HorizontalAlignment','center',...
37.         'Rotation', - 45,'FontSize',7)
38.     text(ax,117/180 * pi,0.25,labels1(2),...
39.         'HorizontalAlignment','center',...
40.         'Rotation',18,'FontSize',7)
41.     text(ax,234/180 * pi,0.2,labels1(3),...
42.         'HorizontalAlignment','center',...
43.         'Rotation', - 36,'FontSize',7)
44.     labels2 = "Labels abcd";                                    % 外圈文本标注
45.     for i = 1:20
46.         ang = 2 * 180 * i/20 - 9;
47.         text(ax,9/180 * pi + pi/10 * (i - 1),0.5,labels2,...
48.             'Rotation',ang,'FontSize',7)
49.     end
50.
51.     hold off                                                    % 取消叠加绘图
52.     axis off                                                    % 隐藏坐标系
53.
54.     set(gcf,'PaperUnits','points','Position',[0 0 400 300])
55.     exportgraphics(gcf,'sam07_08.png','ContentType','image','Resolution',300)   % 保存为 png 文件
56.     exportgraphics(gcf,'sam07_08.pdf','ContentType','vector')   % 保存为 pdf 文件
```

[代码说明]

代码第 3、4 行和第 15～21 行为绘图数据，第 5～12 行和第 22～31 行绘制饼图和环状图，第 33～49 行绘制各扇面和环形面上的标签。

[技术要点]

polarregion 函数的功能非常强大，例 097 用它绘制了多环图，本例仍然使用该函数实现。

用 polarregion 函数绘制饼图时，各扇区半径区间的起始半径为 0；绘制环状图时，各扇形面半径区间的起始半径不为 0。

绘制多环图中各环形面的标签时要计算好各标签的显示位置和旋转角度。

饼图和环状图的着色可以直接给各扇面或环形面指定颜色，也可以通过索引从颜色查找表获取颜色进行绘制。

第 15～20 行构造环状图中各环形面的起始角和终止角数据。注意 polarregion 函数要求指定每个环形面的起始角和终止角。两个相邻的环形面，后一个的起始角实际上是前一个的终止角。除了首值和末值，中间每个角度用两次。构造数据时，下面的代码中，第 2 行截取中间各角度，第 3 行将每个角度重复两次，第 4 行再添加首值和末值，最后 2 行将向量数据重塑为 2 行 20 列的矩阵并转置该矩阵，得到每个环形面的起始角和终止角。

```
thetas0 = 0:pi/10:2 * pi;
```

```
30.         pr2(i).LineWidth = 2;
31.     end
32.
33.     ax = gca;                                               % 设置坐标系为当前坐标系
34.     labels1 = ["Policy" "Info" "Technology"];               % 内圈文本标注
35.     text(ax,27/180 * pi,0.2,labels1(1),...
36.         'HorizontalAlignment','center')
37.
38.     text(ax,117/180 * pi,0.25,labels1(2),...
39.         'HorizontalAlignment','center',...
40.         'Rotation',18,'FontSize',7)
41.     text(ax,251/180 * pi,0.2,labels1(3),...
42.         'HorizontalAlignment','center',...
43.         'Rotation',-35,'FontSize',7)
44.     labels2 = "Labels abcd";                                % 外圈文本标注
45.     for i = 1:20
46.         ang = 2 * 180 * i/20 - 9;
47.         text(ax,9/180 * pi + pi/10 * (i - 1),0.5,labels2,...
48.             'Rotation',ang,'FontSize',7)
49.     end
50.
51.     hold off                                                % 取消叠加绘图
52.     axis off                                                % 隐藏坐标系
53.
54.     set(gcf,'PaperUnits','points','Position',[0 0 400 300])
55.     exportgraphics(gcf,'sam07_08.png','ContentType','image','Resolution',300)   % 保存为 png 文件
56.     exportgraphics(gcf,'sam07_08.pdf','ContentType','vector')                   % 保存为 pdf 文件
```

[代码说明]

代码第 3、4 行和第 15～21 行为绘图数据,第 5～12 行和第 22～31 行绘制饼图和环状图,第 33～49 行绘制各扇面和环形面上的标签。

[技术要点]

polarregion 函数的功能非常强大,例 097 用它绘制了多环图,本例仍然使用该函数实现。

用 polarregion 函数绘制饼图时,各扇区半径区间的起始半径为 0;绘制环状图时,各环形面半径区间的起始半径不为 0。

绘制多环图中各环形面的标签时要计算好各标签的显示位置和旋转角度。

饼图和环状图的着色可以直接给各扇面或环形面指定颜色,也可以通过索引从颜色查找表获取颜色进行绘制。

第 15～20 行构造环状图中各环形面的起始角和终止角数据。注意 polarregion 函数要求指定每个环形面的起始角和终止角。两个相邻的环形面,后一个的起始角实际上是前一个的终止角。除了首值和末值,中间每个角度用两次。构造数据时,下面的代码中,第 2 行截取中间各角度,第 3 行将每个角度重复两次,第 4 行再添加首值和末值,最后 2 行将向量数据重塑为 2 行 20 列的矩阵并转置该矩阵,得到每个环形面的起始角和终止角。

```
11.         pr(i).EdgeColor = 'w';
12.     end
13.
14.     hold on                                              % 叠加绘图
15.     thetas0 = 0:pi/25:2 * pi;                            % 绘制外圈柱状图,准备数据
16.     thetas1 = thetas0(2:length(thetas0) - 1);
17.     thetas1 = repelem(thetas1,2);
18.     thetas1 = [0 thetas1 2 * pi];
19.     thetas2 = reshape(thetas1,2,50);
20.     thetas2 = thetas2';
21.     radii22 = rand(50,1) + 0.51 * ones(50,1);
22.     radii2 = [0.51 * ones(50,1) radii22];
23.     pr2 = polarregion(thetas2,radii2,FaceColor = 'm');   % 绘图
24.     cm = colormap;
25.     for i = 1:50                                         % 修改属性
26.         idx = round(i/50 * length(cm));
27.         if idx == 0 idx = 1;end
28.         pr2(i).FaceColor = cm(idx,:);
29.         pr2(i).FaceAlpha = 0.8;
30.         pr2(i).EdgeColor = 'w';
31.         pr2(i).LineWidth = 2;
32.     end
33.
34.     ax = gca;                                            % 设置坐标系为当前坐标系
35.     labels1 = ["Policy" "Info" "Tech" "Other"];          % 内圈文本标注
36.     text(ax,1/3 * pi,0.4,labels1(1),...
37.         'HorizontalAlignment','center',...
38.         'Rotation', - 30,'FontSize',7)
39.     text(ax,11/12 * pi,0.4,labels1(2),...
40.         'HorizontalAlignment','center',...
41.         'Rotation',80,'FontSize',7)
42.     text(ax,17/12 * pi,0.4,labels1(3),...
43.         'HorizontalAlignment','center',...
44.         'Rotation', - 15,'FontSize',7)
45.     text(ax,22/12 * pi,0.4,labels1(4),...
46.         'HorizontalAlignment','center',...
47.         'Rotation',75,'FontSize',7)
48.     for i = 1:50
49.         ang = 2 * 180 * i/50 - 3.6;
50.         text(ax,3.6/180 * pi + pi/25 * (i - 1),radii2(i,2),num2str(radii2(i,2)),...
51.             'Rotation',ang,'FontSize',7)                 % 外圈文本标注
52.     end
53.
54.     hold off                                             % 取消叠加绘图
55.     axis off                                             % 隐藏坐标系
56.
57.     set(gcf,'PaperUnits','points','Position',[0 0 400 300])
58.     exportgraphics(gcf,'sam07_09.png','ContentType','image','Resolution',300)   % 保存为 png 文件
59.     exportgraphics(gcf,'sam07_09.pdf','ContentType','vector')                   % 保存为 pdf 文件
```

[代码说明]

代码第 3、4 行和第 15～22 行为绘图数据，第 5～12 行和第 23～32 行绘制饼图和环状图，第 34～52 行绘制各环形面和柱面的标签。

[技术要点]

绘制本例的基本方法与例 099 相同，请参阅。

绘制极坐标柱状图时，各柱面半径的数据使用了随机数，所以柱面高度不一致。

# 第 8 章
# 直方图和核密度估计曲线图

直方图是基本的统计图表,它与频数分析有关。对于给定的数组,将其中的元素进行升序排列,将极差进行等间隔分割得到 $n$ 个分箱,然后统计原始数据落在各分箱的个数,根据数据个数或其他统计量绘制柱形面或长方体就得到直方图。直方图能清晰地反映数据的分布特征。核密度估计则是直方图的推广,它根据有限的样本数据,使用非参数的方法估计总体的概率密度函数,该函数的图形就是核密度估计曲线图或曲面图。

## 例 101　一元直方图

一元直方图又称为单变量直方图,是对给定的一维数组进行频数分析,统计落在每个分箱中的数据个数,然后根据数据个数的大小绘制一组矩形面。注意,矩形面之间不留空隙。图 8-1 演示了 MATLAB 能创建的各种一元直方图。

[图表效果]

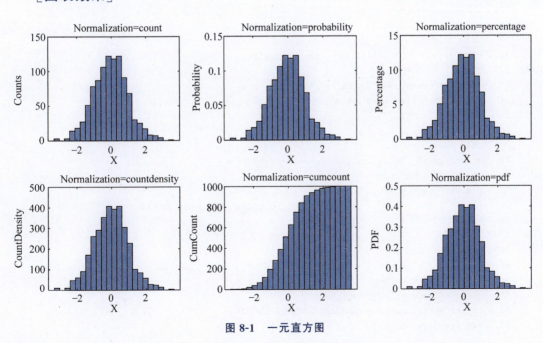

图 8-1　一元直方图

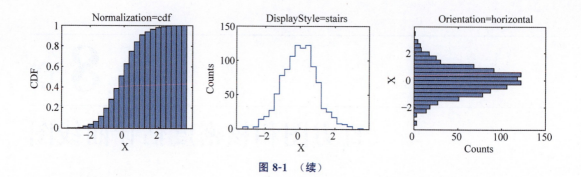

图 8-1 （续）

[代码实现]

```matlab
1.  % 一元直方图
2.  clear;close all;                              % 清空工作空间的变量,关闭所有打开的对话框
3.  tiledlayout(3,3);                             % 多图
4.  yn = randn(1000,1);                           % 绘图数据
5.
6.  ax1 = nexttile;
7.  histogram(yn);                                % 绘制直方图
8.  xlabel('X','FontSize',7)
9.  ylabel('Counts','FontSize',7)
10. title('Normalization = count','FontSize',8)
11. ax1.FontSize = 6;
12.
13. ax2 = nexttile;
14. histogram(yn,'Normalization','probability')
15. xlabel('X','FontSize',7)
16. ylabel('Probability','FontSize',7)
17. title('Normalization = probability','FontSize',8)
18. ax2.FontSize = 6;
19.
20. ax3 = nexttile;
21. histogram(yn,'Normalization','percentage')
22. xlabel('X','FontSize',7)
23. ylabel('Percentage','FontSize',7)
24. title('Normalization = percentage','FontSize',8)
25. ax3.FontSize = 6;
26.
27. ax4 = nexttile;
28. histogram(yn,'Normalization','countdensity')
29. xlabel('X','FontSize',7)
30. ylabel('CountDensity','FontSize',7)
31. title('Normalization = countdensity','FontSize',8)
32. ax4.FontSize = 6;
33.
34. ax5 = nexttile;
35. histogram(yn,'Normalization','cumcount')
36. xlabel('X','FontSize',7)
37. ylabel('CumCount','FontSize',7)
38. title('Normalization = cumcount','FontSize',8)
39. ax5.FontSize = 6;
```

```
40.
41.    ax6 = nexttile;
42.    histogram(yn,'Normalization','pdf')
43.    xlabel('X','FontSize',7)
44.    ylabel('PDF','FontSize',7)
45.    title('Normalization = pdf','FontSize',8)
46.    ax6.FontSize = 6;
47.
48.    ax7 = nexttile;
49.    histogram(yn,'Normalization','cdf')
50.    xlabel('X','FontSize',7)
51.    ylabel('CDF','FontSize',7)
52.    title('Normalization = cdf','FontSize',8)
53.    ax7.FontSize = 6;
54.
55.    ax8 = nexttile;
56.    histogram(yn,'DisplayStyle','stairs')
57.    xlabel('X','FontSize',7)
58.    ylabel('Counts','FontSize',7)
59.    title('DisplayStyle = stairs','FontSize',8)
60.    ax8.FontSize = 6;
61.
62.    ax9 = nexttile;
63.    histogram(yn,'Orientation','horizontal')
64.    xlabel('Counts','FontSize',7)
65.    ylabel('X','FontSize',7)
66.    title('Orientation = horizontal','FontSize',8)
67.    ax9.FontSize = 6;
68.
69.    set(gcf,'PaperUnits','points','Position',[0 0 650 500])
70.    exportgraphics(gcf,'sam08_01.png','ContentType','image','Resolution',300)      % 保存为 png 文件
71.    exportgraphics(gcf,'sam08_01.pdf','ContentType','vector')                      % 保存为 pdf 文件
```

[代码说明]

代码第 4 行为绘图数据，是 1000 个服从正态分布的随机数，第 6~67 行绘制各种一元直方图。

[技术要点]

MATLAB 中可以使用 histogram 函数绘制一元直方图。默认时，该函数使用各分箱中的数据个数绘制直方图，也可以使用其他统计量绘图。例如图 8-1 中前面 7 张图，就分别使用了频数、概率、百分比、频数密度、累加频数、概率密度函数和累加分布函数等统计量进行绘图。第 8 张图使用阶梯图绘制直方图，是直方图的另外一种图表样式。第 9 张图横向显示直方图。默认时，histogram 函数等间隔分隔出 20 个分箱进行频数分析，可以自己修改分箱数。

## 例 102　复合直方图

复合直方图在一幅图中用多个一元直方图表示多组数据的频数分析结果。它是多个一

元直方图的简单叠加,如图 8-2 所示。从复合直方图中可以同时看出多组数据的分布特征。注意复合直方图与后面要讲的二元直方图之间的区别。

[图表效果]

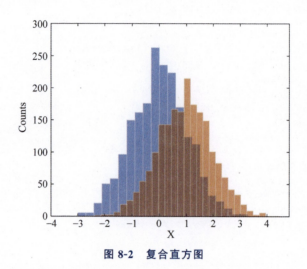

图 8-2　复合直方图

[代码实现]

```matlab
1.   %复合直方图
2.   clear;close all;                                        %清空工作空间的变量,关闭所有打开的对话框
3.   x = randn(2000,1);                                      %绘图数据
4.   y = 1 + randn(3000,1);
5.   h1 = histogram(x,'EdgeColor',[0.9 0.9 0.9],'EdgeAlpha',0.5,'FaceAlpha',0.5);     %直方图 1
6.   hold on                                                 %叠加绘图
7.   h2 = histogram(y,30,'EdgeColor',[0.9 0.9 0.9],'EdgeAlpha',0.5,'FaceAlpha',0.5);
                                                             %直方图 2
8.   xlabel('X','FontSize',7)
9.   ylabel('Counts','FontSize',7)
10.  ax = gca;                                               %设置坐标系为当前坐标系
11.  ax.FontSize = 6;                                        %修改坐标系刻度标签的字体大小
12.
13.  set(gcf,'PaperUnits','points','Position',[0 0 400 300])
14.  exportgraphics(gcf,'sam08_02.png','ContentType','image','Resolution',300)   %保存为 png 文件
15.  exportgraphics(gcf,'sam08_02.pdf','ContentType','vector')                   %保存为 pdf 文件
```

[代码说明]

代码第 3、4 行为绘图数据,第 5~7 行绘制复合直方图。

[技术要点]

本例绘制两个一元直方图组成的复合直方图,设置了柱形面的边线颜色、透明度和面的透明度,防止重叠部分被完全遮盖。

## 例 103　极坐标直方图

极坐标系中绘制的直方图称为极坐标直方图，如图 8-3 所示。极坐标直方图由扇形柱面组合而成，它用方位角控制柱面的方向和位置，用半径（频数等统计量）控制柱面的长度。

[图表效果]

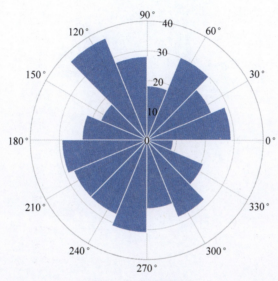

图 8-3　极坐标直方图

[代码实现]

```
1.    % 极坐标直方图
2.    clear;close all;                            % 清空工作空间的变量，关闭所有打开的对话框
3.    theta = rand(400,1) * 6;                    % 绘图数据
4.    h = polarhistogram(theta,16,'EdgeColor','w');
5.    ax = gca;                                   % 设置坐标系为当前坐标系
6.    ax.FontSize = 6;                            % 修改坐标系刻度标签的字体大小
7.
8.    set(gcf,'PaperUnits','points','Position',[0 0 400 300])
9.    exportgraphics(gcf,'sam08_03.png','ContentType','image','Resolution',300)    % 保存为 png 文件
10.   exportgraphics(gcf,'sam08_03.pdf','ContentType','vector')                    % 保存为 pdf 文件
```

[代码说明]

代码第 3 行为绘图数据，第 4 行绘制极坐标直方图。

[技术要点]

MATLAB 中用 polarhistogram 函数绘制极坐标直方图。代码第 3 行给定 400 个 0～6 的随机数，将它们的极差 16 等分，统计各分箱中的数据个数，绘制极坐标直方图。

图 8-4 所示的极坐标直方图也很常见，它给各柱面着不同的颜色。可以逐个给柱面着不同颜色，也可以利用编号、长度等数据映射颜色查找表获取颜色来给柱面着色。使用 polarhistogram 函数无法达到这种效果，本例使用万能的 polarregion 函数来实现。

[图表效果]

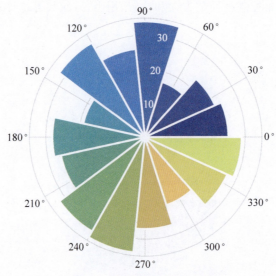

图 8-4　多色极坐标直方图

[代码实现]

```matlab
1.   % 多色极坐标直方图
2.   clear;close all;                            % 清空工作空间的变量,关闭所有打开的对话框
3.   tt = rand(400,1);                           % 绘图数据
4.   counts = hist(tt,15);                       % 每个扇区的数据个数
5.   tt0 = linspace(0,2 * pi,16);
6.   tt1 = tt0(2:15);
7.   tt2 = repelem(tt1,2);                       % 中间元素重复两次
8.   tt3 = [0 tt2 2 * pi];                       % 加上第 1 个和最后 1 个
9.   tt4 = reshape(tt3',[2 15]);                 % 重塑
10.  thetas = tt4';
11.  radii = [ones(15,1) * 0.05 counts'];        % 起始半径和终止半径
12.  pr = polarregion(thetas,radii);             % 绘制极坐标直方图
13.  cm = colormap;
14.  for i = 1:length(pr)                        % 改变属性
15.      idx = round(i/length(pr) * length(cm));
16.      pr(i).FaceColor = cm(idx,:);   % 'g';
17.      pr(i).FaceAlpha = 0.8;
18.      pr(i).LineWidth = 1.5;
19.      pr(i).EdgeColor = 'w';
20.  end
21.  ax = gca;                                   % 设置坐标系为当前坐标系
22.  ax.FontSize = 6;                            % 修改坐标系刻度标签的字体大小
23.
24.  set(gcf,'PaperUnits','points','Position',[0 0 400 300])
```

```
25.    exportgraphics(gcf,'sam08_04.png','ContentType','image','Resolution',300)    % 保存为 png 文件
26.    exportgraphics(gcf,'sam08_04.pdf','ContentType','vector')                     % 保存为 pdf 文件
27.
```

[代码说明]

代码第 3~11 行指定和构造绘图数据,第 12~20 行绘制多色极坐标直方图并修改属性。

[技术要点]

搞懂例 098 和例 099 后,很容易看懂本例的代码。例 098 有详细的介绍,请参阅。

## 例 104　一元核密度估计曲线图

核密度估计根据有限的样本数据,使用非参数的方法估计总体的概率密度函数。如果样本数据是单变量数据,则对应的概率密度函数的图形是一元核密度估计曲线图,如图 8-5 所示。

[图表效果]

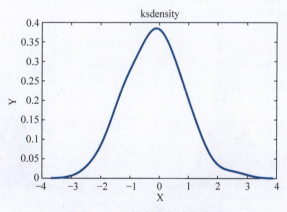

图 8-5　一元核密度估计曲线图

[代码实现]

```
1.    % 一元核密度估计曲线图
2.    clear;close all;                          % 清空工作空间的变量,关闭所有打开的对话框
3.    x = [randn(60,1)];                        % 绘图数据
4.    [f,xi] = ksdensity(x);                    % 核密度估计
5.    plot(xi,f,'LineWidth',1.5);               % 绘制核密度估计曲线图
6.    title('ksdensity','FontSize',8)           % 标题
7.    xlabel('X','FontSize',7)                  % 设置 x 轴标题
8.    ylabel('Y','FontSize',7)                  % 设置 y 轴标题
9.    ax = gca;                                 % 设置坐标系为当前坐标系
```

```
10.    ax.FontSize = 6;                                          % 修改坐标系刻度标签的字体大小
11.
12.    set(gcf,'PaperUnits','points','Position',[0 0 400 250])
13.    exportgraphics(gcf,'sam08_05.png','ContentType','image','Resolution',300)    % 保存为 png 文件
14.    exportgraphics(gcf,'sam08_05.pdf','ContentType','vector')                    % 保存为 pdf 文件
```

[代码说明]

代码第 3、4 行为绘图数据,第 5 行绘制一元核密度估计曲线图。

[技术要点]

MATLAB 中使用 ksdensity 函数和 kde 函数可以实现核密度估计,函数根据给定的单变量数据,返回一组(x,y)配对数据,基于配对数据,用 plot 函数绘制一元核密度估计曲线图。

## 例 105　颜色填充核密度估计曲线图

如果觉得图 8-5 所示的一元核密度估计曲线图比较单薄,可以用颜色将曲线与横轴之间的区域进行填充。可以是单色填充,也可以是渐变色填充,如图 8-6 所示。

[图表效果]

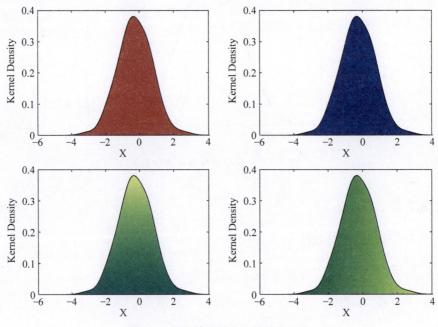

图 8-6　颜色填充核密度估计曲线图

[代码实现]

```matlab
1.  %颜色填充核密度估计曲线图
2.  clear;close all;                                      %清空工作空间的变量,关闭所有打开的对话框
3.  tiledlayout(2,2);                                     %多图
4.  d = randn(100,1);                                     %绘图数据
5.  [fp,xfp] = kde(d);                                    %核密度估计
6.  len = length(xfp);
7.  maxFp = max(fp);
8.  cs = [0.824 0.231 0.243;0.243 0.224 0.569;0.976 0.875 0.514];  %颜色
9.  colormap summer
10. ax1 = nexttile;
11. f = fill(xfp,fp,cs(1,:));                             %单色填充
12. xlabel('X','FontSize',7)
13. ylabel('Kernel Density','FontSize',7)
14. ax1.FontSize = 6;
15.
16. ax2 = nexttile;
17. f = fill(xfp,fp,cs(2,:));                             %单色填充
18. xlabel('X','FontSize',7)
19. ylabel('Kernel Density','FontSize',7)
20. ax2.FontSize = 6;
21.
22. ax3 = nexttile;
23. f = fill(xfp,fp,fp);                                  %渐变色填充,y向渐变
24. xlabel('X','FontSize',7)
25. ylabel('Kernel Density','FontSize',7)
26. ax3.FontSize = 6;
27.
28. ax4 = nexttile;
29. f = fill(xfp,fp,xfp);                                 %渐变色填充,x向渐变
30. xlabel('X','FontSize',7)
31. ylabel('Kernel Density','FontSize',7)
32. ax4.FontSize = 6;
33.
34. set(gcf,'PaperUnits','points','Position',[0 0 600 400])
35. print(gcf,['sam08_06','.png'],'-r300','-dpng')
36. print(gcf,['sam08_06','.pdf'],'-bestfit','-dpdf')
```

[代码说明]

代码第4~8行为绘图数据,第10~32行绘制颜色填充核密度估计曲线图。

[技术要点]

关于面的颜色填充,经过前面各种介绍和学习,我们知道至少有面片填充和fill函数填充两种方法。本例用fill函数进行填充。图中第一行两张图用单色进行填充,第二行用渐变色进行填充。用y轴数据实现垂直渐变色填充,用x轴数据实现水平渐变色填充。

## 例 106　复合一元核密度估计曲线图

在同一幅图中叠加绘制多个一元核密度估计曲线图，称为复合一元核密度估计曲线图，如图 8-7 所示。图中将填充面都设置成了半透明。

[图表效果]

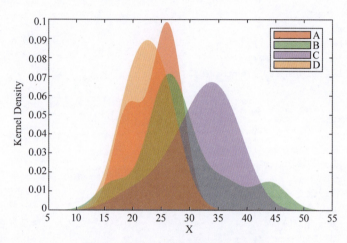

图 8-7　复合一元核密度估计曲线图

[代码实现]

```
1.  %复合一元核密度估计曲线图
2.  clear;close all;
3.  load carsmall                                    %载入数据
4.  A = rmmissing(MPG(strcmp(Origin,"France") == 1));   %对数据进行筛选，获取分组数据
5.  B = rmmissing(MPG(strcmp(Origin,"Germany") == 1));
6.  C = rmmissing(MPG(strcmp(Origin,"Italy") == 1));
7.  D = rmmissing(MPG(strcmp(Origin,"Japan") == 1));
8.  E = rmmissing(MPG(strcmp(Origin,"Sweden") == 1));
9.  F = rmmissing(MPG(strcmp(Origin,"USA") == 1));
10.
11. [fp1,xfp1] = kde(A);                             %用第 1 组数据绘制一元核密度估计曲线图
12. f1 = fill(xfp1,fp1,fp1,'FaceColor','r','FaceAlpha',0.5);
13. hold on
14. [fp2,xfp2] = kde(B);                             %用第 2 组数据绘制一元核密度估计曲线图
15. f2 = fill(xfp2,fp2,fp2,'FaceColor','g','FaceAlpha',0.5);
16. %[fp3,xfp3] = kde(C);                            %用第 3 组数据绘制一元核密度估计曲线图
17. %f3 = fill(xfp3,fp3,fp3,'FaceColor','b','FaceAlpha',0.5);
18. [fp4,xfp4] = kde(D);                             %用第 4 组数据绘制一元核密度估计曲线图
19. f4 = fill(xfp4,fp4,fp4,'FaceColor','m','FaceAlpha',0.5);
20. [fp5,xfp5] = kde(E);                             %用第 5 组数据绘制一元核密度估计曲线图
21. f5 = fill(xfp5,fp5,fp5,'FaceColor',[1 0.5 0],'FaceAlpha',0.5);
22.
23. xlabel('X','FontSize',7)
```

```
24.    ylabel('Kernel Density','FontSize',7)
25.    legend(["A" "B" "C" "D" "E"])           % 图例
26.    ax = gca;
27.    ax.FontSize = 6;
28.
29.    set(gcf,'PaperUnits','points','Position',[0 0 400 250])
30.    exportgraphics(gcf,'sam08_07.png','ContentType','image','Resolution',300)
31.    exportgraphics(gcf,'sam08_07.pdf','ContentType','vector')
```

[代码说明]

代码第 3~9 行为绘图数据,通过筛选获取各分组的数据,第 11~21 行绘制各分组数据的一元核密度估计曲线图。

[技术要点]

通过布尔索引筛选数据。

使用 kde 函数实现各分组数据的核密度估计,用 fill 函数绘制复合一元核密度估计曲线图。

## 例 107 分面核密度估计曲线图

分面核密度估计曲线图根据分组数据将核密度估计曲线图绘制在不同的坐标系中,如图 8-8 所示。

[图表效果]

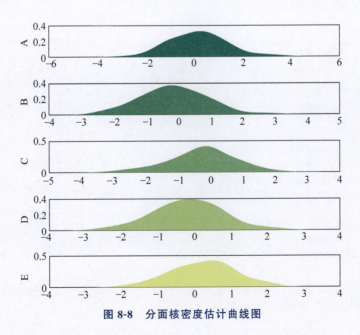

图 8-8 分面核密度估计曲线图

[代码实现]

```matlab
1.   % 分面核密度估计分面图
2.   clear;close all;                                    % 清空工作空间的变量,关闭所有打开的对话框
3.   tiledlayout(5,1);                                   % 多图
4.   mu = [0 -0.1 -0.2 -0.15 0.18];                      % 绘图数据
5.   d0 = mu + randn(100,5);
6.   cm = colormap('summer');
7.   ylabels = ['A' 'B' 'C' 'D' 'E'];
8.
9.   for i = 1:length(mu)                                % 在各自的坐标系中绘制核密度估计曲线图
10.      ax(i) = nexttile;
11.      d = d0(:,i);
12.      [fp,xfp] = kde(d);
13.      len = length(xfp);
14.      maxFp = max(fp);
15.      cs = i/length(mu);
16.      for j = 1:len
17.         xfp(j + len) = xfp(j);
18.         fp(j + len) = 0.0;
19.      end
20.      for j = 1:len * 2
21.         vert(j,1) = xfp(j);
22.         vert(j,2) = fp(j);
23.         va(j,1) = 0;
24.      end
25.      for j = 1:len
26.         vc(j,1:3) = cm(round(cs * length(cm)),:);
27.         vc(j + len,1:3) = cm(round(cs * length(cm)),:);
28.      end
29.      for j = 1:len - 1
30.         face(j,1) = j;
31.         face(j,2) = j + len;
32.         face(j,3) = j + len + 1;
33.         face(j,4) = j + 1;
34.      end
35.      p = patch('Vertices',vert,'Faces',face,'FaceVertexCData',vc,...
36.         'FaceColor','interp','EdgeColor','none');    % 绘制面片
37.
38.      box on                                          % 显示外框
39.      ylabel(ylabels(i),'FontSize',7)
40.      ax(i).XAxis.TickLength = [0 0];                 % 不显示刻度线
41.      ax(i).YAxis.TickLength = [0 0];
42.      ax(i).FontSize = 6;
43.   end
44.
45.   set(gcf,'PaperUnits','points','Position',[0 0 420 350])
46.   exportgraphics(gcf,'sam08_08.png','ContentType','image','Resolution',300)   % 保存为 png 文件
47.   exportgraphics(gcf,'sam08_08.pdf','ContentType','vector')                   % 保存为 pdf 文件
```

[代码说明]

代码第 3~7 行为绘图数据,第 9~43 行绘制分面核密度估计曲线图。

[技术要点]

本例在各坐标系中绘制分面核密度估计曲线图。

## 例 108　山脊图-单色填充核密度估计曲线图

图 8-9 所示是用核密度估计曲线图表示的山脊图。该图将一组单色填充的核密度估计曲线图绘制在同一幅图中，远远望去，有点层峦叠嶂的意思。

[图表效果]

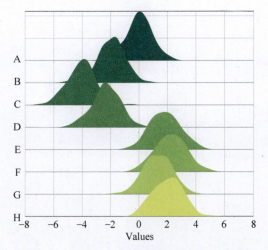

图 8-9　山脊图-单色填充核密度估计曲线图

[代码实现]

```
1.   %山脊图-单色填充核密度估计曲线图
2.   clear;close all;                              %清空工作空间的变量,关闭所有打开的对话框
3.   mu = [0 -2 -4 -2.5 1.8 2.3 1.5 2.1];          %绘图数据
4.   d0 = mu + randn(100,8);
5.   colormap summer                               %修改颜色查找表
6.   cm = colormap;                                %获取颜色矩阵
7.   ylabels = ['A' 'B' 'C' 'D' 'E' 'F' 'G' 'H']; %设置 y 轴的刻度标签
8.   ax = gca;                                     %设置坐标系为当前坐标系
9.   ym = 0.2 * length(mu);
10.  ylim(ax,[0 inf])
11.  xlim(ax,[-8 8])
12.
13.  for i = 1:length(mu)                          %绘制各核密度估计曲线图
14.      y = ym - ym/length(mu) * i;
15.      d = d0(:,i);
16.      [fp,xfp] = kde(d);                        %核密度估计
17.      len = length(xfp);
```

```
18.     maxFp = max(fp);
19.     cs = i/length(mu);
20.     for j = 1:len
21.         xfp(j + len) = xfp(j);
22.         fp(j) = y + fp(j);
23.         fp(j + len) = y;
24.     end
25.     for j = 1:len * 2
26.         vert(j,1) = xfp(j);
27.         vert(j,2) = fp(j);
28.         va(j,1) = 0.3;
29.     end
30.     for j = 1:len
31.         vc(j,1:3) = cm(round(cs * length(cm)),:);
32.         vc(j + len,1:3) = cm(round(cs * length(cm)),:);
33.     end
34.     for j = 1:len - 1
35.         face(j,1) = j;
36.         face(j,2) = j + len;
37.         face(j,3) = j + len + 1;
38.         face(j,4) = j + 1;
39.     end
40.     p = patch('Vertices',vert,'Faces',face,'FaceVertexCData',vc,...
41.         'FaceColor','interp','EdgeColor','none');          % 绘制面片
42.     line([-8 8],[y y],'Linewidth',0.25,'Color',[0.5 0.5 0.5])   % 绘制各基线
43.     text(-8.4,y,ylabels(i),'horizontalalignment','right',...
44.         'FontSize',6)                % y 轴对应刻度文本
45. end
46.
47. % alpha(0.85)
48. xlabel('Values','FontSize',7)             % 设置 x 轴标签
49. ax.FontSize = 6;                          % 修改坐标系刻度标签的字体大小
50. % ylabel('Kernel Densities')
51. ax.XAxis.TickLength = [0 0];              % x 轴刻度线长度为 0
52. ax.YAxis.Visible = 'off';                 % 不显示 y 轴
53. grid on                                   % 添加网格
54. box on                                    % 显示外框
55.
56. set(gcf,'PaperUnits','points','Position',[0 0 420 350])
57. exportgraphics(gcf,'sam08_09.png','ContentType','image','Resolution',300)   % 保存为 png 文件
58. exportgraphics(gcf,'sam08_09.pdf','ContentType','vector')    % 保存为 pdf 文件
```

[代码说明]

代码第 3~7 行为绘图数据，第 13~45 行绘制核密度估计曲线图表示的山脊图。

[技术要点]

例 105 介绍了单色填充核密度估计曲线图的绘制。这里主要是确定各图的位置，注意 $y$ 坐标的累加计算。

## 例 109　山脊图-渐变色填充核密度估计曲线图

图 8-10 所示为用渐变色填充的核密度估计曲线图表示山脊图。该图将一组渐变色填充的核密度估计曲线图绘制在同一幅图中。

[图表效果]

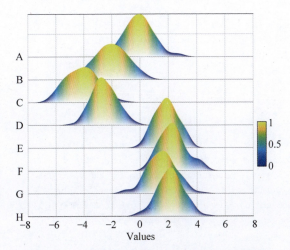

图 8-10　山脊图-渐变色填充核密度估计曲线图

[代码实现]

```
1.   %山脊图-渐变色填充核密度估计曲线图
2.   clear;close all;                          %清空工作空间的变量,关闭所有打开的对话框
3.   mu = [0 -2 -4 -2.5 1.8 2.3 1.5 2.1];      %绘图数据
4.   d0 = mu + randn(100,8);
5.   cm = colormap;                            %修改颜色查找表
6.   ylabels = ['A' 'B' 'C' 'D' 'E' 'F' 'G' 'H'];  %设置 y 轴标签
7.   ax = gca;                                 %设置坐标系为当前坐标系
8.   ym = 0.2 * length(mu);
9.   ylim(ax,[0 inf]);
10.  xlim(ax,[-8 8]);
11.
12.  for i = 1:length(mu)                      %绘制各核密度估计曲线图,渐变色填充
13.     y = ym - ym/length(mu) * i;
14.     d = d0(:,i);
15.     [fp,xfp] = kde(d);
16.     len = length(xfp);
17.     maxFp = max(fp);
18.     cs = i/length(mu);
19.     for j = 1:len
20.        xfp(j + len) = xfp(j);
21.        fp(j) = y + fp(j);
22.        fp(j + len) = y;
```

```matlab
23.     end
24.     for j = 1:len * 2
25.         vert(j,1) = xfp(j);
26.         vert(j,2) = fp(j);
27.         va(j,1) = 0.3;
28.     end
29.     for j = 1:len
30.         if round((fp(j) - y)/maxFp * length(cm)) < 1
31.             vc(j,1:3) = cm(1,:);
32.         else
33.             vc(j,1:3) = cm(round((fp(j) - y)/maxFp * length(cm)),:);
34.         end
35.         vc(j + len,1:3) = [1 1 1];
36.     end
37.     for j = 1:len - 1
38.         face(j,1) = j;
39.         face(j,2) = j + len;
40.         face(j,3) = j + len + 1;
41.         face(j,4) = j + 1;
42.     end
43.     p = patch('Vertices',vert,'Faces',face,'FaceVertexCData',vc,...
44.         'FaceColor','interp','EdgeColor','none');              % 绘制面片
45.     line([-8 8],[y y],'Linewidth',0.25,'Color',[0.5 0.5 0.5]); % 绘制各基线
46.     text(-8.4,y,ylabels(i),'horizontalalignment','right',...
47.         'FontSize',6)                                          % 获知 y 轴对应文本
48. end
49.
50. % alpha(0.85)
51. xlabel('Values','FontSize',7)
52. ax.FontSize = 6;                                               % 修改坐标系刻度标签的字体大小
53. % ylabel('Kernel Densities')
54. ax.XAxis.TickLength = [0 0];
55. ax.YAxis.Visible = 'off';
56. grid on                                                        % 添加网格
57. box on                                                         % 显示外框
58. colorbar('Position',[0.92 0.31 0.03 0.18]);                    % 显示色条
59. % camlight                                                     % 添加光照
60.
61. set(gcf,'PaperUnits','points','Position',[0 0 420 350])
62. exportgraphics(gcf,'sam08_10.png','ContentType','image','Resolution',300)  % 保存为 png 文件
63. exportgraphics(gcf,'sam08_10.pdf','ContentType','vector')                  % 保存为 pdf 文件
```

[代码说明]

代码第 3～6 行为绘图数据，第 12～48 行绘制渐变色填充核密度估计曲线图表示的山脊图。

[技术要点]

本例用面片绘制渐变色填充核密度估计曲线图。关于面片的创建，请参见例 023。

## 例 110　二元直方图

二元直方图如图 8-11 和图 8-12 所示，它用紧密排列的三维长方体表示两个变量确定的分箱中数据的个数或其他相关统计量。$x$ 方向和 $y$ 方向上分箱的个数可以指定，分箱个数不等时，长方体的长度和宽度不相等。

[图表效果]

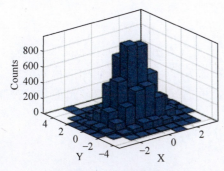 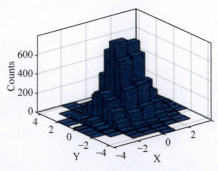

图 8-11　二元直方图 1　　　　　　　　　图 8-12　二元直方图 2

[代码实现]

```matlab
1.  %二元直方图
2.  clear;close all;                                                %清空工作空间的变量,关闭所有打开的对话框
3.  x = randn(10000,1);                                             %绘图数据
4.  y = randn(10000,1);
5.  h = histogram2(x,y,[10,10]);                                    %绘制二元直方图
6.  xlabel('X','FontSize',7)
7.  ylabel('Y','FontSize',7)
8.  zlabel('Counts','FontSize',7)
9.  ax = gca;                                                       %设置坐标系为当前坐标系
10. ax.FontSize = 6;                                                %修改坐标系刻度标签的字体大小
11.
12. set(gcf,'PaperUnits','points','Position',[0 0 300 220])
13. exportgraphics(gcf,'sam112_1.png','ContentType','image','Resolution',300)   %保存为png文件
14. exportgraphics(gcf,'sam112_1.pdf','ContentType','vector')                   %保存为pdf文件
15.
16. figure
17. h2 = histogram2(x,y,[8,15]);                                    %绘制二元直方图
18. xlabel('X','FontSize',7)
19. ylabel('Y','FontSize',7)
20. zlabel('Counts','FontSize',7)
21. ax = gca;                                                       %设置坐标系为当前坐标系
22. ax.FontSize = 6;                                                %修改坐标系刻度标签的字体大小
23.
24. set(gcf,'PaperUnits','points','Position',[0 0 300 220])
25. exportgraphics(gcf,'sam08_11.png','ContentType','image','Resolution',300)   %保存为png文件
```

```
26.    exportgraphics(gcf,'sam08_11.pdf','ContentType','vector')        %保存为pdf文件
```

[代码说明]

代码第3~4行为绘图数据，第5行和第17行绘制二元直方图。

[技术要点]

MATLAB中用histogram2函数绘制二元直方图。

## 例111  二元直方图的二维样式

二元直方图的二维样式实际上是图8-11所示的二元直方图的俯视图，如图8-13所示。图中的四边形网格实际上是两个变量的等间隔数确定的分箱，用落在分箱中的原始数据个数映射颜色查找表确定该分箱的颜色。图8-13中，分箱中数据个数越少，分箱的颜色越偏向蓝色；分箱中数据个数越大，分箱的颜色越偏向黄色。如果把一个分箱看作一个点，该图可以看作一个散点图。二元直方图的二维样式也叫分箱散点图。

[图表效果]

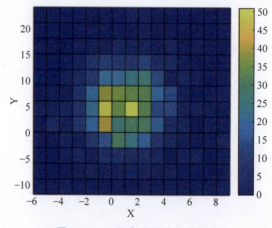

图8-13  二元直方图的二维样式

[代码实现]

```
1.    %二元直方图的二维样式
2.    clear;close all;                                          %清空工作空间的变量,关闭所有打开的对话框
3.    x = 2 * randn(1000,1) + 1;                                %绘图数据
4.    y = 5 * randn(1000,1) + 5;
5.    h = histogram2(x,y,'DisplayStyle','tile','ShowEmptyBins','on');    %tile样式二元直方图
6.    xlabel('X','FontSize',7)
7.    ylabel('Y','FontSize',7)
8.    ax = gca;                                                 %设置坐标系为当前坐标系
9.    ax.FontSize = 6;                                          %修改坐标系刻度标签的字体大小
```

```
10.     colorbar                                                    % 显示色条
11.
12.     set(gcf,'PaperUnits','points','Position',[0 0 400 300])
13.     exportgraphics(gcf,'sam08_12.png','ContentType','image','Resolution',300)   % 保存为 png 文件
14.     exportgraphics(gcf,'sam08_12.pdf','ContentType','vector')                   % 保存为 pdf 文件
```

[代码说明]

代码第 3、4 行为绘图数据，第 5 行绘制二元直方图的二维样式。

[技术要点]

用 hostogram2 函数绘制二元直方图时，将 DisplayStyle 参数的值设置为 'tile'，绘制其二维样式。

## 例 112　二元核密度估计曲面图

与一元直方图对应的有一元核密度估计曲线图，相应地，与二元直方图对应的有二元核密度估计曲面图，如图 8-14 所示。二元核密度估计是根据二元样本数据，用非参数的方法估计总体的概率密度函数，它是一个二元函数，绘制该函数的曲面图，就是核密度估计曲面图。

[图表效果]

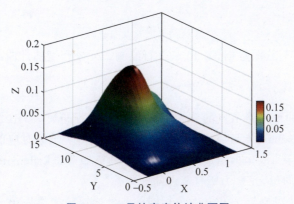

图 8-14　二元核密度估计曲面图

[代码实现]

```
1.      % 二元核密度估计曲面图
2.      clear;close all;                        % 清空工作空间的变量,关闭所有打开的对话框
3.      x0 = -0.25:0.05:1.25;                   % 绘图数据
4.      y0 = 0:.1:15;
5.      [x,y] = meshgrid(x0,y0);
6.      x1 = x(:);
7.      y1 = y(:);
```

```
8.    xi = [x1 y1];
9.    x2 = [0 + rand(30,1) 5 + 7.5 * rand(30,1)];
10.   [f,xx] = ksdensity(x2,xi);              % surf,contour,plot3,surfc,返回数据,自己绘图
11.
12.   nx = size(x);
13.   m = nx(1);n = nx(2);
14.   for i = 1:n
15.     for j = 1:m
16.       nn = m * (i - 1);
17.       Z(j,i) = f(j + nn);
18.     end
19.   end
20.   h = surf(x,y,Z,'EdgeColor','none','FaceColor','interp');          % 绘制曲面图
21.   % h = contourf(x,y,Z);           % 绘制等值线图
22.   xlabel('X','FontSize',7)
23.   ylabel('Y','FontSize',7)
24.   zlabel('Z','FontSize',7)
25.   ax = gca;                        % 设置坐标系为当前坐标系
26.   ax.FontSize = 6;                 % 修改坐标系刻度标签的字体大小
27.   box on                           % 显示外框
28.   view(3)                          % 三维视图
29.   camlight                         % 添加光照
30.   colormap jet                     % 颜色查找表
31.   cb = colorbar                    % 显示色条
32.   cb.Position = [0.92 0.3 0.03 0.2];   % 色条的位置和大小
33.
34.   set(gcf,'PaperUnits','points','Position',[0 0 400 300])
35.   exportgraphics(gcf,'sam08_13.png','ContentType','image','Resolution',300)   % 保存为 png 文件
36.   exportgraphics(gcf,'sam08_13.pdf','ContentType','vector')                    % 保存为 pdf 文件
```

[代码说明]

代码第 3~12 行为绘图数据,第 14~22 行绘制二元核密度估计曲面图。

[技术要点]

第 3~5 行计算曲面网格节点的 $x$ 坐标矩阵和 $y$ 坐标矩阵,第 10、11 行为原始二元绘图数据,第 12 行用 ksdensity 函数计算各节点处 $x$ 坐标和 $y$ 坐标对应的 $z$ 坐标。注意函数参数 xi 是一个 $x$ 坐标和 $y$ 坐标组成的 $m \times n$ 行 2 列的矩阵。ksdensity 函数返回的 f 是由 $m \times n$ 个元素组成的向量,元素为所有节点的 $z$ 坐标。

第 14~21 行将 f 写成与 $x$ 和 $y$ 大小相同的 $z$ 坐标矩阵。然后第 22 行用 surface 函数绘制 $x$、$y$、$z$ 坐标矩阵定义的曲面,就是核密度估计曲面图。

第 23 行使用 contour 或者 contourf 函数可以绘制等值线图或填充等值线图。

## 例 113 分箱散点图 1

例 111 介绍了二元直方图的二维样式就是分箱散点图。实际上,MATLAB 提供了专门绘制分箱散点图的函数 binscatter。使用该函数绘制的分箱散点图如图 8-15 所示。

[图表效果]

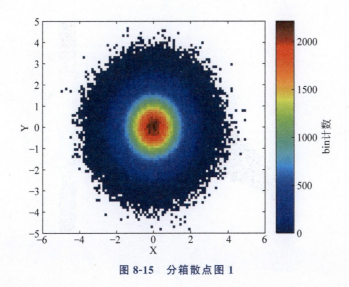

图 8-15　分箱散点图 1

[代码实现]

```
1.   % 分箱散点图 1
2.   clear;close all;                                  % 清空工作空间的变量,关闭所有打开的对话框
3.   x = randn(1e6,1);                                 % 绘图数据
4.   y = randn(1e6,1);
5.   binscatter(x,y)                                   % 绘制分箱散点图
6.   colormap jet
7.   xlabel('X','FontSize',7)
8.   ylabel('Y','FontSize',7)
9.   ax = gca;                                         % 设置坐标系为当前坐标系
10.  ax.FontSize = 6;                                  % 修改坐标系刻度标签的字体大小
11.
12.  set(gcf,'PaperUnits','points','Position',[0 0 400 300])
13.  exportgraphics(gcf,'sam08_14.png','ContentType','image','Resolution',300)    % 保存为 png 文件
14.  exportgraphics(gcf,'sam08_14.pdf','ContentType','vector')                    % 保存为 pdf 文件
```

[代码说明]

代码第 3、4 行为绘图数据,第 5 行绘制分箱散点图。

[技术要点]

MATLAB 中用 binscatter 函数绘制分箱散点图。默认情况下,图中数据个数为 0 的分箱不显示。

## 例 114　分箱散点图 2

图 8-16 用另外一组数据绘制分箱散点图,该图使用 jet 颜色查找表进行渲染。

[图表效果]

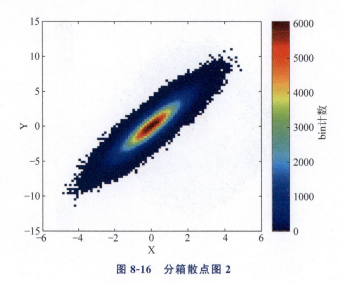

图 8-16　分箱散点图 2

[代码实现]

```matlab
1.  % 分箱散点图 2
2.  clear;close all;                              % 清空工作空间的变量,关闭所有打开的对话框
3.  x = randn(1e6,1);                             % 绘图数据
4.  y = 2 * x + randn(1e6,1);
5.  binscatter(x,y,'NumBins',80)                  % 绘制分箱散点图
6.  xlabel('X','FontSize',7)
7.  ylabel('Y','FontSize',7)
8.  ax = gca;                                     % 设置坐标系为当前坐标系
9.  ax.FontSize = 6;                              % 修改坐标系刻度标签的字体大小
10. colormap jet
11. box on                                        % 显示外框
12.
13. % set(gcf,'PaperUnits','points','Position',[0 0 300 220])
14. exportgraphics(gcf,'sam08_15.png','ContentType','image','Resolution',300)   % 保存为 png 文件
15. exportgraphics(gcf,'sam08_15.pdf','ContentType','vector')                    % 保存为 pdf 文件
```

[代码说明]

代码第 3、4 行为绘图数据,第 5 行绘制分箱散点图。

[技术要点]

第 5 行用 binscatter 函数绘制分箱散点图,设置两个方向上的分箱数都是 80。第 10 行设置颜色查找表为 jet。

## 例 115　分箱散点图 3

图 8-17 在分箱散点图的基础上叠加了原始数据的散点图。

[图表效果]

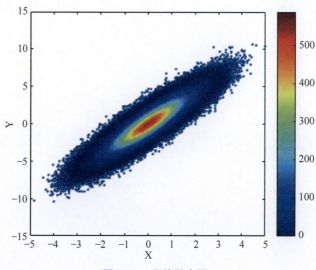

图 8-17　分箱散点图 3

[代码实现]

```matlab
1.   % 分箱散点图 3
2.   clear;close all;                                    % 清空工作空间的变量,关闭所有打开的对话框
3.   x = randn(1e6,1);                                   % 绘图数据
4.   y = 2 * x + randn(1e6,1);
5.   scatter(x,y,'filled','SizeData',5)                  % 绘制散点图
6.   hold on                                             % 叠加绘图
7.   binscatter(x,y,'NumBins',250)                       % 绘制分箱散点图
8.   xlabel('X','FontSize',7)
9.   ylabel('Y','FontSize',7)
10.  ax = gca;                                           % 设置坐标系为当前坐标系
11.  ax.FontSize = 6;                                    % 修改坐标系刻度标签的字体大小
12.  colormap jet                                        % 颜色查找表
13.  colorbar                                            % 显示色条
14.  box on                                              % 显示外框
15.
16.  set(gcf,'PaperUnits','points','Position',[0 0 400 300])
17.  exportgraphics(gcf,'sam08_16.png','ContentType','image','Resolution',300)   % 保存为 png 文件
18.  exportgraphics(gcf,'sam08_16.pdf','ContentType','vector')                   % 保存为 pdf 文件
```

[代码说明]

代码第 3、4 行为绘图数据,第 5～7 行绘制分箱散点图和原始数据的散点图。

[技术要点]

用 binscatter 函数绘制分箱散点图,分箱数设置得大一些。用 scatter 函数绘制原始数据的散点图。

# 第 9 章 散点图

散点图是常见的统计图表,图中散点的坐标用两个或三个数值型变量定义。如果有多个分组,可以用不同颜色、类型、大小的标记进行区分,或者分面表示。散点图可以用于探查变量之间的相关关系。

## 例 116　简单二维散点图

简单二维散点图利用两组大小相同的向量数据绘制点集,如图 9-1 所示。简单二维散点图主要用于探查两组数据之间的相关关系。

[图表效果]

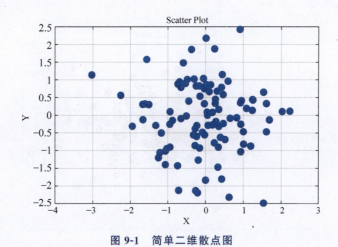

图 9-1　简单二维散点图

[代码实现]

```
1.    % 简单二维散点图
2.    clear;close all;                    % 清空工作空间的变量,关闭所有打开的对话框
3.    x = randn(100,1);                   % 绘图数据
4.    y = randn(100,1);
5.    sz = 40;
```

```
6.    scatter(x,y,sz,'filled')                    % 绘制散点图
7.    title('Scatter Plot','FontSize',8)          % 标题
8.    xlabel('X','FontSize',7)
9.    ylabel('Y','FontSize',7)
10.   ax = gca;                                   % 设置坐标系为当前坐标系
11.   ax.FontSize = 6;                            % 修改坐标系刻度标签的字体大小
12.   box on                                      % 显示外框
13.   grid on                                     % 添加网格
14.
15.   set(gcf,'PaperUnits','points','Position',[0 0 400 250])
16.   exportgraphics(gcf,'sam09_01.png','ContentType','image','Resolution',300)   % 保存为 png 文件
17.   exportgraphics(gcf,'sam09_01.pdf','ContentType','vector')                   % 保存为 pdf 文件
```

[代码说明]

代码第 3~5 行为绘图数据，第 6 行绘制简单二维散点图。

[技术要点]

MATLAB 中用 scatter 函数绘制简单二维散点图。

## 例 117 复合二维散点图

复合二维散点图在同一幅图中绘制多个简单二维散点图，如图 9-2 所示。

[图表效果]

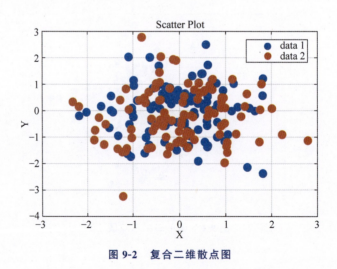

图 9-2 复合二维散点图

[代码实现]

```
1.    % 复合二维散点图
2.    clear;close all;                            % 清空工作空间的变量，关闭所有打开的对话框
3.    x = randn(100,2);                           % 绘图数据
```

```
4.    y = randn(100,2);
5.    sz = 50;
6.    scatter(x,y,sz,'filled')                % 绘制复合散点图
7.    title('Scatter Plot','FontSize',8)      % 标题
8.    xlabel('X','FontSize',7)
9.    ylabel('Y','FontSize',7)
10.   ax = gca;                               % 设置坐标系为当前坐标系
11.   ax.FontSize = 6;                        % 修改坐标系刻度标签的字体大小
12.   box on                                  % 显示外框
13.   grid on                                 % 添加网格
14.   legend                                  % 显示图例
15.
16.   set(gcf,'PaperUnits','points','Position',[0 0 400 250])
17.   exportgraphics(gcf,'sam09_02.png','ContentType','image','Resolution',300)   % 保存为 png 文件
18.   exportgraphics(gcf,'sam09_02.pdf','ContentType','vector')                   % 保存为 pdf 文件
```

[代码说明]

代码第 3～5 行为绘图数据，第 6 行绘制复合二维散点图。

[技术要点]

用 scatter 函数绘制复合二维散点图，注意 x 和 y 都是大小相同的矩阵数据。scatter 函数用矩阵对应列的数据绘制复合散点图中的简单散点图。

## 例 118　二维标签散点图

经常见到如图 9-3 所示的二维标签散点图，图中用散点表示某个变量分类值对应的数据，并且用文本标注该散点。图中散点不能太密集，否则文本会出现重叠，影响查看。

[图表效果]

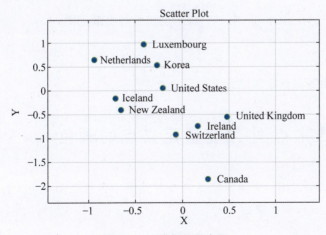

图 9-3　二维标签散点图

[代码实现]

```matlab
1.  % 二维标签散点图
2.  clear;close all;                                          % 清空工作空间的变量,关闭所有打开的对话框
3.  x = randn(10,1);                                          % 绘图数据
4.  y = randn(10,1);
5.  labels = ["United States" "Canada" "New Zealand" "United Kingdom" "Switzerland" ...
6.           "Netherlands" "Ireland" "Korea" "Luxembourg" "Iceland"];    % 点标签
7.  sz = 40;
8.  scatter(x,y,sz,'filled','MarkerEdgeColor','g','SizeData',20)         % 散点图
9.  text(x + 0.1 * ones(10,1),y,labels,"FontSize",7)                     % 绘制点标签
10.
11. minX = min(x);maxX = max(x);
12. minY = min(y);maxY = max(y);
13. xlim([minX - 0.5 maxX + 1])                               % 设置 x 轴的取值范围
14. ylim([minY - 0.5 maxY + 0.5])                             % 设置 y 轴的取值范围
15.
16. title('Scatter Plot','FontSize',8)                        % 标题
17. xlabel('X','FontSize',7)
18. ylabel('Y','FontSize',7)
19. ax = gca;                                                 % 设置坐标系为当前坐标系
20. ax.FontSize = 6;                                          % 修改坐标系刻度标签的字体大小
21. box on                                                    % 显示外框
22. grid on                                                   % 添加网格
23.
24. set(gcf,'PaperUnits','points','Position',[0 0 400 250])
25. exportgraphics(gcf,'sam09_03.png','ContentType','image','Resolution',300)  % 保存为 png 文件
26. exportgraphics(gcf,'sam09_03.pdf','ContentType','vector')                  % 保存为 pdf 文件
```

[代码说明]

代码第 3~7 行为绘图数据,第 8、9 行绘制二维标签散点图。

[技术要点]

用 text 函数给各散点添加标签。

## 例 119  二维散点图-用变量定义点的颜色

如图 9-4 所示,可以用一个变量定义二维散点图中各散点的颜色。各点的颜色根据该变量的值映射颜色查找表获取。

[图表效果]

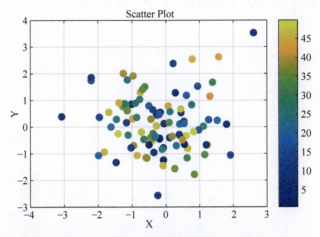

图 9-4　二维散点图-用变量定义点的颜色

[代码实现]

```
1.   % 二维散点图 - 用变量定义点的颜色
2.   clear;close all;                                  % 清空工作空间的变量,关闭所有打开的对话框
3.   x = randn(100,1);                                 % 绘图数据
4.   y = randn(100,1);
5.   c = rand(100,1) * 50;
6.   scatter(x,y,[],c,'filled')                        % 绘制散点图
7.   title('Scatter Plot','FontSize',8)                % 标题
8.   xlabel('X','FontSize',7)
9.   ylabel('Y','FontSize',7)
10.  ax = gca;                                         % 设置坐标系为当前坐标系
11.  ax.FontSize = 6;                                  % 修改坐标系刻度标签的字体大小
12.  box on                                            % 显示外框
13.  grid on                                           % 添加网格
14.  colorbar                                          % 显示色条
15.
16.  set(gcf,'PaperUnits','points','Position',[0 0 400 250])
17.  exportgraphics(gcf,'sam09_04.png','ContentType','image','Resolution',300)   % 保存为 png 文件
18.  exportgraphics(gcf,'sam09_04.pdf','ContentType','vector')                   % 保存为 pdf 文件
```

[代码说明]

代码第 3~5 行为绘图数据,第 6 行绘制颜色变化的二维散点图。

[技术要点]

代码第 5 行用 c 变量定义 100 个值为 0~50 的随机数组成的向量,向量的大小与散点个数相同。scatter 函数将该变量的值归一化后映射颜色查找表中的颜色作为各散点的颜色,并且自动修改色条的标签。

## 例 120　二维散点图-用变量定义点的大小

例 119 用一个变量定义散点图中各散点的颜色,图 9-5 用一个变量定义散点的大小。

[图表效果]

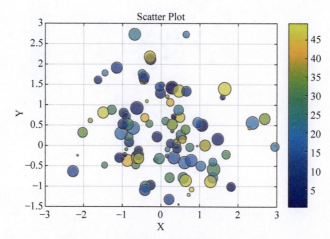

图 9-5　二维散点图-用变量定义点的大小

[代码实现]

```matlab
1.  %二维散点图 - 用变量定义点的大小
2.  clear;close all;                              %清空工作空间的变量,关闭所有打开的对话框
3.  x = randn(100,1);                             %绘图数据
4.  y = randn(100,1);
5.  sz = rand(100,1) * 120;
6.  c = rand(100,1) * 50;
7.  h = scatter(x,y,sz,c,'filled','MarkerFaceAlpha',0.7,...
8.      'MarkerEdgeColor',[0.3 0.3 0.3]);         %绘制散点图
9.  title('Scatter Plot','FontSize',8)            %标题
10. xlabel('X','FontSize',7)
11. ylabel('Y','FontSize',7)
12. ax = gca;                                     %设置坐标系为当前坐标系
13. ax.FontSize = 6;                              %修改坐标系刻度标签的字体大小
14. box on                                        %显示外框
15. grid on                                       %添加网格
16. colorbar                                      %显示色条
17.
18. set(gcf,'PaperUnits','points','Position',[0 0 400 250])
19. exportgraphics(gcf,'sam09_05.png','ContentType','image','Resolution',300)   %保存为png文件
20. exportgraphics(gcf,'sam09_05.pdf','ContentType','vector')                   %保存为pdf文件
```

[代码说明]

代码第 3~6 行为绘图数据,第 7、8 行绘制大小变化的二维散点图。

[技术要点]

第 5 行用 sz 变量定义散点图中各散点的大小。绘制散点时设置散点的内部区域为半透明。

## 例 121　气泡图

气泡图可看作散点图的一种。图中各气泡的颜色和大小都可以由指定变量进行控制,如图 9-6 和图 9-7 所示。气泡图中的气泡比散点图中的散点更大,默认时气泡是半透明的。

[图表效果]

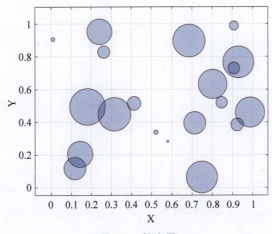

图 9-6　气泡图

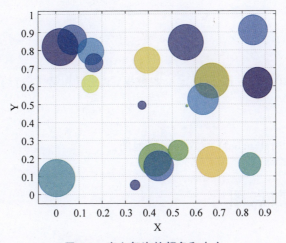

图 9-7　定义气泡的颜色和大小

[代码实现]

```matlab
1.   % 气泡图
2.   clear;close all;                           % 清空工作空间的变量,关闭所有打开的对话框
3.   x = rand(20,1);                            % 绘图数据
4.   y = rand(20,1);
5.   sz = rand(20,1);
6.   bubblechart(x,y,sz,'r')                    % 气泡图
7.   xlabel('X')
8.   ylabel('Y')
9.   box on                                     % 显示外框
10.  grid on                                    % 添加网格
11.
12.  figure
13.  x = rand(20,1);                            % 绘图数据
14.  y = rand(20,1);
15.  sz = rand(20,1);
16.  c = rand(20,1);
17.  bubblechart(x,y,sz,c)                      % 气泡图,变量定义颜色和大小
18.  xlabel('X')
19.  ylabel('Y')
20.  box on                                     % 显示外框
21.  grid on                                    % 添加网格
22.
23.  figure
24.  x = rand(20,1);                            % 绘图数据
25.  y = rand(20,1);
26.  sz = rand(20,1);
27.  bubblechart(x,y,sz,'MarkerFaceAlpha',0.3,...
28.      'MarkerEdgeColor',[0.5 0 0.5])         % 气泡图
29.  xlabel('X')
30.  ylabel('Y')
31.  box on                                     % 显示外框
32.  grid on                                    % 添加网格
```

[代码说明]

代码第 3~5 行和第 13~16 行指定绘图数据,第 6 行和第 17 行绘制气泡图。

[技术要点]

MATLAB 中用 bubblechart 函数绘制气泡图。

## 例 122　抖动散点图

如果图表是分类图表,即图表的 $x$ 轴是分类轴,绘制 $x$ 轴各分类的散点时它们往往成一条直线,如图 9-8(a)所示,其中很多点出现重叠。为了避免重叠,以便能更清晰地查看散点的分布,将各分类对应的散点在水平方向上在指定的范围内进行抖动。按照随机规则进

行抖动时,称为抖动散点图,如图 9-8(b)所示。对比其图 9-8(a),可以看出二者之间的差异。抖动散点图也可以水平方向绘制,如图 9-8(c)所示。

图 9-8(a)~图 9-8(c)中的数据是根据分类变量对某数值向量进行分组后用各组的数据子集绘制的,图 9-8(d)则是直接生成随机数矩阵和向量绘制的,每组散点有颜色区分,是复合抖动散点图。

[图表效果]

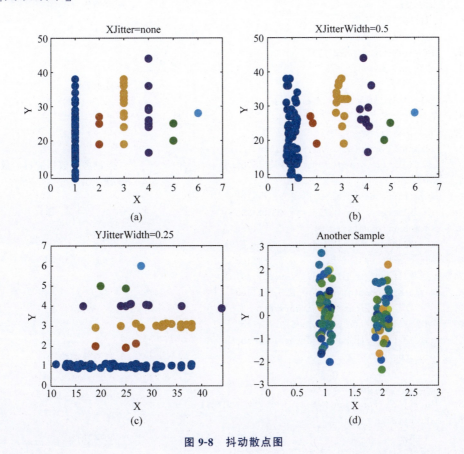

图 9-8  抖动散点图

[代码实现]

```matlab
1.   % 抖动散点图
2.   clear;close all;                              % 清空工作空间的变量,关闭所有打开的对话框
3.   tiledlayout(2,2);                             % 多图
4.   load carsmall                                 % 载入数据
5.   A = MPG(strcmp(Origin,"USA") == 1);           % 筛选数据
6.   B = MPG(strcmp(Origin,"France") == 1);
7.   C = MPG(strcmp(Origin,"Japan") == 1);
8.   D = MPG(strcmp(Origin,"Germany") == 1);
9.   E = MPG(strcmp(Origin,"Sweden") == 1);
10.  F = MPG(strcmp(Origin,"Italy") == 1);
11.
```

```
12.    ax1 = nexttile;
13.    swarmchart(ones(size(A)),A,'filled','XJitter','none')      % 绘制各组数据的抖动散点图
14.    hold on                                                    % 叠加绘图
15.    swarmchart(ones(size(B)) * 2,B,'filled','XJitter','none')
16.    swarmchart(ones(size(C)) * 3,C,'filled','XJitter','none')
17.    swarmchart(ones(size(D)) * 4,D,'filled','XJitter','none')
18.    swarmchart(ones(size(E)) * 5,E,'filled','XJitter','none')
19.    swarmchart(ones(size(F)) * 6,F,'filled','XJitter','none')
20.    hold off                                                   % 取消叠加绘图
21.    xlim([0 7])
22.    xlabel('X','FontSize',7)
23.    ylabel('Y','FontSize',7)
24.    ax1.FontSize = 6;
25.    box on                                                     % 显示外框
26.    title('XJitter = none','FontSize',8)
27.
28.    ax2 = nexttile;
29.    swarmchart(ones(size(A)),A,'filled',...
30.        'XJitter','rand','xjitterwidth',0.5)                   % 绘制各组数据的抖动散点图
31.    hold on                                                    % 叠加绘图
32.    swarmchart(ones(size(B)) * 2,B,'filled',...
33.        'XJitter','rand','xjitterwidth',0.5)
34.    swarmchart(ones(size(C)) * 3,C,'filled',...
35.        'XJitter','rand','xjitterwidth',0.5)
36.    swarmchart(ones(size(D)) * 4,D,'filled',...
37.        'XJitter','rand','xjitterwidth',0.5)
38.    swarmchart(ones(size(E)) * 5,E,'filled',...
39.        'XJitter','rand','xjitterwidth',0.5)
40.    swarmchart(ones(size(F)) * 6,F,'filled',...
41.        'XJitter','rand','xjitterwidth',0.5)
42.    hold off                                                   % 取消叠加绘图
43.    xlim([0 7])
44.    xlabel('X','FontSize',7)
45.    ylabel('Y','FontSize',7)
46.    ax2.FontSize = 6;
47.    box on                                                     % 显示外框
48.    title('XJitterWidth = 0.5','FontSize',8)
49.
50.    ax3 = nexttile;
51.    swarmchart(A,ones(size(A)),'filled',...
52.        'YJitter','rand','Yjitterwidth',0.25)                  % 绘制各组数据的抖动散点图
53.    hold on                                                    % 叠加绘图
54.    swarmchart(B,ones(size(B)) * 2,'filled',...
55.        'YJitter','rand','Yjitterwidth',0.25)
56.    swarmchart(C,ones(size(C)) * 3,'filled',...
57.        'YJitter','rand','Yjitterwidth',0.25)
58.    swarmchart(D,ones(size(D)) * 4,'filled',...
59.        'YJitter','rand','Yjitterwidth',0.25)
60.    swarmchart(E,ones(size(E)) * 5,'filled',...
61.        'YJitter','rand','Yjitterwidth',0.25)
62.    swarmchart(F,ones(size(F)) * 6,'filled',...
```

```
63.         'YJitter','rand','Yjitterwidth',0.25)
64.     hold off                                        % 取消叠加绘图
65.     ylim([0 7])
66.     xlim([10 Inf])
67.     xlabel('X','FontSize',7)
68.     ylabel('Y','FontSize',7)
69.     ax3.FontSize = 6;
70.     box on                                          % 显示外框
71.     title('YJitterWidth = 0.25','FontSize',8)
72.
73.     ax4 = nexttile;
74.     tbl = table(randi(2,100,1),randn(100,1),randn(100,1), ...
75.         'VariableNames',{'X','Y','Colors'});
76.     s = swarmchart(tbl,'X','Y','filled','ColorVariable','Colors',...
77.         'XJitter','rand','XJitterWidth',0.25);      % 绘制抖动散点图
78.     xlim([0 3])
79.     xlabel('X','FontSize',7)
80.     ylabel('Y','FontSize',7)
81.     ax4.FontSize = 6;
82.     box on                                          % 显示外框
83.     title('Another Sample','FontSize',8)
84.
85.     set(gcf,'PaperUnits','points','Position',[0 0 600 420])
86.     exportgraphics(gcf,'sam09_07.png','ContentType','image','Resolution',300)   % 保存为 png 文件
87.     exportgraphics(gcf,'sam09_07.pdf','ContentType','vector')                   % 保存为 pdf 文件
```

[代码说明]

代码第 4~10 行和第 74、75 行为绘图数据,第 12~71 行和第 76~78 行绘制各抖动散点图。

[技术要点]

MATLAB 中用 swarmchart 函数绘制抖动散点图。使用该函数绘图时,指定 XJitter 或 YJitter 参数的值为'rand',绘制抖动散点图。可以用 XJitterWidth 或 YJitterWidth 参数指定抖动宽度。

代码第 5~10 行根据分类变量 Origin 对 MPG 变量的数据进行筛选。

## 例 123 蜂巢散点图

例 122 介绍了 MATLAB 中使用 swarmchart 函数绘制抖动散点图,设置该函数的 XJitter 或 YJitter 参数的值为'rand'时,绘制抖动散点图;值为'density'时,绘制蜂巢散点图,如图 9-9 所示。蜂巢散点图按核密度估计曲线图的形状抖动散点。图 9-9(a)为简单蜂巢散点图,图 9-9(b)为复合蜂巢散点图,用变量控制散点的颜色。

[图表效果]

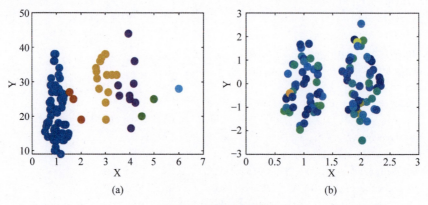

图 9-9 蜂巢散点图

[代码实现]

```matlab
1.  %蜂巢散点图
2.  clear;close all;                                  %清空工作空间的变量,关闭所有打开的对话框
3.  tiledlayout(2,2);                                 %多图
4.  load carsmall                                     %载入数据
5.  A = MPG(strcmp(Origin,"USA") == 1);               %筛选数据
6.  B = MPG(strcmp(Origin,"France") == 1);
7.  C = MPG(strcmp(Origin,"Japan") == 1);
8.  D = MPG(strcmp(Origin,"Germany") == 1);
9.  E = MPG(strcmp(Origin,"Sweden") == 1);
10. F = MPG(strcmp(Origin,"Italy") == 1);
11.
12. ax1 = nexttile;
13. swarmchart(ones(size(A)),A,'filled',...
14.     'XJitter','density','xjitterwidth',1)         %绘制各组数据的蜂巢散点图
15. hold on                                           %叠加绘图
16. swarmchart(ones(size(B)) * 2,B,'filled',...
17.     'XJitter','density','xjitterwidth',1)
18. swarmchart(ones(size(C)) * 3,C,'filled',...
19.     'XJitter','density','xjitterwidth',1)
20. swarmchart(ones(size(D)) * 4,D,'filled',...
21.     'XJitter','density','xjitterwidth',1)
22. swarmchart(ones(size(E)) * 5,E,'filled',...
23.     'XJitter','density','xjitterwidth',1)
24. swarmchart(ones(size(F)) * 6,F,'filled',...
25.     'XJitter','density','xjitterwidth',1)
26. hold off                                          %取消叠加绘图
27. xlim([0 7])
28. xlabel('X','FontSize',7)
29. ylabel('Y','FontSize',7)
30. ax1.FontSize = 6;
31. box on                                            %显示外框
32.
33. ax2 = nexttile;
```

```
34.    tbl = table(randi(2,100,1),randn(100,1),randn(100,1), ...
35.        'VariableNames',{'X','Y','Colors'});
36.    s = swarmchart(tbl,'X','Y','filled','ColorVariable','Colors',...
37.        'XJitter','density','XJitterWidth',0.8);    % 绘制蜂巢散点图
38.    xlim([0 3])
39.    xlabel('X','FontSize',7)
40.    ylabel('Y','FontSize',7)
41.    ax2.FontSize = 6;
42.    box on                                          % 显示外框
43.
44.    set(gcf,'PaperUnits','points','Position',[0 0 600 400])
45.    print(gcf,['sam09_08','.png'],'-r300','-dpng')
46.    print(gcf,['sam09_08','.pdf'],'-bestfit','-dpdf')
```

[代码说明]

代码第 4～10 行和第 34、35 行为绘图数据，第 12～25 行和第 36、37 行绘制蜂巢散点图。

[技术要点]

MATLAB 用 swarmchart 函数绘制蜂巢散点图，设置该函数的 XJitter 或 YJitter 参数的值为'density'时，绘制蜂巢散点图。可以用 XJitterWidth 或 YJitterWidth 参数指定抖动宽度。

## 例 124　分区蜂巢散点图

图 9-10 所示为用不同背景色和不同颜色对一组蜂巢散点图分区。

[图表效果]

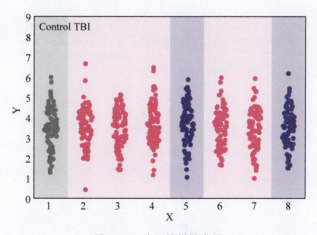

图 9-10　分区蜂巢散点图

[代码实现]

```matlab
1.   % 分区蜂巢散点图
2.   clear;close all;                              % 清空工作空间的变量,关闭所有打开的对话框
3.   x = 1:8;                                      % 绘图数据
4.   data = 3.5 + randn(80,8);
5.
6.   rectangle('Position',[0 0 1.5 9],...
7.       'FaceColor',[0.9 0.9 0.9],...
8.       'EdgeColor','none')                       % 用矩形绘制背景
9.   rectangle('Position',[1.5 0 3 9],...
10.      'FaceColor',[1 0.94 0.99],...
11.      'EdgeColor','none')
12.  rectangle('Position',[4.5 0 1 9],...
13.      'FaceColor',[0.91 0.85 0.93],...
14.      'EdgeColor','none')
15.  rectangle('Position',[5.5 0 2 9],...
16.      'FaceColor',[1 0.94 0.99],...
17.      'EdgeColor','none')
18.  rectangle('Position',[7.5 0 1.5 9],...
19.      'FaceColor',[0.91 0.85 0.93],...
20.      'EdgeColor','none')
21.
22.  text(0.6,8.5,"Control","FontSize",7)          % 绘制标注文本
23.  text(1.6,8.5,"TBI","FontSize",7)
24.
25.  rectangle('Position',[0.5 0 8 9])             % 绘制外框
26.
27.  hold on                                       % 叠加绘图
28.
29.  for i = 1:length(x)                           % 绘制各分区的蜂巢散点图
30.      if i == 1
31.          swarmchart(i*ones(size(data(:,i))),data(:,i),'filled',...
32.              'XJitter','density','xjitterwidth',0.4,...
33.              'MarkerFaceColor',[0.5 0.5 0.5],'SizeData',12,...
34.              'MarkerEdgeColor',[0.5 0.5 0.5])
35.      elseif i > 1 && i < 5 || i > 5 && i < 8
36.          swarmchart(i*ones(size(data(:,i))),data(:,i),'filled',...
37.              'XJitter','density','xjitterwidth',0.4,...
38.              'MarkerFaceColor',[1 0.2 0.6],'SizeData',12,...
39.              'MarkerEdgeColor',[1 0.2 0.6])
40.      elseif i == 5 || i == 8
41.          swarmchart(i*ones(size(data(:,i))),data(:,i),'filled',...
42.              'XJitter','density','xjitterwidth',0.4,...
43.              'MarkerFaceColor',[0.64 0.09 0.98],'SizeData',12,...
44.              'MarkerEdgeColor',[0.64 0.09 0.98])
45.      end
46.  end
47.
48.  hold off                                      % 取消叠加绘图
49.  xlim([0.5 8.5])
50.  ylim([0 9])
51.  xlabel('X','FontSize',7)
52.  ylabel('Y','FontSize',7)
53.  ax = gca;                                     % 设置坐标系为当前坐标系
```

```
54.     ax.FontSize = 6;                              % 修改坐标系刻度标签的字体大小
55.     box on                                        % 显示外框
56.     hold off                                      % 取消叠加绘图
57.
58.     set(gcf,'PaperUnits','points','Position',[0 0 400 250])
59.     exportgraphics(gcf,'sam09_09.png','ContentType','image','Resolution',300)   % 保存为 png 文件
60.     exportgraphics(gcf,'sam09_09.pdf','ContentType','vector')                   % 保存为 pdf 文件
```

[代码说明]

代码第 3、4 行为绘图数据,第 6~23 行绘制背景色和文本标注,第 27~46 行绘制各蜂巢散点图。

[技术要点]

用 rectangle 函数连续绘制矩形区域作为背景,用 swarmchart 函数绘制各蜂巢散点图。注意,绘制时根据蜂巢散点图的编号给它们着不同的颜色。

## 例 125　复合散点图叠加等概椭圆

经常看到有的二维散点图上添加了一个椭圆,如图 9-11 所示。这个椭圆统计上称为等概椭圆,或者叫置信椭圆。95% 等概椭圆表示图中至少有 95% 的同色散点落在椭圆内。绘制椭圆时,需要确定椭圆的圆心、长短轴的方向和长度。

[图表效果]

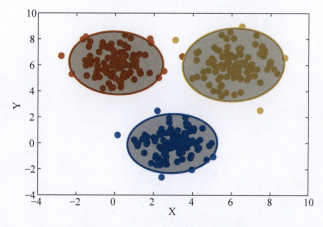

图 9-11　复合散点图叠加等概椭圆

[代码实现]

```
1.    % 复合散点图叠加等概椭圆
2.    clear;close all;                              % 清空工作空间的变量,关闭所有打开的对话框
3.    x = randn(100,3);                             % 绘图数据
```

```matlab
4.    y = randn(100,3);
5.    x(:,1) = x(:,1) + 3;
6.    x(:,3) = x(:,3) + 6;
7.    y(:,2) = y(:,2) + 6;
8.    y(:,3) = y(:,3) + 6;
9.    sz = 30;
10.   h1 = scatter(x(:,1),y(:,1),sz,'filled');    % 绘制散点图
11.   hold on                                      % 叠加绘图
12.   h2 = scatter(x(:,2),y(:,2),sz,'filled');    % 绘制散点图
13.   h3 = scatter(x(:,3),y(:,3),sz,'filled');    % 绘制散点图
15.   drawellipse(x(:,1),y(:,1),h1.CData(1,:))    % 绘制点集的95%圆
16.   drawellipse(x(:,2),y(:,2),h2.CData(1,:))    % 绘制点集的95%圆
17.   drawellipse(x(:,3),y(:,3),h3.CData(1,:))    % 绘制点集的95%圆
18.   hold off                                     % 取消叠加绘图
19.
20.   xlabel('X','FontSize',7)
21.   ylabel('Y','FontSize',7)
22.   ax = gca;                                    % 设置坐标系为当前坐标系
23.   ax.FontSize = 6;                             % 修改坐标系刻度标签的字体大小
24.   box on                                       % 显示外框
25.
26.   set(gcf,'PaperUnits','points','Position',[0 0 400 250])
27.   exportgraphics(gcf,'sam09_10.png','ContentType','image','Resolution',300)   % 保存为png文件
28.   exportgraphics(gcf,'sam09_10.pdf','ContentType','vector')                    % 保存为pdf文件
29.
30.   function drawellipse(X,Y,c)
31.       % 绘制给定点集(X,Y)的95%置信椭圆,c指定颜色
32.       data = [X,Y];
33.
34.       % 计算均值和协方差矩阵
35.       mu = mean(data);
36.       C = cov(data);
37.
38.       % 计算95%置信椭圆
39.       confidence_level = 0.95;
40.       alpha = 1 - confidence_level;
41.       [V,D] = eig(C);
42.       a = sqrt(chi2inv(confidence_level,2) * D(1,1));
43.       b = sqrt(chi2inv(confidence_level,2) * D(2,2));
44.
45.       % 绘制置信椭圆
46.       hold on                                                                   % 叠加绘图
47.       theta = linspace(0,2 * pi,100);
48.       ellipse_x = mu(1) + a * cos(theta) * V(1,1) + b * sin(theta) * V(1,2);
49.       ellipse_y = mu(2) + a * cos(theta) * V(2,1) + b * sin(theta) * V(2,2);
50.       plot(ellipse_x,ellipse_y,'Color',c,'LineWidth',1.5);
51.
52.       verts(1,1) = mu(1);verts(1,2) = mu(2);
53.       for i = 1:length(ellipse_x)
54.           verts(i + 1,1) = ellipse_x(i);
55.           verts(i + 1,2) = ellipse_y(i);
56.       end
57.       for i = 1:length(ellipse_x) - 1
58.           vert = [verts(1,1),verts(1,2);verts(i + 1,1),...
59.                   verts(i + 1,2);verts(i + 2,1),verts(i + 2,2)];
60.           face = [1 2 3];
61.           vc = repmat(c,size(face'));
```

```
62.        p = patch('Faces',face,'Vertices',vert,'FaceVertexCData',vc,'FaceColor','interp');
63.        p.EdgeColor = 'none';
64.        p.FaceAlpha = 0.3;                                      % 半透明
65.    end
66. end
```

[代码说明]

代码第 3~9 行为绘图数据,第 10~18 行绘制复合散点图及其等概椭圆,第 30~66 行用一个函数实现给定点集等概椭圆的绘制。

[技术要点]

本例的重点在于等概椭圆的绘制。第 30~66 行用 drawellipse 函数绘制给定点集等概椭圆。函数的参数 X 和 Y 为给定点集的坐标数据,c 为颜色。

等概椭圆的圆心由 X 和 Y 组成的矩阵 data 的均值向量确定,此外,还要确定椭圆长轴、短轴的方向和长度。计算 data 的协方差矩阵并进行特征值分解,得到特征向量组成的矩阵 V 和特征值组成的矩阵 D。根据特征值可以得到椭圆长轴和短轴的长度。使用 V 矩阵则可以通过旋转变换将长轴和短轴旋转到主轴方向。

等概椭圆的绘制相当于对单位圆进行几何变换,根据矩阵 D 进行缩放变换,根据矩阵 V 进行旋转变换,根据均值向量进行平移变换。第 48、49 行得到椭圆上各点处的横坐标和纵坐标。第 50 行用 plot 函数绘制椭圆。

第 52~65 行用面片绘制等概椭圆内部区域,使用与等概椭圆相同的颜色绘制,半透明。关于面片的创建和设置参见例 023。

## 例 126  简单三维散点图

图 9-12 所示为简单三维散点图,在三维直角坐标系中用三维点集表示数据。

[图表效果]

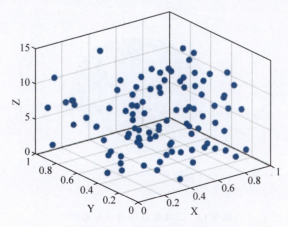

图 9-12  简单三维散点图

[代码实现]

```
1.   %简单三维散点图
2.   clear;close all;                              %清空工作空间的变量,关闭所有打开的对话框
3.   z = linspace(0,4*pi,100);                     %绘图数据
4.   x = rand(1,100);
5.   y = rand(1,100);
6.   scatter3(x,y,z,'filled')                      %绘制三维散点图
7.   xlabel('X','FontSize',7)                      %各轴标题
8.   ylabel('Y','FontSize',7)
9.   zlabel('Z','FontSize',7)
10.  ax = gca;                                     %设置坐标系为当前坐标系
11.  ax.FontSize = 6;                              %修改坐标系刻度标签的字体大小
12.  box on                                        %显示外框
13.  grid on                                       %添加网格
14.
15.  set(gcf,'PaperUnits','points','Position',[0 0 400 300])
16.  exportgraphics(gcf,'sam09_11.png','ContentType','image','Resolution',300)  %保存为png文件
17.  exportgraphics(gcf,'sam09_11.pdf','ContentType','vector')                  %保存为pdf文件
```

[代码说明]

代码第3~5行为绘图数据,第6行绘制简单三维散点图。

[技术要点]

MATLAB中用scatter3函数绘制简单三维散点图。

## 例127  三维散点图叠加等概椭球

复合散点图有等概椭圆,对应地,三维散点图有等概椭球。三维散点图的等概椭球如图9-13所示。95%等概椭球表示图中至少有95%的散点落在椭球内。绘制椭球时,需要确定椭球的球心、各轴的方向和长度。

[图表效果]

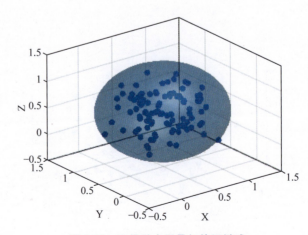

图9-13  三维散点图叠加等概椭球

## [代码实现]

```matlab
1.  % 三维散点图叠加等概椭球
2.  clear;close all;                              % 清空工作空间的变量,关闭所有打开的对话框
3.  x = rand(100,1);                              % 绘图数据
4.  y = rand(100,1);
5.  z = rand(100,1);
6.  h = scatter3(x,y,z,'filled');                 % 三维散点图
7.  drawellipsoid(x,y,z,h.CData(1,:))             % 三维点集的 95% 置信椭球
8.  hold off                                      % 取消叠加绘图
9.
10. xlabel('X','FontSize',7)                      % 各轴标题
11. ylabel('Y','FontSize',7)
12. zlabel('Z','FontSize',7)
13. ax = gca;                                     % 设置坐标系为当前坐标系
14. ax.FontSize = 6;                              % 修改坐标系刻度标签的字体大小
15. box on                                        % 显示外框
16.
17. set(gcf,'PaperUnits','points','Position',[0 0 400 300])
18. exportgraphics(gcf,'sam09_12.png','ContentType','image','Resolution',300)    % 保存为 png 文件
19. exportgraphics(gcf,'sam09_12.pdf','ContentType','vector')                    % 保存为 pdf 文件
20.
21. function drawellipsoid(X,Y,Z,cr)              % 给定三维点集的 95% 置信椭球
22.     data = [X Y Z];
23.
24.     % 计算均值和协方差矩阵
25.     mu = mean(data);
26.     C = cov(data);
27.
28.     % 计算 95% 置信椭球
29.     confidence_level = 0.95;
30.     alpha = 1 - confidence_level;
31.     [V,D] = eig(C);
32.     a = sqrt(chi2inv(confidence_level,3) * D(1,1));
33.     b = sqrt(chi2inv(confidence_level,3) * D(2,2));
34.     c = sqrt(chi2inv(confidence_level,3) * D(3,3));
35.
36.     % 绘制置信椭球
37.     hold on                                   % 叠加绘图
38.     % 生成单位球面网格
39.     theta = linspace(0,2*pi,30);
40.     phi = linspace(0,pi,30);
41.     [theta,phi] = meshgrid(theta,phi);
42.     x = cos(theta).*sin(phi);
43.     y = sin(theta).*sin(phi);
```

```
44.     z = cos(phi);
45.     epx = mu(1) + a * x * V(1,1) + ...
46.                   b * y * V(1,2) + ...
47.                   c * z * V(1,3);
48.     epy = mu(2) + a * x * V(2,1) + ...
49.                   b * y * V(2,2) + ...
50.                   c * z * V(2,3);
51.     epz = mu(3) + a * x * V(3,1) + ...
52.                   b * y * V(3,2) + ...
53.                   c * z * V(3,3);
54.     h = surfl(epx, epy, epz);          % 绘制椭球
55.     h.EdgeColor = 'none';
56.     h.FaceColor = cr;
57.     h.FaceAlpha = 0.3;
58.
59.     camlight                           % 添加光照
60.     lighting phong                     % Phong 光照
61. end
```

[代码说明]

代码第 3~5 行为绘图数据,第 6、7 行绘制三维散点图及其等概椭球,第 21~61 行用一个函数实现给定点集等概椭球的绘制。

[技术要点]

本例的重点在于等概椭球的绘制。第 21~61 行用 drawellipsoid 函数绘制给定点集的等概椭球。函数的参数 X、Y 和 Z 为给定点集的坐标数据,cr 为颜色。

等概椭球的球心位置由 X、Y 和 Z 组成的矩阵 data 的均值向量确定,此外,还要确定椭球长轴、短轴和高轴的方向和长度。计算 data 的协方差矩阵并进行特征值分解,得到特征向量组成的矩阵 V 和特征值组成的矩阵 D。根据特征值可以得到椭球各轴的长度。使用 V 矩阵则可以通过旋转变换将各轴旋转到主轴方向。

等概椭球的绘制相当于对单位球面进行几何变换,根据矩阵 D 进行缩放变换,根据矩阵 V 进行旋转变换,根据均值向量进行平移变换。第 45~53 行得到椭球上各节点处的三维坐标。第 54 行用 surfl 函数绘制椭球,设置椭球为半透明。

## 例 128　矩阵散点图

矩阵散点图用来探查多元数据两两之间的相关关系,如图 9-14 所示。该图绘制多元数据两两之间的散点图,并将散点图以矩阵形式排列,对角线上用直方图或核密度估计曲线图表示单变量的数据分布特征。如果多元数据中每个变量下面又有分组,则对角线上为根据变量分组数据绘制的复合直方图或复合核密度估计曲线图。其他位置为复合散点图。

[图表效果]

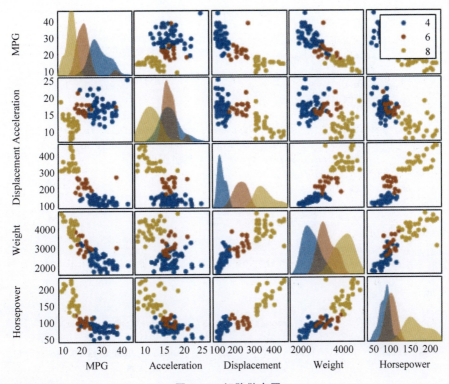

图 9-14　矩阵散点图

[代码实现]

```
1.   % 矩阵散点图
2.   clear;close all;                              % 清空工作空间的变量,关闭所有打开的对话框
3.   load carsmall                                 % 加载数据
4.   X = [MPG,Acceleration,Displacement,Weight,Horsepower];            % 绘图数据
5.   varNames = {'MPG'; 'Acceleration'; 'Displacement'; 'Weight'; 'Horsepower'};   % 变量名称
6.   [h,ax,bigax] = gplotmatrix(X,[],Cylinders,[],[],[],true);         % 绘制矩阵散点图
7.   s = size(h);
8.   for i = 1:s(1)                                % 把对角线上的直方图修改为核密度估计曲线图
9.       for j = 1:s(3)
10.          data = h(i,i,j).Data;
11.          [fp,xfp] = kde(data);
12.          len = length(xfp);
13.          maxFp = max(fp);
14.          for k = 1:len
15.              xfp(k + len) = xfp(k);
16.              fp(k + len) = 0.0;
17.          end
18.          for k = 1:len * 2
19.              vert(k,1) = xfp(k);
20.              vert(k,2) = fp(k);
21.              va(k,1) = 0.5;
```

```
22.         end
23.         for k = 1:len
24.             vc(k,1:3) = h(i,i,j).EdgeColor;
25.             vc(k + len,1:3) = h(i,i,j).EdgeColor;
26.         end
27.         for k = 1:len - 1
28.             face(k,1) = k;
29.             face(k,2) = k + len;
30.             face(k,3) = k + len + 1;
31.             face(k,4) = k + 1;
32.         end
33.         p = patch(h(i,i).Parent,'Vertices',vert,'Faces',face,'FaceVertexCData',vc,...
34.             'FaceColor','interp','EdgeColor','none','FaceVertexAlpha',va,...
35.             'FaceAlpha','interp');         % 绘制面片
36.         ax(i,j).FontSize = 6;
37.     end
38. end
39.
40. for i = 1:s(1)
41.     for j = 1:s(3)
42.         h(i,i,j).Visible = "off";          % 对角线上原来的直方图不可见
43.     end
44. end
45.
46. text([.08 .24 .43 .66 .83],repmat( - .1,1,5),varNames,'FontSize',8);
                                               % 设置 x 轴标题
47. text(repmat( - .12,1,5),[.86 .62 .41 .25 .02],varNames,'FontSize',8,'Rotation',90);
                                               % 设置 y 轴标题
48.
49. set(gcf,'PaperUnits','points','Position',[0 0 500 400])
50. exportgraphics(gcf,'sam09_13.png','ContentType','image','Resolution',300)   % 保存为 png 文件
51. exportgraphics(gcf,'sam09_13.pdf','ContentType','vector')                    % 保存为 pdf 文件
```

[代码说明]

代码第 3~5 行为绘图数据，第 6 行绘制矩阵散点图，第 7~44 行将对角线上的复合直方图修改为复合核密度估计曲线图。

[技术要点]

用 gplotmatrix 函数绘制矩阵散点图，该函数返回变量 h，它是各子图表的句柄组成的矩阵，如 h(1,1) 表示第 1 行第 1 列的图表，默认时是复合直方图，通过它的 Data 属性可以获得绘图数据。有了绘图数据，就可以自己在该图表坐标系中绘图，想绘什么图就绘什么图。本例用面片绘制单色填充的核密度估计曲线图。第 40~44 行将原来的复合直方图隐藏起来。

## 例 129　边际图 1

边际图在散点图或分箱散点图的周边绘制单变量的直方图、箱形图或核密度估计曲

线图不仅可以探查变量之间的相关关系，还可以查看单变量数据的分布特征。图 9-15 所示的边际图在二维散点图的左侧和右侧绘制单变量数据的直方图，并叠加核密度估计曲线。

［图表效果］

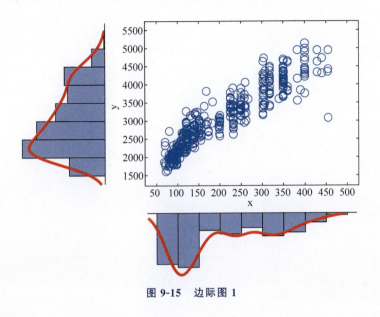

图 9-15　边际图 1

［代码实现］

1. ％边际图 1
2. clear;close all;                              ％清空工作空间的变量,关闭所有打开的对话框
3. load carbig;                                  ％载入数据
4. x = Displacement(:);
5. y = Weight(:);
6. h = scatterhist(x,y,'Direction','out','kernel','overlay');     ％绘制边际图
7. h(1).FontSize = 6;
8. 
9. set(gcf,'PaperUnits','points','Position',[0 0 400 300])
10. exportgraphics(gcf,'sam09_14.png','ContentType','image','Resolution',300)   ％保存为 png 文件
11. exportgraphics(gcf,'sam09_14.pdf','ContentType','vector')                   ％保存为 pdf 文件

［代码说明］

代码第 3～5 行为绘图数据，第 6、7 行绘制边际图。

［技术要点］

本例用 scatterhist 函数绘制边际图。函数的 Direction 参数值设置为 'out' 时，直方图顶部朝外显示，kernel 参数的值为 'overlay' 时，在直方图上叠加核密度估计曲线图。

## 例 130　边际图 2

图 9-16 是另外一种边际图样式,该图中心绘制复合散点图,左侧和右侧绘制复合核密度估计曲线图。

[图表效果]

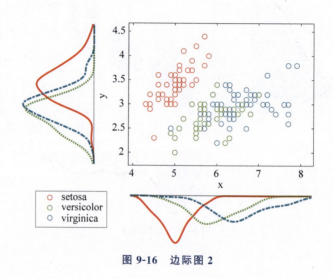

图 9-16　边际图 2

[代码实现]

```
1.    % 边际图 2
2.    clear;close all;                             % 清空工作空间的变量,关闭所有打开的对话框
3.    load fisheriris.mat;                         % 载入数据
4.    x = meas(:,1);
5.    y = meas(:,2);
6.    scatterhist(x,y,'Group',species,'Kernel','on','Direction','out','Color', …
7.           [1 0 0;0.55 0.73 0.15;0.02 0.59 0.73])% 绘制边际图
8.    h1(1).FontSize = 6;
9.
10.   set(gcf,'PaperUnits','points','Position',[0 0 400 300])
11.   exportgraphics(gcf,'sam09_15.png','ContentType','image','Resolution',300)   % 保存为 png 文件
12.   exportgraphics(gcf,'sam09_15.pdf','ContentType','vector')                   % 保存为 pdf 文件
```

[代码说明]

代码第 3~5 行为绘图数据,第 6~8 行绘制边际图。

[技术要点]

本例用 scatterhist 函数绘制边际图。函数的 Group 参数指定数据的分组变量,Kernel 参数的值为 'on' 时,在周边显示核密度估计曲线图,Direction 参数值设置为 'out' 时,曲线顶

部朝外显示,用 Color 参数指定曲线的颜色。

## 例 131 边际图 3

图 9-17 所示的边际图在图中心绘制复合散点图,左侧和右侧绘制阶梯图样式的复合直方图。

[图表效果]

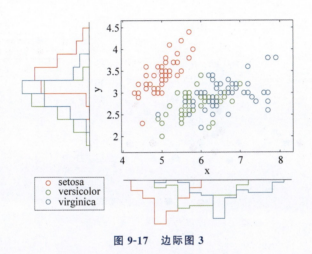

图 9-17 边际图 3

[代码实现]

```
1.    % 边际图 3
2.    clear;close all;                          % 清空工作空间的变量,关闭所有打开的对话框
3.    load fisheriris.mat;                      % 载入数据
4.    x = meas(:,1);
5.    y = meas(:,2);
6.    scatterhist(x,y,'Group',species,'Direction','out','Style','stairs','Color', …
7.        [1 0 0;0.55 0.73 0.15;0.02 0.59 0.73])  % 绘制边际图
8.    h1(1).FontSize = 6;
9.
10.   set(gcf,'PaperUnits','points','Position',[0 0 400 300])
11.   exportgraphics(gcf,'sam09_16.png','ContentType','image','Resolution',300)    % 保存为 png 文件
12.   exportgraphics(gcf,'sam09_16.pdf','ContentType','vector')                    % 保存为 pdf 文件
```

[代码说明]

代码第 3~5 行为绘图数据,第 6~8 行绘制边际图。

[技术要点]

本例用 scatterhist 函数绘制边际图。函数的 Group 参数指定数据的分组变量,Direction 参数值设置为'out'时,直方图顶部朝外显示,Style 参数的值为'stairs'时,显示直方

图的阶梯图样式，用 Color 参数指定曲线的颜色。

## 例 132 极坐标散点图

在极坐标系中绘制散点图，称为极坐标散点图，如图 9-18 所示。在极坐标系中，用方位角和半径确定散点的位置。

[图表效果]

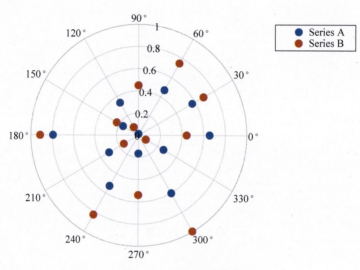

图 9-18 极坐标散点图

[代码实现]

```
1.   % 极坐标散点图
2.   clear;close all;                              % 清空工作空间的变量，关闭所有打开的对话框
3.   th = pi/6:pi/6:2 * pi;                        % 绘图数据
4.   r1 = rand(12,1);
5.   r2 = rand(12,1);
6.   h = polarscatter(th,[r1 r2],'filled');        % 绘制极坐标散点图
7.   lgd = legend(["Series A","Series B"],'FontSize',6);         % 图例
8.   lgd.Location = 'northeastoutside';
9.   h(1).Parent.FontSize = 6;
10.
11.  set(gcf,'PaperUnits','points','Position',[0 0 400 300])
12.  exportgraphics(gcf,'sam09_17.png','ContentType','image','Resolution',300)    % 保存为 png 文件
13.  exportgraphics(gcf,'sam09_17.pdf','ContentType','vector')                    % 保存为 pdf 文件
```

[代码说明]

代码第 3～5 行为绘图数据，第 6 行绘制极坐标散点图。

[技术要点]

MATLAB 中用 polarscatter 函数绘制极坐标散点图。

## 例 133　三元散点图

三元图经常用来表示三组数据的占比关系。三元图三个坐标轴围成一个等边三角形，它们的取值范围都是 0～1，即 0%～100%。坐标系中任意一点的坐标值，通过过该点绘制 3 个轴的平行线可以读取到，3 个坐标值的和应该等于 100%。图 9-19 所示为在三元坐标系中绘制散点图，称为三元散点图。

[图表效果]

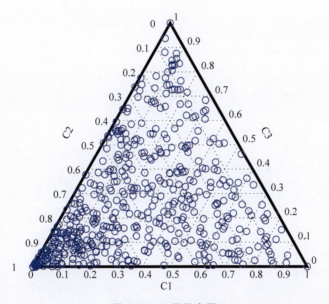

图 9-19　三元散点图

[代码实现]

```
1.    %三元散点图
2.    clear;close all;                       %清空工作空间的变量,关闭所有打开的对话框
3.    load terplot_data.mat                  %载入数据
4.    l = length(B);
5.    B(l+1,:) = [1 0 0 6];
6.    B(l+2,:) = [0 1 0 30];
7.    B(l+3,:) = [0 0 1 1];
8.    d = 0.29./sqrt(B(:,4));
9.    c1 = B(:,1);c2 = B(:,2);c3 = B(:,3);
10.
11.   h = fill([0 1 0.5 0],[0 0 0.866 0],'w','linewidth',2);   %绘制坐标系
```

```
12.     d1 = cos(pi/3);
13.     d2 = sin(pi/3);
14.     l = linspace(0,1,11);
15.     hold on                                          % 叠加绘图
16.     for i = 2:length(l) - 1
17.         plot([l(i) * d1 1 - l(i) * d1],[l(i) * d2 l(i) * d2],':k','linewidth',0.25);
18.         plot([l(i) l(i) + (1 - l(i)) * d1],[0 (1 - l(i)) * d2],':k','linewidth',0.25);
19.         plot([(1 - l(i)) * d1 1 - l(i)],[(1 - l(i)) * d2 0],':k','linewidth',0.25);
20.     end
21.     axis image
22.     axis off
23.     for i = 1:11                                     % 绘制刻度标签
24.         text(l(i), - 0.025,num2str(l(i)),"FontSize",6);
25.         text(1 - l(i) * cos(pi/3) + 0.025,l(i) * sin(pi/3) + ...
26.             0.025,num2str(l(i)),"FontSize",6);
27.         text(0.5 - l(i) * cos(pi/3) - 0.06,sin(pi/3) * (1 - l(i)),...
28.             num2str(l(i)),"FontSize",6);
29.     end
30.
31.     for i = 1:length(c1)                             % 绘制散点
32.         x = 0.5 - c1(i) * cos(pi/3) + c2(i)/2;
33.         y = 0.866 - c1(i) * sin(pi/3) - c2(i) * cot(pi/6)/2;
34.         h = plot(x,y,'ob','MarkerSize',5);
35.         h.MarkerFaceColor = "none";
36.         h.MarkerEdgeColor = "b";
37.     end
38.
39.     text(0.5, - 0.05,'C1','HorizontalAlignment','center',...
40.         'FontSize',7);                               % 绘制各轴标题
41.     text(0.15,sqrt(3)/4 + 0.05,'C2','HorizontalAlignment',...
42.         'center','Rotation',60,'FontSize',7);
43.     text(0.85,sqrt(3)/4 + 0.05,'C3','HorizontalAlignment',...
44.         'center','Rotation', - 60,'FontSize',7);
45.
46.     hold off                                         % 取消叠加绘图
47.
48.     set(gcf,'PaperUnits','points','Position',[0 0 400 300])
49.     exportgraphics(gcf,'sam09_18.png','ContentType','image','Resolution',300)    % 保存为 png 文件
50.     exportgraphics(gcf,'sam09_18.pdf','ContentType','vector')                    % 保存为 pdf 文件
```

[代码说明]

代码第 3~9 行为绘图数据,第 11~42 行绘制三元散点图,其中第 11~29 行绘制三元坐标系,第 31~37 行绘制散点。

[技术要点]

代码第 11~29 行绘制三元坐标系。先用 fill 函数绘制等边三角形区域,然后绘制网格线。注意,网格线的起点和终点需要进行直角坐标系到三元坐标系的转换。然后添加刻度标签和坐标轴标签。

第 31~37 行在三元坐标系上绘制散点图。和处理网格线的起点和终点一样,需要将散点的坐标从直角坐标系转换到三元坐标系。

## 例 134　规则散点图

图 9-20 所示为规则散点图,它与普通二维散点图的根本区别在于,它是根据分类变量的数据绘制散点图,而普通散点图的两个坐标轴都是数值轴。该图在规则网格的节点上绘制散点,可以指定变量定义散点的颜色和大小。颜色通过变量的值映射颜色查找表进行获取。

[图表效果]

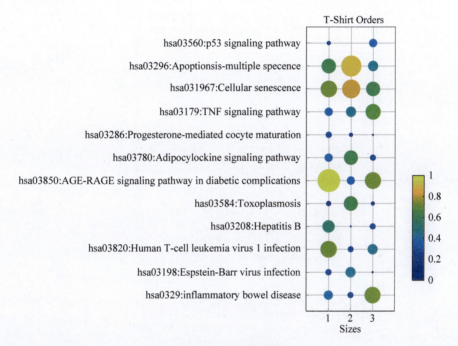

图 9-20　规则散点图

[代码实现]

```
1.   % 规则散点图
2.   clear;close all;                              % 清空工作空间的变量,关闭所有打开的对话框
3.   labels = ["Jan","Feb","Mar"];
4.   R = [100,80,120;150,180,130;160,170,150;120,130,155;...
5.       110,100,90;120,150,110;190,120,160;105,150,100;...
6.       140,90,110;160,109,130;110,130,90;125,110,160];
7.   R = flipud(R);
8.   minD = min(min(R));
9.   maxD = max(max(R));
10.  difD = maxD - minD;
11.  normCData = (R - minD * ones(size(R)))./(difD * ones(size(R)));
12.
13.  % 画网格线和圆
```

```matlab
14.    s = size(R);
15.    m = s(1);n = s(2);
16.    cm = colormap;
17.    % 画网格线
18.    for i = 0:n + 1
19.        for j = 1:m
20.            line([i i],[0 j],'Color',[0.8 0.8 0.8])
21.            line([0 i],[j j],'Color',[0.8 0.8 0.8])
22.        end
23.        line([i i],[0 0.3],'Color',[0.8 0.8 0.8])
24.        line([i i],[m m + 0.7],'Color',[0.8 0.8 0.8])
25.    end
26.
27.    line([0 n + 1],[m + 0.7 m + 0.7],'Color','k','LineWidth',0.25)    % 绘制外框
28.    line([n + 1 n + 1],[0 m + 0.7],'Color','k','LineWidth',0.25)
29.    line([0 0],[0.3 m + 0.7],'Color','k','LineWidth',0.25)
30.
31.    for i = 1:n                                                      % 绘制圆点
32.        for j = m: - 1:1
33.            w = normCData(j,i);
34.            mg = w/2;
35.            if round(w * length(cm)) == 0
36.                rectangle('Position',[i - mg j - mg w w],...
37.                    'Curvature',[1 1],...
38.                    'FaceColor',cm(1,:),...
39.                    'EdgeColor','none')
40.            else
41.                h = rectangle('Position',[i - mg j - mg w w],...
42.                    'Curvature',[1 1],...
43.                    'FaceColor',cm(round(w * length(cm)),:),...
44.                    'EdgeColor','none');
45.            end
46.
47.            % text(i + 0.5,j + 0.5,num2str(cdata(j + 1,i + 1)),...
48.            %     "FontSize",16,'HorizontalAlignment','center')
49.        end
50.    end
51.
52.    xtv = 1:n;
53.    xticks(xtv)                                                      % x轴刻度的位置
54.    xtl = split(num2str(1:n));
55.    xticklabels(xtl)                                                 % 绘制x轴的刻度标签
56.
57.    ytv = 1:m;
58.    yticks(ytv)                                                      % y轴刻度的位置
59.    ytl = ["hsa0329:inflammatory bowel disease",...
60.        "hsa03198:Espstein - Barr virus infection",...
61.        "hsa03820:Human T - cell leukemia virus 1 infection",...
62.        "hsa03208:Hepatitis B",...
63.        "has03584:Toxoplasmosis",...
64.        "hsa03850:AGE - RAGE signaling pathway in diabetic complications",...
65.        "hsa03780:Adipocylockine signaling pathway",...
66.        "hsa03286:Progesterone - mediated cocyte maturation",...
67.        "hsa03179:TNF signaling pathway",...
```

```
68.         "hsa031967:Cellular senescence",...
69.         "hsa03296:Apoptionsis - multiple specence",...
70.         "hsa03560:p53 signaling pathway"];         % 刻度标签
71.    yticklabels(ytl)                                 % 绘制 y 轴的刻度标签
72.    cb = colorbar                                    % 显示色条
73.    cb.Position = [0.65 0.2 0.025 0.3];
74.
75.    title('T-Shirt Orders','FontSize',8);            % 标题
76.    xlabel('Sizes','FontSize',7);
77.    ylabel('Colors','FontSize',7);
78.    axis equal                                       % 各坐标轴方向上度量单位相同
79.    xlim([0 n+1])
80.    ylim([0.3 m+0.7])
81.    ax = gca;                                        % 设置坐标系为当前坐标系
82.    ax.FontSize = 6;                                 % 修改坐标系刻度标签的字体大小
83.
84.    set(gcf,'PaperUnits','points','Position',[0 0 480 350])
85.    exportgraphics(gcf,'sam09_19.png','ContentType','image','Resolution',300)   % 保存为 png 文件
86.    exportgraphics(gcf,'sam09_19.pdf','ContentType','vector')                   % 保存为 pdf 文件
```

[代码说明]

代码第 3～11 行为绘图数据并将数据归一化，第 13～29 行绘制规则网格，第 31～50 行在网格节点处绘制颜色和大小区分的散点，第 52～71 行绘制刻度标签和色条等。

[技术要点]

用 line 函数绘制网格，用 rectangle 函数绘制圆形面。注意本例的 $y$ 轴是反序的，从上往下表示的数据从小变到大。第 78 行使用 axis equal 语句确保圆形面不变形。

# 第 10 章

# 误差条图

误差条图可以直观地表示数据的离散特征。它用一个方块或圆点表示均值,用上下延伸的触须表示置信区间、均值标准误差或标准离差。误差条图有简单误差条图、复合误差条图、分区误差条图等多种样式。

## 例 135　简单误差条图

简单误差条图用于表示一组给定的均值及其误差区间,如图 10-1 和图 10-2 所示。

[图表效果]

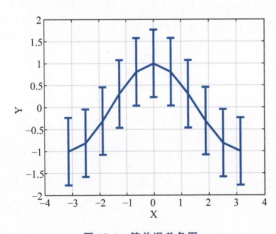

图 10-1　简单误差条图

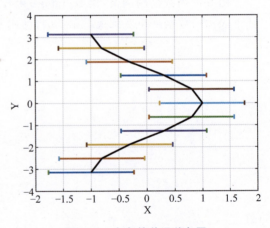

图 10-2　多色简单误差条图

[代码实现]

1.　　%简单误差条图
2.　　clear;close all;　　　　　　　　　　　　%清空工作空间的变量,关闭所有打开的对话框
3.　　x = - pi:pi/5:pi;　　　　　　　　　　　%绘图数据
4.　　y = cos(x);
5.　　e = std(y) * ones(size(x));

```
6.    errorbar(x,y,e,'LineWidth',1.5)              % 绘制误差条图
7.    xlabel('X','FontSize',7)
8.    ylabel('Y','FontSize',7)                     % y 轴标题
9.    ax = gca;                                    % 设置坐标系为当前坐标系
10.   ax.FontSize = 6;                             % 修改坐标系刻度标签的字体大小
11.   box on                                       % 显示外框
12.   grid on                                      % 添加网格
13.
14.   set(gcf,'PaperUnits','points','Position',[0 0 300 220])
15.   exportgraphics(gcf,'sam10_01.png','ContentType','image','Resolution',300)   % 保存为 png 文件
16.   exportgraphics(gcf,'sam10_01.pdf','ContentType','vector')                   % 保存为 pdf 文件
17.
18.   figure
19.   y = -pi:pi/5:pi;                             % 绘图数据
20.   x = cos(y);
21.   e = std(x) * ones(size(x));
22.   plot([x-e;x+e],[y;y],'LineWidth',1.25)       % 绘制横线
23.   hold on                                      % 叠加绘图
24.   plot([x-e;x-e],[y-0.1;y+0.1],'LineWidth',1.25)   % 绘制两侧的短线
25.   plot([x+e;x+e],[y-0.1;y+0.1],'LineWidth',1.25)
26.   plot(x,y,'k-','LineWidth',1.25)              % 绘制曲线
27.   xlabel('X','FontSize',7)
28.   ylabel('Y','FontSize',7)                     % 设置 y 轴标题
29.   ax = gca;                                    % 设置坐标系为当前坐标系
30.   ax.FontSize = 6;                             % 修改坐标系刻度标签的字体大小
31.   box on                                       % 显示外框
32.   grid on                                      % 添加网格
33.   hold off                                     % 取消叠加绘图
34.
35.   set(gcf,'PaperUnits','points','Position',[0 0 300 220])
36.   exportgraphics(gcf,'sam10_01_2.png','ContentType','image','Resolution',300) % 保存为 png 文件
37.   exportgraphics(gcf,'sam10_01_2.pdf','ContentType','vector')                 % 保存为 pdf 文件
```

[代码说明]

代码第 3~5 行和第 19~21 行为绘图数据,第 6 行和第 22~26 行绘制竖直方向和水平方向的误差条图。

[技术要点]

用 errorbar 函数绘制竖直方向的误差条图。该函数不能绘制水平方向的误差条图,绘制水平方向的误差条图需要自己编程实现。第 22~26 行绘制水平方向的误差条图。

## 例 136 复合误差条图

复合误差条图用多组简单误差条表示多组给定的均值及其误差区间,如图 10-3 所示。用 errorbar 函数绘制误差条图时,如果均值数据是矩阵,会自动绘制复合误差条图。

[图表效果]

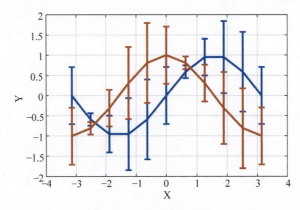

图 10-3　复合误差条图

[代码实现]

```
1.   % 复合误差条图
2.   clear;close all;
3.   x = -pi:pi/5:pi;
4.   y = [sin(x);cos(x)];
5.   e = std(y).*ones(size(x));
6.   errorbar(x,y,e,'LineWidth',1.5)              % 绘制复合误差条图
7.   xlabel('X','FontSize',7)
8.   ylabel('Y','FontSize',7)                     % 设置 y 轴标题
9.   ax = gca;
10.  ax.FontSize = 6;
11.  box on
12.  grid on
13.
14.  set(gcf,'PaperUnits','points','Position',[0 0 400 300])
15.  exportgraphics(gcf,'sam10_02.png','ContentType','image','Resolution',300)
16.  exportgraphics(gcf,'sam10_02.pdf','ContentType','vector')
```

[代码说明]

代码第 3~5 行为绘图数据,第 6 行绘制复合误差条图。

[技术要点]

用 errorbar 函数绘制复合误差条图,需要指定均值数据为矩阵。

## 例 137　分区误差条图

分区误差条图将同一序列的误差条放在一起,因为不同序列的误差条具有不同的颜色,所以整个图表呈现明显的分区,如图 10-4 所示。

[图表效果]

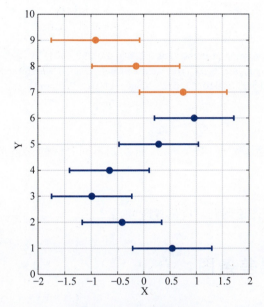

图 10-4　分区误差条图

[代码实现]

```
1.   % 分区误差条图
2.   clear;close all;                        % 清空工作空间的变量,关闭所有打开的对话框
3.   y1 = 1:6;                               % 绘图数据
4.   y2 = 7:9;
5.   x1 = cos(y1);
6.   x2 = cos(y2);
7.   e1 = std(x1) * ones(size(x1));
8.   e2 = std(x2) * ones(size(x2));
9.
10.  plot([x1 - e1;x1 + e1],[y1;y1],'LineWidth',1.25,'Color',[0 0 1])
11.  hold on                                 % 叠加绘图
12.  plot([x1 - e1;x1 - e1],[y1 - 0.1;y1 + 0.1],'LineWidth',1.25,'Color',[0 0 1])
13.  plot([x1 + e1;x1 + e1],[y1 - 0.1;y1 + 0.1],'LineWidth',1.25,'Color',[0 0 1])
14.  h1 = plot(x1,y1,'om');
15.  h1.MarkerFaceColor = [0 0 1];
16.  h1.MarkerEdgeColor = [0 0 1];
17.
18.  plot([x2 - e2;x2 + e2],[y2;y2],'LineWidth',1.25,'Color',[1 0.5 0])
19.  plot([x2 - e2;x2 - e2],[y2 - 0.1;y2 + 0.1],'LineWidth',1.25,'Color',[1 0.5 0])
20.  plot([x2 + e2;x2 + e2],[y2 - 0.1;y2 + 0.1],'LineWidth',1.25,'Color',[1 0.5 0])
21.  h2 = plot(x2,y2,'og');
22.  h2.MarkerFaceColor = [1 0.5 0];
23.  h2.MarkerEdgeColor = [1 0.5 0];
24.
25.  xlabel('X','FontSize',7)
26.  ylabel('Y','FontSize',7)                % 设置 y 轴标题
```

```
27.    ax = gca;                                          % 设置坐标系为当前坐标系
28.    ax.FontSize = 6;                                   % 修改坐标系刻度标签的字体大小
29.    box on                                             % 显示外框
30.    grid on                                            % 添加网格
31.    hold off                                           % 取消叠加绘图
32.
33.    set(gcf,'PaperUnits','points','Position',[0 0 350 400])
34.    exportgraphics(gcf,'sam10_03.png','ContentType','image','Resolution',300)   % 保存为 png 文件
35.    exportgraphics(gcf,'sam10_03.pdf','ContentType','vector')                   % 保存为 pdf 文件
```

[代码说明]

代码第 3～8 行为绘图数据，第 10～23 行绘制不同分区的误差条图。

[技术要点]

按照顺序将误差条图绘制到对应位置即可。

## 例 138　双向误差条图

如图 10-5 所示，双向误差条图在 x＝0 的竖线两侧分别绘制误差条图。

[图表效果]

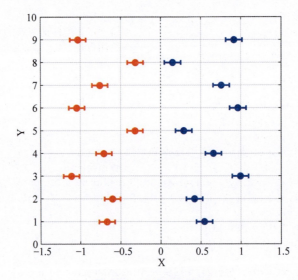

图 10-5　双向误差条图

[代码实现]

```
1.     % 双向误差条图
2.     clear;close all;                                   % 清空工作空间的变量，关闭所有打开的对话框
3.     y = 1:9;                                           % 绘图数据
```

```
4.   x1 = -abs(cos(y)) - rand(size(y))/5;
5.   x2 = abs(cos(y));
6.   e1 = std(x1) * ones(size(x1))/3;
7.   e2 = std(x2) * ones(size(x2))/3;
8.
9.   plot([x1-e1;x1+e1],[y;y],'LineWidth',1.25,'Color','r')      % 绘制红色横线
10.  hold on                                                      % 叠加绘图
11.  plot([x1-e1;x1-e1],[y-0.1;y+0.1],'LineWidth',1.25,'Color','r')
                                                                  % 绘制两侧红色短线
12.  plot([x1+e1;x1+e1],[y-0.1;y+0.1],'LineWidth',1.25,'Color','r')
13.  h1 = plot(x1,y,'or');                                        % 绘制中间红色圆点
14.  h1.MarkerFaceColor = 'r';
15.
16.  plot([x2-e2;x2+e2],[y;y],'LineWidth',1.25,'Color','b')      % 绘制蓝色横线
17.  plot([x2-e2;x2-e2],[y-0.1;y+0.1],'LineWidth',1.25,'Color','b')
                                                                  % 绘制两侧蓝色短线
18.  plot([x2+e2;x2+e2],[y-0.1;y+0.1],'LineWidth',1.25,'Color','b')
19.  h2 = plot(x2,y,'ob');                                        % 绘制中间蓝色圆点
20.  h2.MarkerFaceColor = 'b';
21.
22.  plot([0 0],[0 10],'k:')                                      % 绘制中间 0 线
23.
24.  xlabel('X','FontSize',7)                                     % 设置 x 轴标题
25.  ylabel('Y','FontSize',7)                                     % 设置 y 轴标题
26.  ax = gca;                                                    % 设置坐标系为当前坐标系
27.  ax.FontSize = 6;                                             % 修改坐标系刻度标签的字体大小
28.  box on                                                       % 显示外框
29.  grid on                                                      % 添加网格
30.  hold off                                                     % 取消叠加绘图
31.
32.  set(gcf,'PaperUnits','points','Position',[0 0 400 300])
33.  exportgraphics(gcf,'sam10_04.png','ContentType','image','Resolution',300)   % 保存为 png 文件
34.  exportgraphics(gcf,'sam10_04.pdf','ContentType','vector')                    % 保存为 pdf 文件
```

[代码说明]

代码第 3~7 行为绘图数据，第 9~22 行绘制双向误差条图。

[技术要点]

注意，在 x<0 的一侧绘图，均值数据可以大于 0，但绘图时取负数。

## 例 139　添加背景的误差条图

图 10-6 中给误差条图添加了背景色，将绘图区分为 x=0 直线两侧两个分区。

## [图表效果]

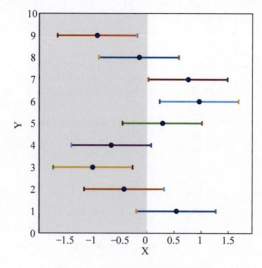

图 10-6　添加背景的误差条图

## [代码实现]

```matlab
1.   % 添加背景的误差条图
2.   clear;close all;                              % 清空工作空间的变量,关闭所有打开的对话框
3.   y = 1:9;                                      % 绘图数据
4.   x = cos(y);
5.   e = std(x) * ones(size(x));
6.
7.   minY = min(y) - 1;
8.   maxY = max(y) + 1;
9.   maxX = max(x) + 1;
10.  minX = min(x) - 1;
11.  xlim([minX maxX])                             % 设置 x 轴的取值范围
12.  ylim([minY maxY])                             % 设置 y 轴的取值范围
13.  scale = (maxY - minY)/(maxX - minX);          % 计算各坐标轴纵横比
14.  % 绘制深色背景
15.  rectangle('Position',[-2 0 2 10],'FaceColor',[0.9 0.9 0.9],'EdgeColor','none')
16.  % 绘制误差条图
17.  line([x - e;x + e],[y;y],'LineWidth',1.25)                    % 横线
18.  line([x - e;x - e],[y - 0.1;y + 0.1],'LineWidth',1.25)        % 两侧短线
19.  line([x + e;x + e],[y - 0.1;y + 0.1],'LineWidth',1.25)
20.  for i = 1:length(y)                                           % 绘制圆点
21.      if scale > 1
22.          rectangle('Position',[(x(i) - 0.1/scale) (y(i) - 0.1) 0.2/scale 0.2],'Curvature',...
              [1 1],'FaceColor','b')
23.      else
24.          rectangle('Position',[(x(i) - 0.1 * scale) (y(i) - 0.1) 0.2 * scale 0.2],'Curvature',...
              [1 1],'FaceColor','b')
25.      end
26.  end
27.
28.  rectangle('Position',[-1.98 0 3.92 10],'LineWidth',0.5)       % 外框
```

```
29.     xlabel('X','FontSize',7)                         % 设置 x 轴标题
30.     ylabel('Y','FontSize',7)                         % 设置 y 轴标题
31.     ax = gca;                                        % 设置坐标系为当前坐标系
32.     ax.FontSize = 6;                                 % 修改坐标系刻度标签的字体大小
33.     axis square                                      % 正方形坐标系
34.     box off                                          % 不绘制外框
35.
36.     set(gcf,'PaperUnits','points','Position',[0 0 400 300])
37.     exportgraphics(gcf,'sam10_05.png','ContentType','image','Resolution',300)    % 保存为 png 文件
38.     exportgraphics(gcf,'sam10_05.pdf','ContentType','vector')                    % 保存为 pdf 文件
```

[代码说明]

代码第 3～5 行为绘图数据,第 7～15 行绘制背景,第 16～26 行绘制误差条图。

[技术要点]

用 rectangle 函数绘制背景。

## 例 140  球面点误差条图

本例用球面点代替图 10-6 所示的二维圆点,如图 10-7 所示。球面点是三维点,添加光照后显得图表更生动。绘制三维球面点需要注意的是,坐标横轴和纵轴的数据相差较大时,球面点会发生变形。

[图表效果]

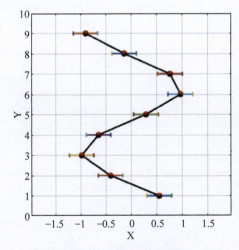

图 10-7  球面点误差条图

[代码实现]

```
1.      % 球面点误差条图
```

```matlab
2.    clear;close all;                              % 清空工作空间的变量,关闭所有打开的对话框
3.    y = 1:9;                                      % 绘图数据
4.    x = cos(y);
5.    e = std(x) * ones(size(x))/3;
6.    plot([x-e;x+e],[y;y],'LineWidth',1.25)        % 横线
7.    hold on                                       % 叠加绘图
8.    plot([x-e;x-e],[y-0.1;y+0.1],'LineWidth',1.25)    % 两侧短线
9.    plot([x+e;x+e],[y-0.1;y+0.1],'LineWidth',1.25)
10.   plot(x,y,'k-','LineWidth',1.25)               % 曲线
11.   % 绘制红色三维圆点
12.   minY = min(y) - 1;
13.   maxY = max(y) + 1;
14.   maxX = max(x) + 1;
15.   minX = min(x) - 1;
16.   xlim([minX maxX])
17.   ylim([minY maxY])
18.   scale = (maxY - minY)/(maxX - minX);          % 坐标轴纵横比
19.   for i = 1:length(x)                           % 绘制各点,球面点
20.       [X,Y,Z] = sphere;                         % 单位球面
21.       if scale > 1                              % 根据纵横比调整球面不同方向的轴长
22.           X = 0.15 * X/scale + x(i);
23.           Y = 0.15 * Y + y(i);
24.       else
25.           X = 0.15 * X * scale + x(i);
26.           Y = 0.15 * Y + y(i);
27.       end
28.       surface(X,Y,Z,'EdgeColor','none','FaceColor','r')    % 绘制球面
29.   end
30.
31.   xlabel('X','FontSize',7)                      % 设置 x 轴标题
32.   ylabel('Y','FontSize',7)                      % 设置 y 轴标题
33.   ax = gca;                                     % 设置坐标系为当前坐标系
34.   ax.FontSize = 6;                              % 修改坐标系刻度标签的字体大小
35.   box on                                        % 显示外框
36.   axis square
37.   grid on                                       % 添加网格
38.   view(2)
39.   camlight left                                 % 左侧添加光照
40.   camlight right                                % 右侧添加光照
41.   hold off                                      % 取消叠加绘图
42.
43.   set(gcf,'PaperUnits','points','Position',[0 0 400 300])
44.   exportgraphics(gcf,'sam10_06.png','ContentType','image','Resolution',300)    % 保存为 png 文件
45.   exportgraphics(gcf,'sam10_06.pdf','ContentType','vector')                    % 保存为 pdf 文件
```

[代码说明]

代码第 3～5 行为绘图数据,第 6～10 行绘制误差条图,第 11～29 行绘制球面点。

[技术要点]

例 018 有关于球面点的绘制的详细介绍,请参阅。

# 第11章 热力图

矩阵数据的可视化图表类型有图像、热力图等,还可以用规则散点图表示稀疏矩阵的结构。常见的热力图包括普通热力图、圆圈热力图、方块热力图和三角形方块热力图等多种类型。

## 例141 普通热力图

普通热力图常用于矩阵数据的可视化,如图11-1所示。普通热力图用一个方块表示矩阵中的一个元素。将矩阵数据与颜色查找表之间建立映射关系,将数据的最小值对应色条中最下端的黑色,最大值对应色条中最上端的白色,中间值对应色条中的红色和黄色等。通过线性插值得到每个元素的颜色并绘制对应的方块,就会得到普通热力图。

[图表效果]

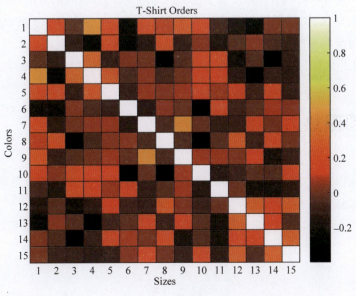

图11-1 普通热力图

[代码实现]

```matlab
1.   % 普通热力图
2.   clear;close all;                                    % 清空工作空间的变量,关闭所有打开的对话框
3.   A = randn(30,15);                                   % 生成数据
4.   R = corrcoef(A);                                    % 计算 A 中各列的相关系数矩阵
5.   % 用 split 函数分割字符串得到刻度标签
6.   xvalues = split(num2str(1:15));
7.   yvalues = split(num2str(1:15));
8.   h = heatmap(xvalues,yvalues,R);                     % 绘制普通热力图
9.   h.Title = 'T - Shirt Orders';                       % 修改属性
10.  h.XLabel = 'Sizes';
11.  h.YLabel = 'Colors';
12.  h.FontSize = 6;
13.  colormap hot                                        % 修改颜色查找表
14.
15.  set(gcf,'PaperUnits','points','Position',[0 0 400 300]);
16.  exportgraphics(gcf,'sam11_01.png','ContentType','image','Resolution',300)   % 保存为 png 文件
17.  exportgraphics(gcf,'sam11_01.pdf','ContentType','vector')                   % 保存为 pdf 文件
```

[代码说明]

代码第 3~7 行为绘图数据,第 8~12 行绘制普通热力图。

[技术要点]

MATLAB 中用 heatmap 函数绘制普通热力图。该函数返回热力图的句柄 h,使用该句柄修改热力图的标题、轴标题和刻度字体大小等。注意,在 MATLAB 热力图中,刻度字体大小等不是通过坐标系对象设置的,而是通过热力图对象本身设置的。

注意,普通热力图中 y 轴是反序的,这样正好对应矩阵元素的索引顺序。

## 例 142　圆圈热力图

图 11-2 所示的热力图称为圆圈热力图,它在图表的每个方框中用颜色和大小不一的圆形面表示矩阵数据的大小。

[图表效果]

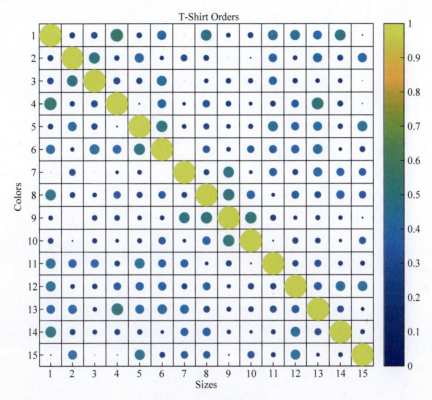

图 11-2 圆圈热力图

[代码实现]

```
1.    % 圆圈热力图
2.    clear;close all;                      % 清空工作空间的变量,关闭所有打开的对话框
3.    A = randn(30,15);                     % 生成数据
4.    R = corrcoef(A);                      % 计算 A 中各列的相关系数矩阵
5.    R = flipud(R);                        % 上下翻转矩阵
6.    minD = min(min(R));
7.    maxD = max(max(R));
8.    difD = maxD - minD;
9.    normCData = (R - minD * ones(size(R)))./(difD * ones(size(R)));    % 数据归一化
10.
11.   % 画网格线和圆
12.   s = size(R);
13.   m = s(1);n = s(2);
14.   cm = colormap;
15.
16.   for i = 0:n                           % 绘制网格
17.       for j = 0:m
18.           line([i i],[0 j],'Color','k')
19.           line([0 i],[j j],'Color','k')
20.       end
21.   end
```

```
22.     for i = 0:n - 1                              % 绘制圆点
23.         for j = m - 1: - 1:0
24.             w = normCData(j + 1,i + 1);
25.             mg = (1 - w)/2;
26.             if round(w * length(cm)) == 0
27.                 rectangle('Position',[i + mg j + mg w w],...
28.                     'Curvature',[1 1],...
29.                     'FaceColor',cm(1,:),...
30.                     'EdgeColor','none')
31.             else
32.                 h = rectangle('Position',[i + mg j + mg w w],...
33.                     'Curvature',[1 1],...
34.                     'FaceColor',cm(round(w * length(cm)),:),...
35.                     'EdgeColor','none');
36.             end
37.
38.             % text(i + 0.5,j + 0.5,num2str(cdata(j + 1,i + 1)),...
39.             %     "FontSize",16,'HorizontalAlignment','center')
40.         end
41.     end
42.
43.     xtv = 0.5:1:n - 0.5;
44.     xticks(xtv)                                   % x 轴刻度的位置
45.     xtl = split(num2str(1:n));
46.     xticklabels(xtl)                              % 设置 x 轴的刻度标签
47.
48.     ytv = 0.5:1:m - 0.5;
49.     yticks(ytv)                                   % y 轴刻度的位置
50.     ytl = split(num2str(m: - 1:1));
51.     yticklabels(ytl)                              % 设置 y 轴的刻度标签
52.
53.     axis equal                                    % 各坐标轴方向上度量单位相同
54.     xlim([0 n])
55.     ylim([0 m])
56.     colorbar                                      % 显示色条
57.
58.     title('T - Shirt Orders','FontSize',8);       % 标题
59.     xlabel('Sizes','FontSize',7);
60.     ylabel('Colors','FontSize',7);
61.     ax = gca;                                     % 设置坐标系为当前坐标系
62.     ax.FontSize = 6;                              % 修改坐标系刻度标签的字体大小
63.
64.     % set(gcf,'PaperUnits','points','Position',[0 0 350 240])
65.     exportgraphics(gcf,'sam11_02.png','ContentType','image','Resolution',300)    % 保存为 png 文件
66.     exportgraphics(gcf,'sam11_02.pdf','ContentType','vector')                    % 保存为 pdf 文件
```

[代码说明]

代码第 3~9 行指定绘图数据,并将数据归一化,第 11~41 行绘制网格线和方框中的圆形面,第 43~51 行绘制网格左侧和下侧的刻度线和刻度标签。

[技术要点]

用 line 函数绘制网格,用 rectangle 函数绘制圆形面。

代码第 6~9 行将原始数据归一化,并使用归一化后的数据绘制圆形面。

注意本例中 y 轴是反序的,从上往下表示数据从小到大。

第 53 行使用 axis equal 语句确保圆形面不变形。

注意圆圈热力图与例 134 介绍的规则散点图之间的区别,二者圆形面绘制的位置不一样。

## 例 143　方块热力图

图 11-3 所示的热力图称为方块热力图,它在图表的每个方框中用颜色和大小不一的正方形面表示矩阵数据的大小。

[图表效果]

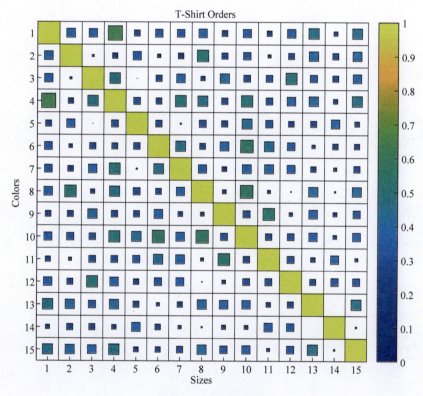

图 11-3　方块热力图

[代码实现]

```
1.    % 方块热力图
2.    clear;close all;              % 清空工作空间的变量,关闭所有打开的对话框
3.    A = randn(30,15);             % 生成数据
4.    R = corrcoef(A);              % 计算 A 中各列的相关系数矩阵
5.    R = flipud(R);                % 上下翻转矩阵
6.    minD = min(min(R));
7.    maxD = max(max(R));
8.    difD = maxD - minD;
```

```matlab
9.    normCData = (R - minD * ones(size(R)))./(difD * ones(size(R)));    % 归一化数据
10.
11.   % 画网格线和方块
12.   s = size(R);
13.   m = s(1);n = s(2);
14.   cm = colormap;
15.
16.   for i = 0:n                                          % 绘制网格
17.       for j = 0:m
18.           line([i i],[0 j],'Color','k')
19.           line([0 i],[j j],'Color','k')
20.       end
21.   end
22.   for i = 0:n - 1                                      % 绘制方块
23.       for j = m - 1: - 1:0
24.           w = normCData(j + 1,i + 1);
25.           mg = (1 - w)/2;
26.           if round(w * length(cm)) == 0
27.               rectangle('Position',[i + mg j + mg w w],...
28.                   'FaceColor',cm(1,:),...
29.                   'EdgeColor','k')
30.           else
31.               h = rectangle('Position',[i + mg j + mg w w],...
32.                   'FaceColor',cm(round(w * length(cm)),:),...
33.                   'EdgeColor','k');
34.           end
35.
36.           % text(i + 0.5,j + 0.5,num2str(cdata(j + 1,i + 1)),...
37.           %     "FontSize",16,'HorizontalAlignment','center')
38.       end
39.   end
40.
41.   xtv = 0.5:1:n - 0.5;
42.   xticks(xtv)                                          % x 轴刻度的位置
43.   xtl = split(num2str(1:n));
44.   xticklabels(xtl)                                     % 设置 x 轴的刻度标签
45.
46.   ytv = 0.5:1:m - 0.5;
47.   yticks(ytv)                                          % y 轴刻度的位置
48.   ytl = split(num2str(m: - 1:1));
49.   yticklabels(ytl)                                     % 设置 y 轴的刻度标签
50.
51.   axis equal                                           % 各坐标轴方向上度量单位相同
52.   xlim([0 n])
53.   ylim([0 m])
54.   colorbar                                             % 显示色条
55.
56.   title('T - Shirt Orders','FontSize',8);              % 标题
57.   xlabel('Sizes','FontSize',7);
58.   ylabel('Colors','FontSize',7);
59.   ax = gca;                                            % 设置坐标系为当前坐标系
60.   ax.FontSize = 6;                                     % 修改坐标系刻度标签的字体大小
61.
62.   % set(gcf,'PaperUnits','points','Position',[0 0 350 240])
63.   exportgraphics(gcf,'sam11_03.png','ContentType','image','Resolution',300)    % 保存为 png 文件
64.   exportgraphics(gcf,'sam11_03.pdf','ContentType','vector')                    % 保存为 pdf 文件
```

[代码说明]

代码第 3～9 行为绘图数据并将数据归一化,第 11～39 行绘制网格线和方框中的正方形面,第 41～49 行绘制网格左侧和下侧的刻度线和刻度标签。

[技术要点]

用 line 函数绘制网格,用 rectangle 函数绘制正方形面。

代码第 6～9 行将原始数据归一化,并使用归一化后的数据绘制正方形面。

注意本例中 $y$ 轴是反序的,从上往下表示数据从小到大。这样图表中的方块与矩阵数据的编号相一致。

第 51 行使用 axis equal 语句确保正方形面不变形。

## 例 144　三角形方块热力图

对称矩阵关于对角线对称,上三角的数据和下三角的数据完全相同,所以绘图时常常只绘制一半,要么是上三角,要么是下三角。图 11-4 所示为绘制下三角矩阵对应的三角形方块热力图。

[图表效果]

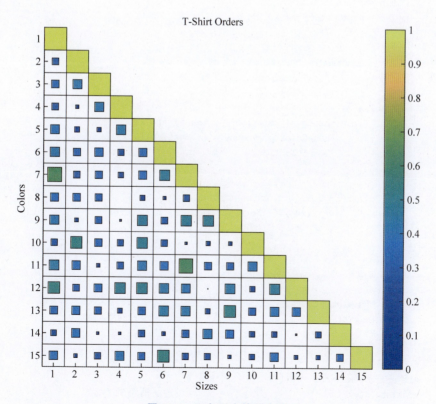

图 11-4　三角形方块热力图

[代码实现]

```matlab
1.  % 三角形方块热力图
2.  clear;close all;                                      % 清空工作空间的变量,关闭所有打开的对话框
3.  A = randn(30,15);                                     % 生成数据
4.  R = corrcoef(A);                                      % 计算 A 中各列的相关系数矩阵
5.  R = flipud(R);                                        % 上下翻转矩阵
6.  minD = min(min(R));
7.  maxD = max(max(R));
8.  difD = maxD - minD;
9.  normCData = (R - minD * ones(size(R)))./(difD * ones(size(R)));     % 归一化数据
10.
11. % 画网格线和方块
12. s = size(R);
13. m = s(1);n = s(2);
14. cm = colormap;
15.
16. line([0 0],[0 m],'Color','k')                         % 纵轴
17. line([0 0],[n 0],'Color','k')                         % 横轴
18. for i = 1:n                                           % 绘制网格
19.     for j = m - i + 1: -1:1
20.         line([i i],[0 j],'Color','k')
21.         line([0 i],[j j],'Color','k')
22.     end
23. end
24. for i = 0:n - 1                                       % 绘制方块
25.     for j = m - i - 1: -1:0
26.         w = normCData(j + 1,i + 1);
27.         mg = (1 - w)/2;
28.         if round(w * length(cm)) == 0
29.             rectangle('Position',[i + mg j + mg w w],...
30.                 'FaceColor',cm(1,:),...
31.                 'EdgeColor','k')
32.         else
33.             h = rectangle('Position',[i + mg j + mg w w],...
34.                 'FaceColor',cm(round(w * length(cm)),:),...
35.                 'EdgeColor','k');
36.         end
37.
38.         % text(i + 0.5,j + 0.5,num2str(cdata(j + 1,i + 1)),...
39.         %     "FontSize",16,'HorizontalAlignment','center')
40.     end
41. end
42.
43. xtv = 0.5:1:n - 0.5;
44. xticks(xtv)                                           % x 轴刻度的位置
45. xtl = split(num2str(1:n));
46. xticklabels(xtl)                                      % 设置 x 轴的刻度标签
47.
48. ytv = 0.5:1:m - 0.5;
49. yticks(ytv)                                           % y 轴刻度的位置
50. ytl = split(num2str(m: -1:1));
51. yticklabels(ytl)                                      % 设置 y 轴的刻度标签
```

```
52.
53.    axis equal                              % 各坐标轴方向上度量单位相同
54.    xlim([0 n])
55.    ylim([0 m])
56.    colorbar                                % 显示色条
57.
58.    title('T-Shirt Orders','FontSize',8);   % 标题
59.    xlabel('Sizes','FontSize',7);
60.    ylabel('Colors','FontSize',7);
61.    ax = gca;                               % 设置坐标系为当前坐标系
62.    ax.FontSize = 6;                        % 修改坐标系刻度标签的字体大小
63.
64.    % set(gcf,'PaperUnits','points','Position',[0 0 350 240])
65.    exportgraphics(gcf,'sam11_04.png','ContentType','image','Resolution',300)   % 保存为 png 文件
66.    exportgraphics(gcf,'sam11_04.pdf','ContentType','vector')                   % 保存为 pdf 文件
```

[代码说明]

代码第 3~9 行指定绘图数据,并将数据归一化,第 11~39 行绘制网格线和方框中的正方形面,第 41~49 行绘制网格左侧和下侧的刻度线和刻度标签。

[技术要点]

用 line 函数绘制网格,用 rectangle 函数绘制正方形面。

代码第 6~9 行将原始数据归一化,并使用归一化后的数据绘制正方形面。

注意本例中 y 轴是反序的,从上往下表示数据从小到大。

第 53 行使用 axis equal 语句确保正方形面不变形。

# 第 12 章

# 专业统计图表

前面介绍的点图、线形图、柱状图、条形图、面积图、饼图、直方图、核密度估计曲线图、散点图、气泡图等都属于统计图表。本章介绍更多专业的统计图表类型,包括箱形图、误差柱状图、小提琴图、云雨图、显著性标注以及回归模型和置信区间的绘制等。

## 例 145　简单箱形图

使用箱形图可以显示给定数据的分布特征,并且发现数据中的异常值。异常值是由于某种原因造成的数据中出现统计上过大或过小的值,将它们纳入数据分析会影响分析结果。

箱形图用分位数法判断异常值的图形表示。分位数法判断异常值时,首先用数据的 75% 分位数减去 25% 分位数,得到该数据的内四分极值 IQR,如果数据落在[25% 分位数 $-1.5×$IQR,75% 分位数 $+1.5×$IQR]范围外,则认为数据是异常值,否则不是。

图 12-1 所示为竖直和水平方向的简单箱形图。箱体中间的横线表示数据的中值,箱体上边缘表示数据的 75% 分位数,下边缘表示 25% 分位数。箱体上下为触须,上面的触须对应 75% 分位数 $+1.5×$IQR,下面的触须对应 25% 分位数 $-1.5×$IQR。落在触须以外的点为异常点,常用星号或圆圈等标记表示。注意,箱体上下触须不能超出数据最小值到最大值的范围。

[图表效果]

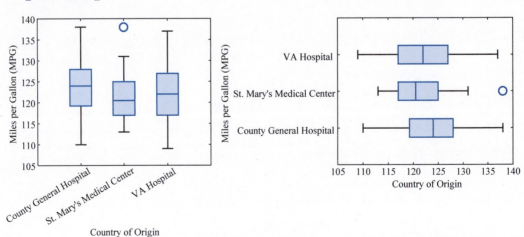

图 12-1　简单箱形图

[代码实现]

```matlab
1.   % 简单箱形图
2.   clear;close all;                                    % 清空工作空间的变量,关闭所有打开的对话框
3.   tiledlayout(2,2);                                   % 多图
4.   load patients                                       % 载入数据
5.
6.   ax1 = nexttile;
7.   boxchart(categorical(Location),Systolic)            % 绘制箱形图
8.   xlabel('Country of Origin','FontSize',7)
9.   ylabel('Miles per Gallon (MPG)','FontSize',7)
10.  box on                                              % 显示外框
11.  ax1.FontSize = 6;
12.
13.  ax2 = nexttile;
14.  boxchart(categorical(Location),Systolic,"Orientation","horizontal")   % 绘制水平箱形图
15.  xlabel('Country of Origin','FontSize',7)
16.  ylabel('Miles per Gallon (MPG)','FontSize',7)
17.  box on                                              % 显示外框
18.  ax2.FontSize = 6;
19.
20.  set(gcf,'PaperUnits','points','Position',[0 0 600 420])
21.  exportgraphics(gcf,'sam12_01.png','ContentType','image','Resolution',300)   % 保存为 png 文件
22.  exportgraphics(gcf,'sam12_01.pdf','ContentType','vector')                   % 保存为 pdf 文件
```

[代码说明]

代码第 4 行为绘图数据,第 7 行和第 14 行绘制不同方向的箱形图。

[技术要点]

MATLAB 中使用 boxchart 函数绘制箱形图。注意,分类轴变量要先转换为分类型数组,使用 Orientation 参数可以指定箱形图的显示方向。

## 例 146　多色简单箱形图

图 12-1 给简单箱形图着相同的颜色,图 12-2 所示的多色简单箱形图也较常见,图中每个箱形用单色填充,但各箱形的颜色不一样。

[图表效果]

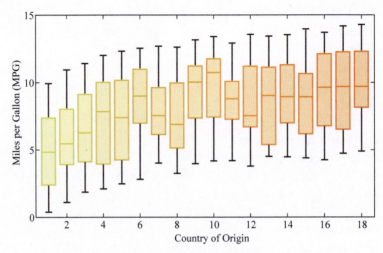

图 12-2 多色简单箱形图

[代码实现]

```matlab
1.    % 多色简单箱形图
2.    clear;close all;                                    % 清空工作空间的变量,关闭所有打开的对话框
3.    load MyColormap01                                   % 载入自定义颜色查找表
4.    x = 1:18;                                           % 绘图数据
5.    data = 1.5 * log(x) + 10 * rand(30,18);
6.    h(1) = boxchart(ones(size(data(:,1))),data(:,1));   % 绘制第 1 个箱形图
7.    hold on                                             % 叠加绘图
8.    for i = 2:18
9.        h(i) = boxchart(i * ones(size(data(:,i))),data(:,i));  % 继续绘制各箱形图
10.   end
11.   colormap(MyColormap01)                              % 使用自定义颜色查找表
12.   cm = colormap;
13.   idx = 1:length(h);
14.   for i = 1:length(h)                                 % 用自定义颜色查找表中的颜色修改箱形图的颜色
15.       t = idx(i)./length(h) * length(cm);
16.       t = round(t);
17.       if t < 1
18.           t = 1;
19.       end
20.       h(i).BoxFaceColor = cm(t,:);                    % 修改颜色
21.       h(i).BoxFaceAlpha = 0.3;                        % 半透明
22.       h(i).BoxWidth = h(i).BoxWidth * 1.5;            % 线宽
23.   end
24.   xlabel('Country of Origin','FontSize',7)            % 设置 x 轴标题
25.   ylabel('Miles per Gallon (MPG)','FontSize',7)       % 设置 y 轴标题
26.   box on                                              % 显示外框
27.   xlim([0.3 18.7])                                    % 设置 x 轴的取值范围
28.   % ylim([5 25])
29.   ax = gca;                                           % 设置坐标系为当前坐标系
30.   ax.FontSize = 6;                                    % 修改坐标系刻度标签的字体大小
```

```
31.     camlight                                                    % 添加光照
32.
33.     set(gcf,'PaperUnits','points','Position',[0 0 450 250])
34.     exportgraphics(gcf,'sam12_02.png','ContentType','image','Resolution',300)   % 保存为 png 文件
35.     exportgraphics(gcf,'sam12_02.pdf','ContentType','vector')                    % 保存为 pdf 文件
```

[代码说明]

代码第 4、5 行为绘图数据,第 6～10 行绘制多色简单箱形图,第 11～23 行修改各箱形的颜色。

[技术要点]

使用 boxchart 函数绘制箱形图,遍历各箱形,用其句柄对象的 BoxFaceColor 属性修改颜色。颜色根据箱形的编号映射颜色查找表进行获取。第 3 行代码载入了自定义颜色查找表。

## 例 147  颜色渐变的简单箱形图

颜色渐变的简单箱形图如图 12-3 所示,每个箱形的箱体区域进行渐变色填充。boxchart 函数不能绘制渐变色填充的箱形图,要实现这个效果,必须自己进行绘制。

[图表效果]

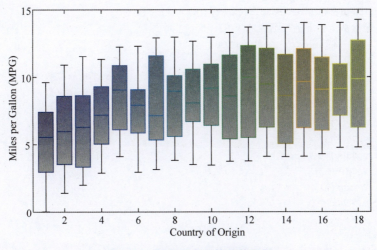

图 12-3  颜色渐变的简单箱形图

[代码实现]

```
1.      % 颜色渐变的简单箱形图
2.      clear;close all;                          % 清空工作空间的变量,关闭所有打开的对话框
3.      x = 1:18;                                 % 绘图颜色
```

```matlab
4.    data = 1.5 * log(x) + 10 * rand(30,18);
5.    h = boxchart(ones(size(data(:,1))),data(:,1));    % 绘制箱形图
6.    h.BoxWidth = h.BoxWidth * 1.6;                    % 修改属性
7.    h.Visible = "off";                                % 隐藏各箱形
8.
9.    cm = colormap;                                    % 获取当前颜色查找表颜色矩阵
10.   for i = 1:length(x)                               % 重新绘制各箱形图
11.       t = round(i./length(x) * length(cm));
12.       if t < 1
13.           t = 1;
14.       end
15.       drawGradientBoxplot(data(:,i),cm(t,:),i,h.BoxWidth)   % 绘制自定义箱形图
16.   end
17.
18.   xlabel('Country of Origin','FontSize',7)          % 设置 x 轴标题
19.   ylabel('Miles per Gallon (MPG)','FontSize',7)     % 设置 y 轴标题
20.   box on                                            % 显示外框
21.   xlim([0.3 18.7])                                  % 设置 x 轴的取值范围
22.   % ylim([5 25])
23.   ax = gca;                                         % 设置坐标系为当前坐标系
24.   ax.FontSize = 6;                                  % 修改坐标系刻度标签的字体大小
25.   % camlight                                        % 添加光照
26.   hold off                                          % 取消叠加绘图
27.
28.   set(gcf,'PaperUnits','points','Position',[0 0 450 250])
29.   exportgraphics(gcf,'sam12_03.png','ContentType','image','Resolution',300)  % 保存为 png 文件
30.   exportgraphics(gcf,'sam12_03.pdf','ContentType','vector')                  % 保存为 pdf 文件
31.
32.   function drawGradientBoxplot(A,cr,x,w)
33.       % 箱形从上往下进行渐变色填充
34.       % A 为一维数组,cr 为颜色,[1 0 0]
35.       % x 为中心横坐标,w 为宽度
36.       p25 = prctile(A,25);                          % 25% 分位数
37.       p50 = prctile(A,50);                          % 50% 分位数
38.       p75 = prctile(A,75);                          % 75% 分位数
39.       ir = iqr(A);                                  % 内四分极差
40.       pu = p75 + 1.5 * ir;                          % 上触须末端
41.       pl = p25 - 1.5 * ir;                          % 下触须末端
42.       minV = min(A);
43.       maxV = max(A);
44.       if pu > maxV
45.           pu = maxV;
46.       end
47.       if pl < minV
48.           pl = minV;
49.       end
50.
51.       % 用面片画箱体
52.       verts = [x - w/2 p25;x + w/2 p25;x + w/2 p75;x - w/2 p75];
53.       faces = [1 2 3 4];
54.       colors = [1 1 1;1 1 1;cr;cr];
```

```
55.     va = [0.3;0.3;0.3;0.3];
56.     patch('Vertices',verts,'Faces',faces,...
57.         'FaceVertexCData',colors,'FaceColor','Interp',...
58.         'EdgeColor',cr,'FaceVertexAlphaData',va,...
59.         'FaceAlpha','flat')
60.
61.     % 绘制中值线
62.     line([x-w/2 x+w/2],[p50 p50],'Color',cr)
63.
64.     % 绘制触须
65.     line([x x],[p75 pu],'Color','k')
66.     line([x x],[p25 pl],'Color','k')
67.     line([x-w/4 x+w/4],[pu pu],'Color','k')
68.     line([x-w/4 x+w/4],[pl pl],'Color','k')
69.
70.     % 绘制异常点
71.     hold on                                    % 叠加绘图
72.     for i = 1:length(A)                        % 绘制触须外散点
73.         if A(i)> pu || A(i)< pl
74.             plot(x,A(i),'*k','MarkerSize',5)   % 绘制散点
75.         end
76.     end
77. end
```

[代码说明]

代码第 3、4 行为绘图数据,第 5～7 行绘制箱形图并隐藏箱形,第 9～16 行实现箱形图的重绘,第 32～77 行定义 drawGradientBoxplot 函数,绘制渐变色填充的箱形图。

[技术要点]

第 5 行用 boxchart 函数绘箱形图,但只是用它返回的句柄获取相关参数,如箱形的宽度。drawGradientBoxplot 函数根据给定的数据重绘整个箱形图,包括箱体、中值线、触须、异常值等。用面片对箱体实现渐变色填充。关于面片的创建和设置,请参见例 023。

注意,触须的长度必须限制在最小值和最大值之间,所以,绘制箱形图时,如果 75% 分位数＋1.5×IQR 的计算结果大于最大值,则上触须的位置取最大值;如果 25% 分位数－1.5×IQR 的计算结果小于最小值,则下触须的位置取最小值。如代码第 40～49 行所示。

## 例 148  箱形图叠加均值连线

图 12-4 在颜色渐变的简单箱形图的基础上叠加了各分组数据的均值的连线。箱形图只给出中值,这里添加均值数据。

[图表效果]

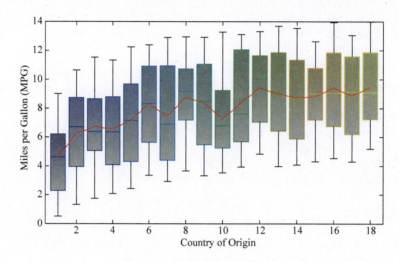

图 12-4　箱形图叠加均值连线

[代码实现]

```matlab
1.  % 箱形图叠加均值连线
2.  clear;close all;                              % 清空工作空间的变量,关闭所有打开的对话框
3.  x = 1:18;                                     % 绘图颜色
4.  data = 1.5 * log(x) + 10 * rand(30,18);
5.  h = boxchart(ones(size(data(:,1))),data(:,1));   % 绘制箱形图
6.  h.BoxWidth = h.BoxWidth * 1.6;                % 修改属性
7.  h.Visible = "off";                            % 隐藏各箱形
8.
9.  % 获取当前颜色查找表颜色矩阵
10. cm = colormap;
11. for i = 1:length(x)                           % 重新绘制各箱形图
12.     t = round(i./length(x) * length(cm));
13.     if t < 1
14.         t = 1;
15.     end
16.     drawGradientBoxplot(data(:,i),cm(t,:),i,h.BoxWidth)    % 绘制自定义箱形图
17. end
18.
19. % 叠加均值连线
20. for i = 1:length(x)
21.     m(i) = mean(data(:,i));
22. end
23. plot(x,m,'-r')                                % 绘制连线
24.
25. xlabel('Country of Origin','FontSize',7)      % 设置 x 轴标题
26. ylabel('Miles per Gallon (MPG)','FontSize',7) % 设置 y 轴标题
27. box on                                        % 显示外框
28. xlim([0.3 18.7])                              % 设置 x 轴的取值范围
29. % ylim([5 25])
30. ax = gca;                                     % 设置坐标系为当前坐标系
31. ax.FontSize = 6;                              % 修改坐标系刻度标签的字体大小
32. % camlight                                    % 添加光照
```

```
33.     hold off                                                    % 取消叠加绘图
34.
35.     set(gcf,'PaperUnits','points','Position',[0 0 450 250])
36.     exportgraphics(gcf,'sam12_04.png','ContentType','image','Resolution',300)    % 保存为 png 文件
37.     exportgraphics(gcf,'sam12_04.pdf','ContentType','vector')                    % 保存为 pdf 文件
```

[代码说明]

代码第 3、4 行为绘图数据，第 5～7 行绘制箱形图并隐藏箱形，第 9～17 行实现箱形图的重绘，第 19～23 行绘制均值连线。drawGradientBoxplot 函数的代码省略了，参见例 147。

[技术要点]

第 19～23 行先计算各分组数据的均值，然后用 plot 函数叠加绘制各均值点的连线。

## 例 149  复合箱形图

复合箱形图用多组箱形图表现多组数据的图形，如图 12-5 所示。图中用蓝色和红色两组箱形图表现两组数据，相同颜色的箱形组成一个序列，相邻的两种颜色的柱形组成一个分组，共有两个序列、3 个分组。

[图表效果]

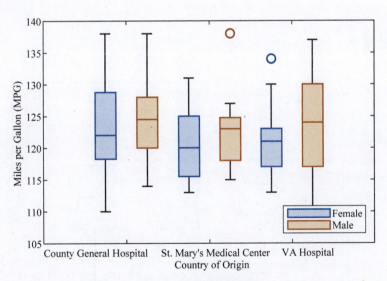

图 12-5  复合箱形图

[代码实现]

```
1.     % 复合箱形图
2.     clear;close all;                                % 清空工作空间的变量，关闭所有打开的对话框
```

```
3.    load patients                                              % 载入数据
4.    boxchart(categorical(Location),Systolic,"GroupByColor",Gender)   % 绘制箱形图
5.    xlabel('Country of Origin','FontSize',7)                   % 设置 x 轴标题
6.    ylabel('Miles per Gallon (MPG)','FontSize',7)              % 设置 y 轴标题
7.    ax = gca;                                                  % 设置坐标系为当前坐标系
8.    ax.FontSize = 6;                                           % 修改坐标系刻度标签的字体大小
9.    legend('Location','southeast')                             % 图例
10.   box on                                                     % 显示外框
11.
12.   set(gcf,'PaperUnits','points','Position',[0 0 450 250])
13.   exportgraphics(gcf,'sam12_05.png','ContentType','image','Resolution',300)   % 保存为 png 文件
14.   exportgraphics(gcf,'sam12_05.pdf','ContentType','vector')  % 保存为 pdf 文件
```

[代码说明]

代码第 3 行为绘图数据,第 4 行绘制复合箱形图。

[技术要点]

用 boxchart 函数绘制复合箱形图,用 GroupByColor 参数指定分组变量。

## 例 150　带槽口的箱形图

图 12-6 所示为带槽口的箱形图,槽口的下边缘对应 $m-1.57\times\mathrm{IQR}/\mathrm{sqrt}(n)$,上边缘对应 $m+1.57\times\mathrm{IQR}/\mathrm{sqrt}(n)$。其中,$m$ 表示数据的中值,$n$ 表示数据的个数,IQR 表示内四分极值。

[图表效果]

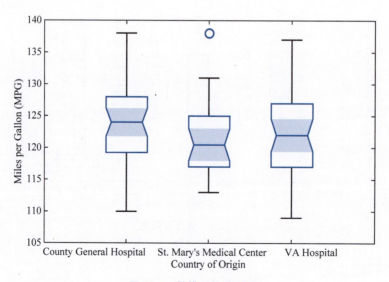

图 12-6　带槽口的箱形图

[代码实现]

1. %带槽口的箱形图
2. clear;close all;                          %清空工作空间的变量,关闭所有打开的对话框
3. load patients                             %载入数据
4. boxchart(categorical(Location),Systolic,'Notch','on');  %绘制箱形图
5. xlabel('Country of Origin','FontSize',7);  %设置x轴标题
6. ylabel('Miles per Gallon (MPG)','FontSize',7);  %设置y轴标题
7. box on                                    %显示外框
8. ax = gca;                                 %设置坐标系为当前坐标系
9. ax.FontSize = 6;                          %修改坐标系刻度标签的字体大小
10.
11. set(gcf,'PaperUnits','points','Position',[0 0 400 250])
12. exportgraphics(gcf,'sam12_06.png','ContentType','image','Resolution',300)   %保存为png文件
13. exportgraphics(gcf,'sam12_06.pdf','ContentType','vector')                    %保存为pdf文件

[代码说明]

代码第3行为绘图数据,第4行绘制带槽口的箱形图。

[技术要点]

用boxchart函数绘制箱形图,设置Notch参数的值为'on'。

## 例151  误差柱状图

误差柱状图根据分组数据绘制柱状图,并叠加误差条图,如图12-7所示。图中给柱状图中的柱形着不同的颜色。

[图表效果]

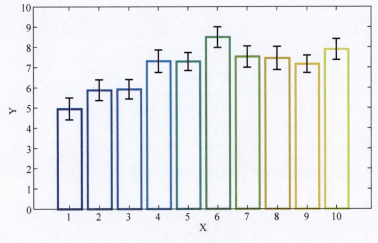

图 12-7  误差柱状图

[代码实现]

```matlab
1.  % 误差柱状图
2.  clear;close all;                              % 清空工作空间的变量,关闭所有打开的对话框
3.  x = 1:10;                                     % 绘图数据
4.  data = 1.5 * log(x) + 10 * rand(30,10);
5.  m = mean(data);
6.  e = std(data)./sqrt(length(data));
7.
8.  h(1) = bar(1,m(1));                           % 逐个绘制各柱形
9.  hold on                                       % 叠加绘图
10. for i = 2:10
11.     h(i) = bar(i,m(i));
12. end
13. cm = colormap;                                % 颜色查找表的颜色矩阵
14. idx = 1:length(h);
15. for i = 1:length(h)                           % 给每个柱形的边线设置颜色
16.     t = idx(i)./length(h) * length(cm);
17.     t = round(t);
18.     if t < 1
19.         t = 1;
20.     end
21.     h(i).FaceColor = 'none';
22.     h(i).EdgeColor = cm(t,:);
23.     h(i).LineWidth = 1.5;
24. end
25. hold on                                       % 叠加绘图
26. h = errorbar(x,m,e,e);                        % 叠加误差条图
27. h.Color = 'k';                                % 修改属性
28. h.LineStyle = 'none';
29. h.LineWidth = 1;
30. hold off                                      % 取消叠加绘图
31. xticks(1:10)
32. xticklabels(split(num2str(xticks)))
33. xlabel('X','FontSize',7)
34. ylabel('Y','FontSize',7)
35. ax = gca;                                     % 设置坐标系为当前坐标系
36. ax.FontSize = 6;                              % 修改坐标系刻度标签的字体大小
37. box on                                        % 显示外框
38.
39. set(gcf,'PaperUnits','points','Position',[0 0 450 250])
40. exportgraphics(gcf,'sam12_07.png','ContentType','image','Resolution',300)    % 保存为 png 文件
41. exportgraphics(gcf,'sam12_07.pdf','ContentType','vector')                    % 保存为 pdf 文件
```

[代码说明]

代码第 3～6 行为绘图数据,第 8～24 行绘制柱状图,第 25～29 行叠加绘制误差条图。

[技术要点]

本例通过颜色映射为各柱形着不同的颜色。误差条图触须的长度为分组数据的标准差除以数据个数的平方根。

## 例 152　误差柱状图叠加抖动散点图

图 12-8 在误差柱状图的基础上添加了抖动散点图,既可探查分组数据目标统计量的大小,又可以查看原始数据。

[图表效果]

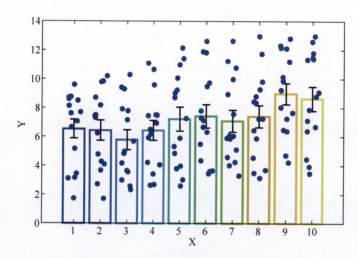

图 12-8　误差柱状图叠加抖动散点图

[代码实现]

```
1.   %误差柱状图叠加抖动散点图
2.   clear;close all;                              %清空工作空间的变量,关闭所有打开的对话框
3.   x = 1:10;                                     %绘图数据
4.   data = 1.5 * log(x) + 10 * rand(15,10);
5.   m = mean(data);
6.   e = std(data)./sqrt(length(data));
7.
8.   h(1) = bar(1,m(1));                           %逐个绘制各柱形
9.   hold on                                       %叠加绘图
10.  for i = 2:length(x)
11.      h(i) = bar(i,m(i));
12.  end
13.  cm = colormap;                                %当前颜色查找表颜色矩阵
14.  idx = 1:length(h);
15.  for i = 1:length(h)                           %修改各柱形的颜色
16.      t = idx(i)./length(h) * length(cm);
17.      t = round(t);
18.      if t < 1
19.          t = 1;
```

```
20.     end
21.     h(i).FaceColor = 'none';
22.     h(i).EdgeColor = cm(t,:);
23.     h(i).LineWidth = 1.5;
24. end
25.
26. h = errorbar(x,m,e,e);                  % 叠加误差条图
27. h.Color = 'k';                          % 修改颜色
28. h.LineStyle = 'none';
29. h.LineWidth = 1;
30.
31. for i = 1:length(x)                     % 叠加抖动散点图
32.     swarmchart(i*ones(size(data(:,i))),data(:,i),'filled',...
33.         'XJitter','rand','xjitterwidth',0.5,...
34.         'MarkerFaceColor','b','SizeData',16)
35. end
36. hold off                                % 取消叠加绘图
37. xticks(1:10)                            % x 轴刻度的位置
38. xticklabels(split(num2str(xticks)))     % 设置 x 轴的刻度标签
39. xlabel('X','FontSize',7)                % 设置 x 轴标题
40. ylabel('Y','FontSize',7)                % 设置 y 轴标题
41. ax = gca;                               % 设置坐标系为当前坐标系
42. ax.FontSize = 6;                        % 修改坐标系刻度标签的字体大小
43. box on                                  % 显示外框
44.
45. set(gcf,'PaperUnits','points','Position',[0 0 400 250])
46. exportgraphics(gcf,'sam12_08.png','ContentType','image','Resolution',300)   % 保存为 png 文件
47. exportgraphics(gcf,'sam12_08.pdf','ContentType','vector')                   % 保存为 pdf 文件
```

[代码说明]

代码第 3~6 行为绘图数据，第 8~24 行绘制柱状图，第 26~29 行叠加绘制误差条图，第 31~35 行叠加绘制抖动散点图。

[技术要点]

本例通过颜色映射给各柱形着不同的颜色。误差条图触须的长度为分组数据的标准差除以数据个数的平方根。用 swarmchart 函数绘制抖动散点图。

## 例 153　散点箱形图

图 12-9 所示为用分组数据绘制颜色不同的箱形图，并叠加绘制抖动散点图。从该图中既可探查分组数据各主要分位数处的分布情况，查看异常值，也可以查看原始数据。

[图表效果]

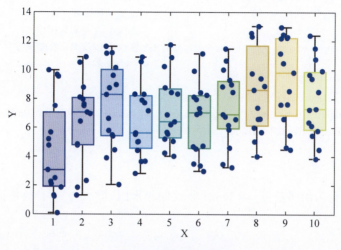

图 12-9　散点箱形图

[代码实现]

```
1.    % 散点箱形图
2.    clear;close all;                          % 清空工作空间的变量,关闭所有打开的对话框
3.    x = 1:10;                                 % 绘图数据
4.    data = 1.5 * log(x) + 10 * rand(15,10);
5.    h(1) = boxchart(ones(size(data(:,1))),data(:,1));    % 逐个绘制各箱形
6.    hold on                                   % 叠加绘图
7.    for i = 2:length(x)
8.        h(i) = boxchart(i * ones(size(data(:,i))),data(:,i));
9.    end
10.   cm = colormap;                            % 当前颜色查找表颜色矩阵
11.   idx = 1:length(h);
12.   for i = 1:length(h)                       % 修改各柱形边线的颜色
13.       t = idx(i)./length(h) * length(cm);
14.       t = round(t);
15.       if t < 1
16.           t = 1;
17.       end
18.       h(i).BoxFaceColor = cm(t,:);
19.       h(i).BoxFaceAlpha = 0.3;
20.       h(i).BoxWidth = h(i).BoxWidth * 1.5;
21.   end
22.
23.   for i = 1:length(x)                       % 叠加抖动散点图
24.       swarmchart(i * ones(size(data(:,i))),data(:,i),'filled',...
25.           'XJitter','rand','xjitterwidth',0.5,...
26.           'MarkerFaceColor','b','SizeData',16)
27.   end
```

```
28.     hold off                                              % 取消叠加绘图
29.     xlim([0.3 10.7])                                      % 设置 x 轴的取值范围
30.     xlabel('X','FontSize',7)                              % 设置 x 轴标题
31.     ylabel('Y','FontSize',7)                              % 设置 y 轴标题
32.     ax = gca;                                             % 坐标系为当前坐标系
33.     ax.FontSize = 6;                                      % 修改坐标系刻度标签的字体大小
34.     box on                                                % 显示外框
35.
36.     set(gcf,'PaperUnits','points','Position',[0 0 400 250])
37.     exportgraphics(gcf,'sam12_09.png','ContentType','image','Resolution',300)    % 保存为 png 文件
38.     exportgraphics(gcf,'sam12_09.pdf','ContentType','vector')                    % 保存为 pdf 文件
```

[代码说明]

代码第 3、4 行为绘图数据,第 5～21 行绘制箱形图,第 23～27 行叠加抖动散点图。

[技术要点]

本例通过颜色映射给各箱形着不同的颜色。用 swarmchart 函数绘制抖动散点图。

## 例 154 小提琴图

从 MATLAB R2024b 版本开始支持小提琴图的绘制,如图 12-10 所示。这里的小提琴图实际是由对称绘制的核密度估计曲线图组合而成。常在小提琴图内部叠加绘制箱形图,如图 12-11 所示。

[图表效果]

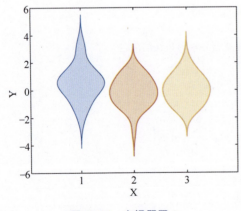

图 12-10  小提琴图 1

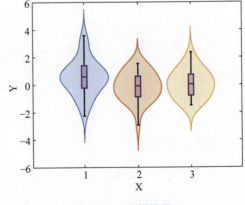

图 12-11  小提琴图 2

[代码实现]

```
1.      % 小提琴图
```

```matlab
2.  clear;close all;                          % 清空工作空间的变量,关闭所有打开的对话框
3.  x = 1:3;                                  % 绘图数据
4.  y = randn(30,3);
5.  violinplot(y);                            % 绘制小提琴图
6.
7.  xlabel("X",'FontSize',7)                  % 设置 x 轴标题
8.  ylabel("Y",'FontSize',7)                  % 设置 y 轴标题
9.  ax = gca;                                 % 设置坐标系为当前坐标系
10. ax.FontSize = 6;                          % 修改坐标系刻度标签的字体大小
11. box on                                    % 显示外框
12.
13. set(gcf,'PaperUnits','points','Position',[0 0 300 220])
14. exportgraphics(gcf,'sam148.png','ContentType','image','Resolution',300)   % 保存为 png 文件
15. exportgraphics(gcf,'sam148.pdf','ContentType','vector')                    % 保存为 pdf 文件
16.
17. figure
18. h = violinplot(y);                        % 小提琴图
19. hold on                                   % 叠加绘图
20. h2 = boxchart(y);                         % 叠加箱形图
21. h2.BoxWidth = 0.1;                        % 修改箱形宽度
22.
23. xlabel("X",'FontSize',7)                  % 设置 x 轴标题
24. ylabel("Y",'FontSize',7)                  % 设置 y 轴标题
25. ax = gca;                                 % 设置坐标系为当前坐标系
26. ax.FontSize = 6;                          % 修改坐标系刻度标签的字体大小
27. box on                                    % 显示外框
28.
29. set(gcf,'PaperUnits','points','Position',[0 0 300 220])
30. exportgraphics(gcf,'sam12_10.png','ContentType','image','Resolution',300) % 保存为 png 文件
31. exportgraphics(gcf,'sam12_10.pdf','ContentType','vector')                  % 保存为 pdf 文件
```

[代码说明]

代码第 3、4 行为绘图数据,第 5 行和第 18 行绘制小提琴图。

[技术要点]

从 MATLAB R2024b 版本开始,可以用 violinplot 函数绘制小提琴图。第 20、21 行在小提琴图上叠加绘制箱形图。

## 例 155　云雨图 1

云雨图是一种组合图,由小提琴图、箱形图和抖动散点图组合而成,根据组合图表的类型可以有不同的样式。图 12-12 所示为由小提琴图和抖动散点图组合而成的云雨图。使用云雨图可以展示更多的数据信息。

[图表效果]

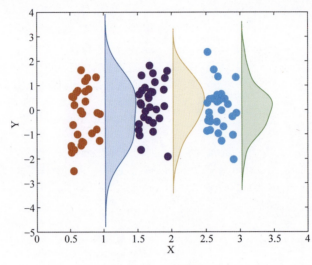

图 12-12　云雨图 1

[代码实现]

```matlab
1.  % 云雨图 1
2.  clear;close all;                              % 清空工作空间的变量,关闭所有打开的对话框
3.  x = 1:3;                                      % 绘图数据
4.  y = randn(30,3);
5.  % 绘制云雨图
6.  for i = 1:3
7.      h = violinplot(i*ones(30,1),y(:,i));      % 绘制小提琴图
8.      h.XData = h.XData + 0.03;                 % 修改位置
9.      h.DensityDirection = 'positive';          % 保留小提琴图正向的一半
10.     hold on                                   % 叠加绘图
11.     h2 = swarmchart(i*ones(30,1),y(:,i));     % 叠加绘制抖动散点图
12.     h2.Jitter = 'on';                         % 修改属性
13.     h2.XJitter = 'rand';
14.     h2.XJitterWidth = 0.3;
15.     h2.XData = h2.XData - 0.3;
16.     h2.MarkerFaceColor = h2.MarkerEdgeColor;
17. end
18.
19. xlabel("X",'FontSize',7)                      % 设置 x 轴标题
20. ylabel("Y",'FontSize',7)                      % 设置 y 轴标题
21. xlim([0 4])                                   % 设置 x 轴的取值范围
22. ax = gca;                                     % 设置坐标系为当前坐标系
23. ax.FontSize = 6;                              % 修改坐标系刻度标签的字体大小
24. box on                                        % 显示外框
25.
26. set(gcf,'PaperUnits','points','Position',[0 0 400 300])
27. exportgraphics(gcf,'sam12_11png','ContentType','image','Resolution',300)   % 保存为 png 文件
28. exportgraphics(gcf,'sam12_11.pdf','ContentType','vector')                  % 保存为 pdf 文件
```

[代码说明]

代码第 3、4 行为绘图数据，第 5~17 行绘制半侧小提琴图并叠加绘制抖动散点图。

[技术要点]

用 violinplot 函数绘制小提琴图，设置 DensityDirection 属性的值为'positive'，只显示小提琴图的正向部分。用 swarmchart 函数叠加绘制抖动散点图。

## 例 156　云雨图 2

图 12-13 所示为绘制的水平云雨图。

[图表效果]

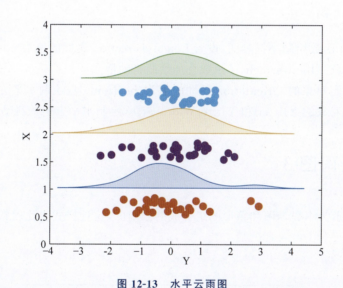

图 12-13　水平云雨图

[代码实现]

```matlab
1.    % 水平云雨图
2.    clear;close all;                            % 清空工作空间的变量,关闭所有打开的对话框
3.    x = 1:3;                                    % 绘图数据
4.    y = randn(30,3);
5.    % 绘制云雨图
6.    for i = 1:3
7.        h = violinplot(i*ones(30,1),y(:,i));    % 绘制小提琴图
8.        h.XData = h.XData + 0.03;               % 修改位置
9.        h.DensityDirection = 'positive';        % 保留小提琴图正向的一半
10.       h.Orientation = "horizontal";           % 水平朝向
11.       hold on                                 % 叠加绘图
12.       h2 = swarmchart(y(:,i),i*ones(30,1));   % 叠加抖动散点图
13.       h2.Jitter = 'on';                       % 修改属性
14.       h2.YJitter = 'rand';
15.       h2.YJitterWidth = 0.3;
```

```
16.         h2.YData = h2.YData - 0.3;
17.         h2.MarkerFaceColor = h2.MarkerEdgeColor;
18.     end
19.
20.     xlabel("Y",'FontSize',7)                          % 设置 x 轴标题
21.     ylabel("X",'FontSize',7)                          % 设置 y 轴标题
22.     ylim([0 4])                                       % 设置 x 轴的取值范围
23.     ax = gca;                                         % 设置坐标系为当前坐标系
24.     ax.FontSize = 6;                                  % 修改坐标系刻度标签的字体大小
25.     box on                                            % 显示外框
26.
27.     set(gcf,'PaperUnits','points','Position',[0 0 400 300])
28.     exportgraphics(gcf,'sam12_12.png','ContentType','image','Resolution',300)   % 保存为 png 文件
29.     exportgraphics(gcf,'sam12_12.pdf','ContentType','vector')                   % 保存为 pdf 文件
```

[代码说明]

代码第 3、4 行为绘图数据,第 5～18 行绘制半侧小提琴图并叠加绘制抖动散点图。

[技术要点]

用 violinplot 函数绘制小提琴图,设置 DensityDirection 属性的值为'positive',只显示小提琴图的正向部分。用 swarmchart 函数叠加绘制抖动散点图。

设置小提琴图对象的 Orientation 属性的值为'horizontal',绘制水平方向的小提琴图;设置抖动散点图对象的 YJitter 和 YJitterWidth 属性,绘制水平方向的抖动散点图。

## 例 157　云雨图 3

图 12-14 所示为小提琴图和箱形图组合成的云雨图,这种样式也比较常见。

[图表效果]

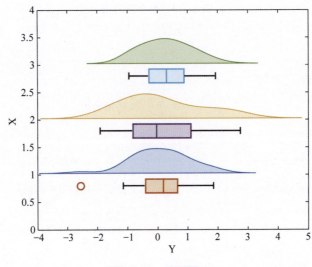

图 12-14　云雨图 3

[代码实现]

```matlab
1.  % 云雨图 3
2.  clear;close all;
3.  x = 1:3;
4.  y = randn(30,3);
5.  % 绘制云雨图
6.  for i = 1:3
7.      h = violinplot(i*ones(30,1),y(:,i));          % 绘制小提琴图
8.      h.XData = h.XData + 0.03;                     % 修改位置
9.      h.DensityDirection = 'positive';              % 保留小提琴图正向的一半
10.     h.Orientation = "horizontal";                 % 水平朝向
11.     hold on                                       % 叠加绘图
12.     h2 = boxchart(i*ones(30,1),y(:,i));           % 绘制箱形图
13.     h2.BoxWidth = h2.BoxWidth/2;                  % 修改箱体的宽度
14.     h2.XData = h2.XData - 0.2;                    % 修改位置
15.     h2.Orientation = "horizontal";                % 水平朝向
16.     h2.BoxFaceColor = h2.BoxEdgeColor;            % 设置颜色
17. end
18.
19. xlabel("Y",'FontSize',7)                          % 设置 x 轴标题
20. ylabel("X",'FontSize',7)                          % 设置 y 轴标题
21. ylim([0 4])
22. ax = gca;
23. ax.FontSize = 6;
24. box on
25.
26. set(gcf,'PaperUnits','points','Position',[0 0 400 300])
27. exportgraphics(gcf,'sam12_13.png','ContentType','image','Resolution',300)   % 保存为 png 文件
28. exportgraphics(gcf,'sam12_13.pdf','ContentType','vector')                   % 保存为 pdf 文件
```

[代码说明]

代码第 3、4 行为绘图数据，第 6～17 行绘制半侧小提琴图并叠加绘制箱形图。

[技术要点]

用 violinplot 函数绘制小提琴图，设置 DensityDirection 属性的值为 'positive'，只显示小提琴图的正向部分。用 boxchart 函数叠加绘制箱形图。

设置小提琴图对象的 Orientation 属性的值为 'horizontal'，绘制水平方向的小提琴图；设置箱形图的 Orientation 属性的值为 'horizontal'，绘制水平方向的箱形图。

## 例 158  云雨图 4

图 12-15 所示为小提琴图、箱形图和抖动散点图组合成的云雨图，添加抖动散点图，可以显示原始数据的信息。

[图表效果]

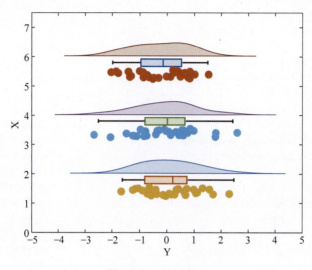

图 12-15　云雨图 4

[代码实现]

```matlab
1.   % 云雨图 4
2.   clear;close all;
3.   x = 1:3;
4.   y = randn(30,3);
5.   % 绘制云雨图
6.   for i = 1:3
7.       h = violinplot(2*i*ones(30,1),y(:,i));        % 绘制小提琴图
8.       h.XData = h.XData + 0.03;                     % 修改位置
9.       h.DensityDirection = 'positive';              % 保留小提琴图正向的一半
10.      h.Orientation = "horizontal";                 % 水平朝向
11.      hold on                                       % 叠加绘图
12.      h2 = boxchart(2*i*ones(30,1),y(:,i));         % 绘制箱形图
13.      h2.BoxWidth = h2.BoxWidth/2;                  % 修改箱体的宽度
14.      h2.XData = h2.XData - 0.2;                    % 修改位置
15.      h2.Orientation = "horizontal";                % 水平朝向
16.      h2.BoxFaceColor = h2.BoxEdgeColor;            % 设置颜色
17.
18.      h3 = swarmchart(y(:,i),2*i*ones(30,1));       % 叠加绘制抖动散点图
19.      h3.Jitter = 'on';                             % 叠加抖动
20.      h3.YJitter = 'rand';                          % 抖动散点图,水平方向
21.      h3.YJitterWidth = 0.3;                        % 宽度
22.      h3.YData = h3.YData - 0.6;                    % 修改位置
23.      h3.MarkerFaceColor = h3.MarkerEdgeColor;      % 修改颜色
24.  end
25.
26.  xlabel("Y",'FontSize',7)                          % 设置 x 轴标题
27.  ylabel("X",'FontSize',7)                          % 设置 y 轴标题
28.  ylim([0 7.5])
29.  ax = gca;
30.  ax.FontSize = 6;
31.  box on
```

```
32.
33.    set(gcf,'PaperUnits','points','Position',[0 0 400 300])
34.    exportgraphics(gcf,'sam12_14.png','ContentType','image','Resolution',300)    % 保存为 png 文件
35.    exportgraphics(gcf,'sam12_14.pdf','ContentType','vector')                    % 保存为 pdf 文件
```

[代码说明]

代码第 3、4 行为绘图数据，第 6~24 行绘制半侧小提琴图并叠加绘制箱形图和抖动散点图。

[技术要点]

用 violinplot 函数绘制小提琴图，设置 DensityDirection 属性的值为 'positive'，只显示小提琴图的正向部分。用 swarmchart 函数叠加绘制抖动散点图。

设置小提琴图对象的 Orientation 属性的值为 'horizontal'，绘制水平方向的小提琴图；设置箱形图的 Orientation 属性的值为 'horizontal'，绘制水平方向的箱形图；设置抖动散点图对象的 YJitter 和 YJitterWidth 属性，绘制水平方向的抖动散点图。

## 例 159　误差柱状图标注检验显著性

统计分析中，均值比较常常检验两个或多个总体的均值之间是否有显著差异，多个总体还需要进行多重比较，检验总体两两之间的差异。绘制各分组数据的误差柱状图、箱形图、小提琴图时，可以在图上标注检验的显著性，如图 12-16 所示。

在有差异的柱形上面添加水平连线，在连线上方标注显著性检验结果。一般在 0.05 水平上有差异时标注"*"，在 0.01 水平上有差异时标注"**"，在 0.001 水平上有差异时标注"***"，在 0.0001 水平上有差异时标注"****"。

[图表效果]

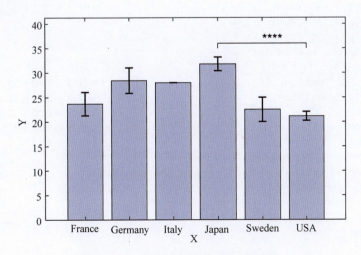

图 12-16　误差柱状图标注检验显著性

[代码实现]

```matlab
1.  % 误差柱状图标注检验显著性
2.  clear;close all;                              % 清空工作空间的变量，关闭所有打开的对话框
3.  load carsmall                                 % 加载数据
4.  A = rmmissing(MPG(strcmp(Origin,"France") == 1));    % 筛选数据
5.  B = rmmissing(MPG(strcmp(Origin,"Germany") == 1));
6.  C = rmmissing(MPG(strcmp(Origin,"Italy") == 1));
7.  D = rmmissing(MPG(strcmp(Origin,"Japan") == 1));
8.  E = rmmissing(MPG(strcmp(Origin,"Sweden") == 1));
9.  F = rmmissing(MPG(strcmp(Origin,"USA") == 1));
10. % 计算各分组数据的均值
11. dataM(1) = mean(A);dataM(2) = mean(B);dataM(3) = mean(C);
12. dataM(4) = mean(D);dataM(5) = mean(E);dataM(6) = mean(F);
13. % 各分组数据，求标准差除以数据个数的开方
14. dataE(1) = std(A)/sqrt(length(A));
15. dataE(2) = std(B)/sqrt(length(B));
16. dataE(3) = std(C)/sqrt(length(C));
17. dataE(4) = std(D)/sqrt(length(D));
18. dataE(5) = std(E)/sqrt(length(E));
19. dataE(6) = std(F)/sqrt(length(F));
20. % 自定义颜色序列
21. orgOrder = ["France","Germany","Italy","Japan","Sweden","USA"];
22. h1 = bar(categorical(orgOrder),dataM);        % 绘制柱状图
23. h1.FaceColor = [0 0 1];                       % 修改属性
24. h1.FaceAlpha = 0.3;
25. hold on                                       % 叠加绘图
26. h2 = errorbar(dataM,dataE);                   % 叠加误差条图
27. h2.Color = 'k';                               % 修改属性
28. h2.LineStyle = 'none';
29. h2.LineWidth = 1;
30. hold off                                      % 取消叠加绘图
31. 
32. ylim([0 (max(dataM) + max(dataE)) * 1.2])     % 设置 y 轴的取值范围
33. 
34. line([4 6],[36 36],'Color','k')               % 标注多重比较检验显著性
35. line([4 4],[36 35],'Color','k')
36. line([6 6],[36 35],'Color','k')
37. text(5,37,'****','Color','k')
38. 
39. xlabel('X','FontSize',7)                      % 设置 x 轴的标题
40. ylabel('Y','FontSize',7)                      % 设置 y 轴的标题
41. ax = gca;                                     % 设置坐标系为当前坐标系
42. ax.FontSize = 6;                              % 修改坐标系刻度标签的字体大小
43. box on                                        % 显示外框
44. 
45. set(gcf,'PaperUnits','points','Position',[0 0 400 250])
46. exportgraphics(gcf,'sam12_15.png','ContentType','image','Resolution',300)    % 保存为 png 文件
47. exportgraphics(gcf,'sam12_15.pdf','ContentType','vector')                    % 保存为 pdf 文件
```

[代码说明]

代码第 3～19 行为绘图数据，第 22～29 行绘制误差柱状图，第 34～37 行标注检验的显

著性。

[技术要点]

本例假设已经进行了假设检验或方差分析，方差分析进行了多重比较。根据检验结果绘图即可。

## 例 160  配对图

统计分析中进行配对数据的均值比较时，常常绘制如图 12-17 所示的配对图。该图在给定的配对数据点之间用直线段进行连接。配对图能表现数据个体的差异变化。

[图表效果]

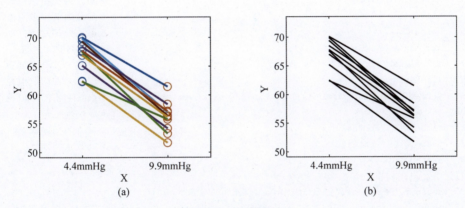

图 12-17  配对图

[代码实现]

```
1.    % 配对图
2.    clear;close all;                                    % 清空工作空间的变量,关闭所有打开的对话框
3.    tiledlayout(2,2);                                   % 多图
4.    x = [62.5  65.2  67.6  69.9  69.4  70.1  67.8  67.0  68.5  62.4];   % 数据
5.    y = [51.7  54.2  53.3  57.0  56.4  61.5  57.2  56.2  58.4  55.8];
6.
7.    ax1 = nexttile;
8.    h1 = scatter(ones(size(x)),x);                      % 散点图
9.    hold on                                             % 叠加绘图
10.   h2 = scatter(2 * ones(size(y)),y);                  % 第 2 组散点
11.   for i = 1:length(x)                                 % 绘制对应数据之间的连线
12.       line([h1.XData(i) h2.XData(i)],[h1.YData(i) h2.YData(i)],'LineWidth',1.5)
13.   end
14.   hold off                                            % 取消叠加绘图
15.   ax1.XAxis.TickValues = [1 2];                       % 设置 x 轴刻度的位置
16.   ax1.XAxis.TickLabels = ["4.4mmHg" "9.9mmHg"];       % 设置 x 轴的刻度标签
17.   xlim(ax1,[0.5 2.5])                                 % 设置 x 轴的取值范围
```

```matlab
18.     ylim(ax1,[min([min(x),min(y)]) * 0.95,max([max(x),max(y)]) * 1.05])
                                                          % 设置 y 轴的取值范围
19.     box on                                            % 显示外框
20.     xlabel('X','FontSize',7)                          % 设置 x 轴标题
21.     ylabel('Y','FontSize',7)                          % 设置 y 轴标题
22.     ax1.FontSize = 6;
23.
24.     ax2 = nexttile;
25.     h3 = scatter(ones(size(x)),x);                    % 散点图
26.     hold on                                           % 叠加绘图
27.     h4 = scatter(2 * ones(size(y)),y);                % 第 2 组散点
28.     for i = 1:length(x)                               % 绘制对应数据之间的连线
29.         line([h3.XData(i) h4.XData(i)],...
30.              [h3.YData(i) h4.YData(i)],...
31.              'LineWidth',1,'Color','k')
32.     end
33.     h3.Visible = "off";                               % 隐藏第 1 组散点
34.     h4.Visible = "off";                               % 隐藏第 2 组散点
35.     hold off                                          % 取消叠加绘图
36.     ax2.XAxis.TickValues = [1 2];                     % x 轴刻度的位置
37.     ax2.XAxis.TickLabels = ["4.4mmHg" "9.9mmHg"];     % 设置 x 轴刻度标签
38.     xlim(ax2,[0.5 2.5])                               % 设置 x 轴的取值范围
39.     ylim(ax2,[min([min(x),min(y)]) * 0.95,max([max(x),max(y)]) * 1.05])  % 设置 y 轴的取值范围
40.     box on                                            % 显示外框
41.     xlabel('X','FontSize',7)                          % 设置 x 轴标题
42.     ylabel('Y','FontSize',7)                          % 设置 y 轴标题
43.     ax2.FontSize = 6;
44.
45.     set(gcf,'PaperUnits','points','Position',[0 0 600 400])
46.     exportgraphics(gcf,'sam12_16.png','ContentType','image','Resolution',300)  % 保存为 png 文件
47.     exportgraphics(gcf,'sam12_16.pdf','ContentType','vector')  % 保存为 pdf 文件
```

[代码说明]

代码第 3～5 行为绘图数据，第 8～12 行和第 25～34 行绘制配对图。

[技术要点]

绘制配对图时，先用 scatter 函数绘制两组数据的散点图，然后用 line 函数连接配对数据。也可以隐藏散点，如图 12-17(b) 所示。

## 例 161 箱形图叠加配对图

图 12-18 所示为绘制两组数据的箱形图并叠加配对图。箱形图可以表现分组数据中各主要分位数处的差异，配对图则可以表现数据个体的变化和差异。

[图表效果]

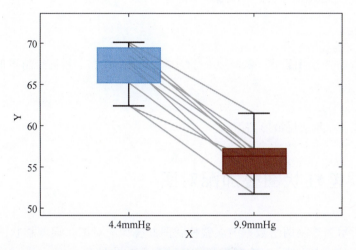

图 12-18　箱形图叠加配对图

[代码实现]

```
1.   %箱形图叠加配对图
2.   clear;close all;                                   %清空工作空间的变量,关闭所有打开的对话框
3.   %绘图数据
4.   x = [62.5  65.2  67.6  69.9  69.4  70.1  67.8  67.0  68.5  62.4];
5.   y = [51.7  54.2  53.3  57.0  56.4  61.5  57.2  56.2  58.4  55.8];
6.   h3 = scatter(ones(size(x)),x);                     %绘制第1组散点图
7.   hold on                                            %叠加绘图
8.   h4 = scatter(2 * ones(size(y)),y);                 %绘制第2组散点图
9.   for i = 1:length(x)                                %绘制对应点的连线
10.      line([h3.XData(i) h4.XData(i)],...
11.           [h3.YData(i) h4.YData(i)],...
12.           'LineWidth',1,'Color',[0.7 0.7 0.7])
13.  end
14.  h3.Visible = "off";                                %隐藏第1组散点
15.  h4.Visible = "off";                                %隐藏第2组散点
16.
17.  h1 = boxchart(ones(size(x)),x,"BoxFaceAlpha",0.8); %绘制左侧箱形图
18.  h2 = boxchart(2 * ones(size(y)),y,"BoxFaceAlpha",0.8); %绘制右侧箱形图
19.
20.  hold off                                           %取消叠加绘图
21.  ax = gca;                                          %设置坐标系为当前坐标系
22.  ax.XAxis.TickValues = [1 2];                       %设置x轴刻度的位置
23.  ax.XAxis.TickLabels = ["4.4mmHg" "9.9mmHg"];       %设置x轴的刻度标签
24.  xlim([0.3 2.7])                                    %设置x轴的取值范围
25.  ylim([min(min(x),min(y)) * 0.95,max(max(x),max(y)) * 1.05]) %设置y轴的取值范围
26.  box on                                             %显示外框
27.  xlabel('X','FontSize',7)                           %设置x轴标题
28.  ylabel('Y','FontSize',7)                           %设置y轴标题
29.  ax.FontSize = 6;                                   %修改坐标系刻度标签的字体大小
30.
```

```
31.    set(gcf,'PaperUnits','points','Position',[0 0 400 250])
32.    exportgraphics(gcf,'sam12_17.png','ContentType','image','Resolution',300)    % 保存为 png 文件
33.    exportgraphics(gcf,'sam12_17.pdf','ContentType','vector')                    % 保存为 pdf 文件
```

[代码说明]

代码第 4、5 行为绘图数据，第 6～15 行绘制配对图，第 17、18 行绘制箱形图。

[技术要点]

先绘制配对图，再绘制箱形图。

## 例 162　误差柱状图叠加配对图

图 12-19 所示为绘制两组数据的误差柱状图并叠加配对图。误差柱状图可以表现分组数据均值的差异，配对图则可以表现数据个体的变化和差异。

[图表效果]

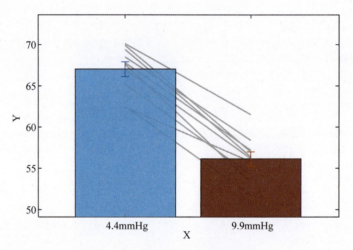

图 12-19　误差柱状图叠加配对图

[代码实现]

```
1.    % 误差柱状图叠加配对图
2.    clear;close all;                              % 清空工作空间的变量,关闭所有打开的对话框
3.    x = 1:10;                                     % 绘图数据,2 组
4.    y1 = [62.5  65.2  67.6  69.9  69.4  70.1  67.8  67.0  68.5  62.4];
5.    y2 = [51.7  54.2  53.3  57.0  56.4  61.5  57.2  56.2  58.4  55.8];
6.    h3 = scatter(ones(size(x)),y1);               % 绘制第 1 组散点
7.    hold on                                       % 叠加绘图
8.    h4 = scatter(2 * ones(size(x)),y2);           % 绘制第 2 组散点
9.    for i = 1:length(x)                           % 绘制对应点的连线
10.       line([h3.XData(i) h4.XData(i)],...
```

```
11.            [h3.YData(i) h4.YData(i)],...
12.            'LineWidth',1,'Color',[0.7 0.7 0.7])
13.   end
14.   h3.Visible = "off";                    % 隐藏第 1 组散点
15.   h4.Visible = "off";                    % 隐藏第 2 组散点
16.
17.   m = mean([y1' y2']);
18.   e1 = std(y1)./sqrt(length(y1));
19.   e2 = std(y2)./sqrt(length(y2));
20.   h(1) = bar(1,m(1));                    % 根据均值绘制柱状图
21.   h(1).FaceAlpha = 0.8;
22.   for i = 2:2
23.       h(i) = bar(i,m(i));
24.       h(i).FaceAlpha = 0.8;
25.   end
26.   h1 = errorbar(1,m(1),e1,e1);           % 叠加误差条图
27.   h2 = errorbar(2,m(2),e2,e2);
28.
29.   hold off                                % 取消叠加绘图
30.
31.   ax = gca;                               % 设置坐标系为当前坐标系
32.   ax.XAxis.TickValues = [1 2];
33.   ax.XAxis.TickLabels = ["4.4mmHg" "9.9mmHg"];
34.   xlim([0.3 2.7])
35.   ylim([min(min(y1),min(y2)) * 0.95,max(max(y1),max(y2)) * 1.05])
36.   box on                                  % 显示外框
37.   xlabel('X','FontSize',7)
38.   ylabel('Y','FontSize',7)
39.   ax.FontSize = 6;                        % 修改坐标系刻度标签的字体大小
40.
41.   set(gcf,'PaperUnits','points','Position',[0 0 400 250])
42.   exportgraphics(gcf,'sam12_18.png','ContentType','image','Resolution',300)   % 保存为 png 文件
43.   exportgraphics(gcf,'sam12_18.pdf','ContentType','vector')                    % 保存为 pdf 文件
```

[代码说明]

代码第 3～5 行为绘图数据,第 6～15 行绘制配对图,第 17～27 行绘制误差柱状图。

[技术要点]

先绘制配对图,再绘制误差柱状图。

## 例 163  线性回归模型叠加置信区间

线性回归寻找给定的两组数据之间的非确定关系,并用线性回归模型描述这种关系。如图 12-20 所示,根据给定数据绘制散点图,利用回归分析得到的线性模型及其置信区间绘制直线段和灰色阴影。图中还用文本标注了回归模型和评价拟合优度的统计量 $R^2$。$R^2$ 的值为 0～1,接近于 1 时表示拟合效果较好。

[图表效果]

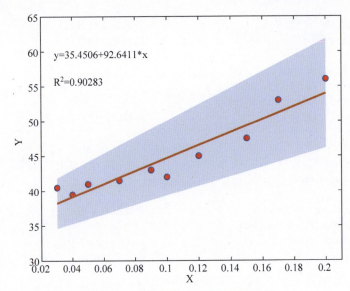

图 12-20　线性回归模型叠加置信区间

[代码实现]

```matlab
1.  % 线性回归模型叠加置信区间
2.  clear;close all;                                          % 清空工作空间的变量,关闭所有打开的对话框
3.  x = [0.03 0.04 0.05 0.07 0.09 0.10 0.12 0.15 0.17 0.20];  % 回归分析数据
4.  y = [40.50 39.50 41.00 41.50 43.00 42.00 45.00 47.50 53.00 56.00];
5.  x1 = [ones(size(x')) x'];
6.  y1 = y';
7.  [b,bint,r,rint,stats] = regress(y1,x1,0.05);              % 回归分析
8.  x2 = x;
9.  y2 = bint(1,1) + bint(2,1) * x2;
10. y3 = bint(1,2) + bint(2,2) * x2;
11. f = fill([x,x(end:-1:1)],[y2 y3(end:-1:1)],[1 0.8 0.8]);  % 绘制置信区间
12. f.EdgeColor = "none";                                     % 改变属性
13. f.FaceColor = 'b';
14. f.FaceAlpha = 0.2;
15. y4 = b(1) + b(2) * x2;                                    % 模型计算值
16. hold on                                                   % 叠加绘图
17. scatter(x,y,'MarkerFaceColor','r','SizeData',20)          % 绘制散点
18. plot(x2,y4,"LineWidth",1.5)                               % 绘制拟合直线
19. text(0.03,60,"y = " + num2str(b(1)) + " + " + num2str(b(2)) + " * x")  % 添加文本标注
20. text(0.03,56,"R^2 = " + num2str(stats(1)))
21. 
22. hold off                                                  % 取消叠加绘图
23. box on
24. xlim([0.02 0.21])
25. xlabel('X','FontSize',7)
26. ylabel('Y','FontSize',7)
27. ax = gca;
28. ax.FontSize = 6;
29. 
30. set(gcf,'PaperUnits','points','Position',[0 0 400 300])
31. exportgraphics(gcf,'sam12_19.png','ContentType','image','Resolution',300)  % 保存为 png 文件
32. exportgraphics(gcf,'sam12_19.pdf','ContentType','vector')                  % 保存为 pdf 文件
```

[代码说明]

代码第 3~6 行为绘图数据,第 7 行进行线性回归分析,第 8~14 行绘制置信区间,第 15~18 行绘制散点图和回归模型的线形图,第 19、20 行添加文本标注。

[技术要点]

用 regress 函数实现一元一次线性回归分析。注意,需要给 x 数据的第 1 列添加全为 1 的元素。该函数返回 5 个变量:b、bint、r、rint、stats。其中,b 表示模型中的待定系数;bint 表示 b 的下限和上限;r 表示各数据点的残差,即给定值与计算值之间的差值;rint 表示残差下限和上限;stats 是一个 4 元素向量,分别表示 $R^2$ 值、$F$ 统计量、显著性概率 $p$ 值和误差方差的估计。

## 例 164　可线性化曲线模型

进行回归分析时,通过绘制散点图可以看出两组数据之间是曲线关系,需要用曲线模型进行描述。这些曲线模型中,有一些比较特殊的模型可以转化为例 163 介绍的线性模型进行处理,使问题简化。如图 12-21 所示,数据点呈对数曲线分布,模型为:

$$y = a + b * \log(x)$$

上式中,将 $\log(x)$ 作为一个整体,假设 $z = \log(x)$,则上式变成:

$$y = a + b * z$$

曲线模型变成了线性模型,可以使用例 163 的方法进行处理。处理完后,将 $z$ 用 $\log(x)$ 替换回来即可。

[图表效果]

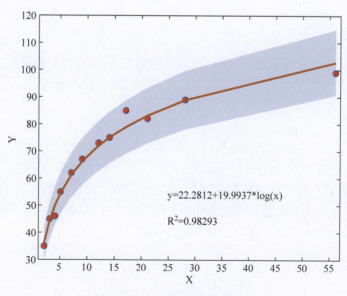

图 12-21　可线性化曲线模型

[代码实现]

```matlab
1.  % 可线性化曲线模型
2.  clear;close all;                                    % 清空工作空间的变量,关闭所有打开的对话框
3.  x = [2.00 3.00 4.00 5.00 7.00 9.00 12.00 14.00 17.00 21.00 28.00 56.00];   % 分析数据
4.  y = [35.00 45.00 46.00 55.00 62.00 67.00 73.00 75.00 85.00 82.00 89.00 99.00];
5.  x1 = [ones(size(x')) (log(x))'];
6.  y1 = y';
7.  [b,bint,r,rint,stats] = regress(y1,x1,0.05);        % 回归分析
8.  x2 = x;
9.  y2 = bint(1,1) + bint(2,1) * log(x2);
10. y3 = bint(1,2) + bint(2,2) * log(x2);
11. f = fill([x,x(end:-1:1)],[y2 y3(end:-1:1)],[1 0.8 0.8]);   % 绘制置信区间
12. f.EdgeColor = "none";                               % 修改属性
13. f.FaceColor = 'b';
14. f.FaceAlpha = 0.2;
15. y4 = b(1) + b(2) * log(x2);                         % 模型计算值
16. hold on                                             % 叠加绘图
17. text(25,55,"y = " + num2str(b(1)) + " + " + num2str(b(2)) + " * log(x)")   % 文本标注
18. text(25,45,"R^2 = " + num2str(stats(1)))
19. scatter(x,y,'MarkerFaceColor','r','SizeData',20);   % 绘制散点图
20. plot(x2,y4,"LineWidth",1.5)                         % 绘制曲线
21. hold off                                            % 取消叠加绘图
22. box on                                              % 显示外框
23. xlim([1 57])
24. xlabel('X','FontSize',7)
25. ylabel('Y','FontSize',7)
26. ax = gca;
27. ax.FontSize = 6;
28.
29. set(gcf,'PaperUnits','points','Position',[0 0 400 300])
30. exportgraphics(gcf,'sam12_20.png','ContentType','image','Resolution',300)   % 保存为 png 文件
31. exportgraphics(gcf,'sam12_20.pdf','ContentType','vector')                   % 保存为 pdf 文件
```

[代码说明]

代码第 3~6 行为绘图数据,第 7 行进行线性回归分析,第 8~14 行绘制置信区间,第 17、18 行添加文本标注,第 19、20 行绘制散点图和回归模型的线形图。

[技术要点]

用 regress 函数实现线性回归分析。注意,需要给 x 数据的第 1 列添加全为 1 的元素。该函数返回 5 个变量:b、bint、r、rint、stats。其中,b 表示模型中的待定系数;bint 表示 b 的下限和上限;r 表示各数据点的残差,即给定值与计算值之间的差值;rint 表示残差下限和上限;stats 是一个 4 元素向量,分别表示 $R^2$ 值、$F$ 统计量、显著性概率 $p$ 值和误差方差的估计。注意,第 15 行将自变量用 log(x) 替换回来了。

# 第 13 章

# 曲面图

MATLAB 提供强大的三维图形引擎，可以绘制各种三维、四维图表，并且可以实现索引着色、真彩色着色、透明度设置、纹理映射、添加光照、设置材质等渲染方法。本章介绍曲面图的绘制和常见属性设置。

## 例 165　曲面模型

MATLAB 中，曲面有线框模型、刻面模型和曲面模型 3 种模型，如图 13-1 所示。线框模型完全用四边形网格线组成，刻面模型中每个网格四边形面用相同的颜色进行绘制，曲面模型通过插值用渐变色绘制网格四边形面，整体呈平滑的曲面。

[图表效果]

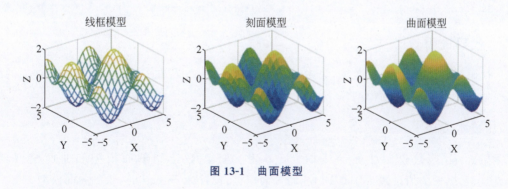

图 13-1　曲面模型

[代码实现]

```
1.    % 曲面模型
2.    clear;close all;
3.    x = linspace( -5,5,20);                  % x 轴等间隔点
4.    y = linspace( -5,5,20);                  % y 轴等间隔点
5.    [X,Y] = meshgrid(x,y);                   % 用 meshgrid 生成 X 矩阵和 Y 矩阵
6.    Z = sin(X) + cos(Y);                     % 用函数计算 Z 矩阵
7.    tiledlayout(3,3);
8.
```

```matlab
9.    ax1 = nexttile;
10.   mesh(X,Y,Z)                                          % 绘制线框模型
11.   title('线框模型','FontSize',8)
12.   xlabel('X','FontSize',7)
13.   ylabel('Y','FontSize',7)
14.   zlabel('Z','FontSize',7)
15.   ax1.FontSize = 6;
16.
17.   ax2 = nexttile;
18.   h2 = surf(X,Y,Z);                                    % 绘制刻面模型
19.   h2.FaceColor = "flat";
20.   h2.EdgeColor = "none";
21.   title('刻面模型','FontSize',8)
22.   xlabel('X','FontSize',7)
23.   ylabel('Y','FontSize',7)
24.   zlabel('Z','FontSize',7)
25.   ax2.FontSize = 6;
26.
27.   ax3 = nexttile;
28.   h3 = surf(X,Y,Z);                                    % 绘制曲面模型
29.   h3.FaceColor = "interp";
30.   h3.EdgeColor = "none";
31.   title('曲面模型','FontSize',8)
32.   xlabel('X','FontSize',7)
33.   ylabel('Y','FontSize',7)
34.   zlabel('Z','FontSize',7)
35.   ax3.FontSize = 6;
36.
37.   set(gcf,'PaperUnits','points','Position',[0 0 650 530])
38.   exportgraphics(gcf,'sam13_01.png','ContentType','image','Resolution',300)    % 保存为 png 文件
39.   exportgraphics(gcf,'sam13_01.pdf','ContentType','vector')                    % 保存为 pdf 文件
```

[代码说明]

代码第 3～6 行为绘图数据，第 10 行、第 18 行和第 28 行在不同坐标系中绘制曲面的线框模型、刻面模型和曲面模型。

[技术要点]

用 mesh 函数绘制曲面的线框模型；用 surf 函数绘制刻面模型和曲面模型，将 FaceColor 属性的值设置为 'flat' 时，绘制刻面模型，设置为 'interp' 时，绘制曲面模型。

注意绘制曲面数据的格式，$X$、$Y$、$Z$ 都是矩阵，每个元素表示规则网格节点处的 $x$ 坐标、$y$ 坐标和 $z$ 坐标。

## 例 166  曲面着色

图 13-2 展示了曲面的索引着色。索引着色有两张表，第 1 张表是颜色表，表中每行记录一种颜色的编号和颜色，第 2 张表记录着色对象与对应的颜色编号。两张表通过颜色编

号建立索引关系。MATLAB 中有很多内置的颜色表,称为颜色查找表,可以使用它们方便地设置面的颜色,也可以自己创建颜色查找表。

图 13-2(a)～图 13-2(c)分别使用 jet、hot 和 cool 三种颜色查找表渲染曲面。表 2-1 列出了 MATLAB 提供的颜色查找表。

[图表效果]

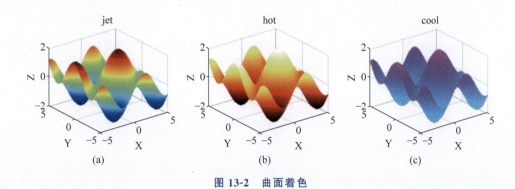

图 13-2　曲面着色

[代码实现]

```
1.   % 曲面着色
2.   clear;close all;
3.   x = linspace( - 5,5,20);                    % x 轴等间隔点
4.   y = linspace( - 5,5,20);                    % y 轴等间隔点
5.   [X,Y] = meshgrid(x,y);                      % 用 meshgrid 生成 X 矩阵和 Y 矩阵
6.   Z = sin(X) + cos(Y);                        % 用函数计算 Z 矩阵
7.   tiledlayout(3,3);
8.
9.   ax1 = nexttile;
10.  h1 = surf(X,Y,Z);                           % 用 jet 颜色查找表渲染
11.  h1.FaceColor = "interp";
12.  h1.EdgeColor = "none";
13.  title(ax1,'jet','FontSize',8)
14.  xlabel('X','FontSize',7)
15.  ylabel('Y','FontSize',7)
16.  zlabel('Z','FontSize',7)
17.  colormap(ax1,jet)
18.  ax1.FontSize = 6;
19.
20.  ax2 = nexttile;
21.  h2 = surf(X,Y,Z);                           % 用 hot 颜色查找表渲染
22.  h2.FaceColor = "interp";
23.  h2.EdgeColor = "none";
24.  title(ax2,'hot','FontSize',8)
25.  xlabel('X','FontSize',7)
26.  ylabel('Y','FontSize',7)
27.  zlabel('Z','FontSize',7)
28.  colormap(ax2,hot)
29.  ax2.FontSize = 6;
30.
31.  ax3 = nexttile;
```

```
32.    h3 = surf(X,Y,Z);                                    % 用 cool 颜色查找表渲染
33.    h3.FaceColor = "interp";
34.    h3.EdgeColor = "none";
35.    title(ax3,'cool','FontSize',8)
36.    xlabel('X','FontSize',7)
37.    ylabel('Y','FontSize',7)
38.    zlabel('Z','FontSize',7)
39.    colormap(ax3,cool)
40.    ax3.FontSize = 6;
41.
42.    set(gcf,'PaperUnits','points','Position',[0 0 650 530])
43.    exportgraphics(gcf,'sam13_02.png','ContentType','image','Resolution',300)   % 保存为 png 文件
44.    exportgraphics(gcf,'sam13_02.pdf','ContentType','vector')                   % 保存为 pdf 文件
```

[代码说明]

代码第 3~6 行为绘图数据,第 10 行、第 21 行和第 32 行绘制曲面图,第 17 行、第 28 行和第 39 行设置颜色查找表。

[技术要点]

用 colormap 函数指定颜色查找表,指定查找表的名称即可。

## 例 167　给曲面添加光照

MATLAB 中可以给曲面添加光照。光照类型有平行光、点光源和环境光等。可以设置光的位置、方向和颜色等。不同的材料有不同的光照反射特性,可通过设置相关参数模拟材质。可以用不同的算法实现不同的光照效果。如图 13-3 所示,三个曲面分别添加了左侧光照、右侧光照和左右双侧光照。

[图表效果]

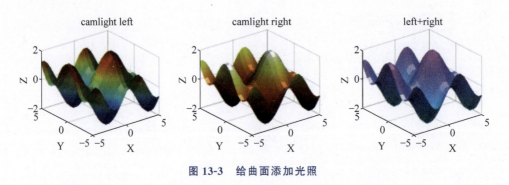

图 13-3　给曲面添加光照

[代码实现]

```
1.    % 给曲面添加光照
2.    clear;close all;
```

```matlab
3.    x = linspace(-5,5,20);                          % x 轴等间隔点
4.    y = linspace(-5,5,20);                          % y 轴等间隔点
5.    [X,Y] = meshgrid(x,y);                          % 用 meshgrid 生成 X 矩阵和 Y 矩阵
6.    Z = sin(X) + cos(Y);                            % 用函数计算 Z 矩阵
7.    tiledlayout(3,3);
8.
9.    ax1 = nexttile;
10.   h1 = surf(X,Y,Z);                               % 曲面,添加左侧光照
11.   h1.FaceColor = "interp";
12.   h1.EdgeColor = "none";
13.   title(ax1,'camlight left','FontSize',8);
14.   xlabel('X','FontSize',7);
15.   ylabel('Y','FontSize',7);
16.   zlabel('Z','FontSize',7);
17.   colormap(ax1,jet)
18.   ax1.FontSize = 6;
19.   camlight left
20.
21.   ax2 = nexttile;
22.   h2 = surf(X,Y,Z);                               % 曲面,添加右侧光照
23.   h2.FaceColor = "interp";
24.   h2.EdgeColor = "none";
25.   title(ax2,'camlight right','FontSize',8);
26.   xlabel('X','FontSize',7);
27.   ylabel('Y','FontSize',7);
28.   zlabel('Z','FontSize',7);
29.   colormap(ax2,hot)
30.   ax2.FontSize = 6;
31.   camlight right
32.
33.   ax3 = nexttile;
34.   h3 = surf(X,Y,Z);                               % 曲面,添加左侧和右侧光照
35.   h3.FaceColor = "interp";
36.   h3.EdgeColor = "none";
37.   title(ax3,'left + right','FontSize',8);
38.   xlabel('X','FontSize',7);
39.   ylabel('Y','FontSize',7);
40.   zlabel('Z','FontSize',7);
41.   colormap(ax3,cool)
42.   ax3.FontSize = 6;
43.   camlight left
44.   camlight right
45.
46.   set(gcf,'PaperUnits','points','Position',[0 0 650 530])
47.   exportgraphics(gcf,'sam13_03.png','ContentType','image','Resolution',300)    % 保存为 png 文件
48.   exportgraphics(gcf,'sam13_03.pdf','ContentType','vector')                    % 保存为 pdf 文件
```

[代码说明]

代码第 3~6 行为绘图数据,第 10 行、第 22 行和第 34 行绘制曲面图,第 19 行、第 31 行、第 43 行和第 44 行分别给各自的曲面添加光照。

[技术要点]

本例用 camlight 函数为场景添加光照。

## 例 168　曲面的透明度

将面设置为半透明,可以透过面看到其内部的结构或其他对象。图 13-4 所示为将曲面设置为半透明效果。

[图表效果]

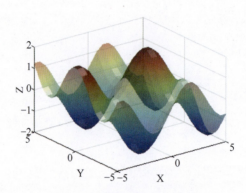

图 13-4　曲面透明度的设置

[代码实现]

```matlab
1.   % 曲面的透明度
2.   clear;close all;
3.   x = linspace(-5,5,20);                    % x 轴等间隔点
4.   y = linspace(-5,5,20);                    % y 轴等间隔点
5.   [X,Y] = meshgrid(x,y);                    % 用 meshgrid 生成 X 矩阵和 Y 矩阵
6.   Z = sin(X) + cos(Y);                      % 用函数计算 Z 矩阵
7.   h = surf(X,Y,Z);
8.   h.FaceColor = "interp";
9.   h.EdgeColor = "none";
10.  h.FaceAlpha = 0.5;
11.  xlabel('X','FontSize',7)
12.  ylabel('Y','FontSize',7)
13.  zlabel('Z','FontSize',7)
14.  colormap jet
15.  ax = gca;
16.  ax.FontSize = 6;
17.  camlight
18.
19.  set(gcf,'PaperUnits','points','Position',[0 0 400 300])
20.  exportgraphics(gcf,'sam13_04.png','ContentType','image','Resolution',300)   % 保存为 png 文件
21.  exportgraphics(gcf,'sam13_04.pdf','ContentType','vector')                    % 保存为 pdf 文件
```

[代码说明]

代码第 3～6 行为绘图数据,第 7～9 行绘制曲面并进行属性设置。

[技术要点]

本例中设置曲面对象 FaceAlpha 属性的值实现透明度设置,该属性的值为 0-1,取值为 0 时完全透明,取值为 1 时完全不透明。也可以通过 alpha 函数快速设置面的透明性。

## 例 169　曲面的纹理映射

纹理映射也叫贴图,即将指定的图片贴到曲面上,效果如图 13-5 所示。在 MATLAB 中,纹理映射是曲面的一种着色方式。

[图表效果]

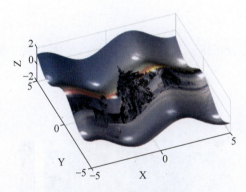

图 13-5　曲面的纹理映射

[代码实现]

```
1.   % 曲面的纹理映射
2.   clear;close all;
3.   x = linspace( - 5,5,40);                        % x 轴等间隔点
4.   y = linspace( - 5,5,40);                        % y 轴等间隔点
5.   [X,Y] = meshgrid(x,y);                          % 用 meshgrid 生成 X 矩阵和 Y 矩阵
6.   Z = sin(X) + cos(Y);                            % 用函数计算 Z 矩阵
7.   C = imread('d:\pic.jpg');
8.   C = flipud(C);
9.   h = surf(X,Y,Z,C,"FaceColor","texturemap");
10.  h.EdgeColor = "none";
11.  xlabel('X','FontSize',7)
12.  ylabel('Y','FontSize',7)
13.  zlabel('Z','FontSize',7)
14.  ax = gca;
15.  ax.FontSize = 6;
16.  camlight left
17.  camlight right
18.  lighting phong
19.
20.  set(gcf,'PaperUnits','points','Position',[0 0 400 300])
```

21.　exportgraphics(gcf,'sam13_05.png','ContentType','image','Resolution',300)　　% 保存为 png 文件
22.　exportgraphics(gcf,'sam13_05.pdf','ContentType','vector')　　% 保存为 pdf 文件

[代码说明]

代码第 3~8 行为绘图数据，导入图片数据，第 9、10 行绘制曲面并实现纹理映射。

[技术要点]

用 imread 函数将图片数据导入一个矩阵 C，注意，映射前需要将导入的数据进行上下翻转，否则图是倒的。用 surf 函数绘制曲面时，设置颜色矩阵为上下翻转后的 C 矩阵，设置 FaceColor 参数的值为 'texturemap'。

## 例 170　色谱图

曲面图的俯视图常称为色谱图，如图 13-6 所示。色谱图用二维图表现三维数据的分布特征，用颜色表示 $z$ 值。

[图表效果]

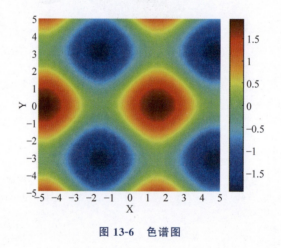

图 13-6　色谱图

[代码实现]

```
1.    % 色谱图
2.    clear;close all;
3.    x = linspace( -5,5,20);            % x 轴等间隔点
4.    y = linspace( -5,5,20);            % y 轴等间隔点
5.    [X,Y] = meshgrid(x,y);             % 用 meshgrid 生成 X 矩阵和 Y 矩阵
6.    Z = sin(X) + cos(Y);               % 用函数计算 Z 矩阵
7.    h = surf(X,Y,Z);
8.    h.FaceColor = "interp";
9.    h.EdgeColor = "none";
10.   xlabel('X','FontSize',7)
11.   ylabel('Y','FontSize',7)
```

```
12.    zlabel('Z','FontSize',7)
13.    colormap jet
14.    view(2)
15.    ax = gca;
16.    ax.FontSize = 6;
17.    colorbar
18.
19.    set(gcf,'PaperUnits','points','Position',[0 0 400 300])
20.    exportgraphics(gcf,'sam13_06.png','ContentType','image','Resolution',300)   % 保存为 png 文件
21.    exportgraphics(gcf,'sam13_06.pdf','ContentType','vector')                   % 保存为 pdf 文件
```

[代码说明]

代码第 3～6 行为绘图数据，第 7～9 行绘制色谱图。

[技术要点]

用 surf 函数绘制曲面图后，用 view(2) 设置二维视图。

## 例 171　等值线图和矢量图

等值线图用线条依次连接曲面数据中度量值相等的点，并且将连线投影到坐标系的 $x$-$y$ 平面。向量图则用箭头的方向和长度表现指定点处的矢量特征。图 13-7 所示为利用曲面数据绘制等值线图和矢量图。

[图表效果]

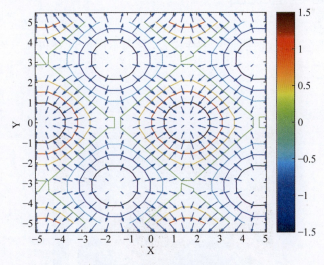

图 13-7　等值线图和矢量图

[代码实现]

```
1.    % 等值线图和矢量图
2.    clear;close all;
```

```
3.    x = linspace( -5,5,20);                          % x 轴等间隔点
4.    y = linspace( -5,5,20);                          % y 轴等间隔点
5.    [X,Y] = meshgrid(x,y);                           % 用 meshgrid 生成 X 矩阵和 Y 矩阵
6.    Z = sin(X) + cos(Y);                             % 用函数计算 Z 矩阵
7.    h = contour(X,Y,Z);                              % 绘制等值线图
8.    hold on
9.    [DX,DY] = gradient(Z,2,2);                       % 计算节点处不同方向的梯度
10.   h2 = quiver(X,Y,DX,DY);                          % 绘制二维矢量图
11.   hold off
12.   xlabel('X','FontSize',7)
13.   ylabel('Y','FontSize',7)
14.   zlabel('Z','FontSize',7)
15.   colormap jet
16.   ax = gca;
17.   ax.FontSize = 6;
18.   colorbar
19.
20.   set(gcf,'PaperUnits','points','Position',[0 0 400 300])
21.   exportgraphics(gcf,'sam13_07.png','ContentType','image','Resolution',300)   % 保存为 png 文件
22.   exportgraphics(gcf,'sam13_07.pdf','ContentType','vector')                   % 保存为 pdf 文件
```

[代码说明]

代码第 3~6 行和第 9 行为绘图数据,第 7 行和第 10 行绘制等值线图和矢量图。

[技术要点]

MATLAB 中用 contour 函数绘制等值线图,用 quiver 函数绘制矢量图。

## 例 172  填充等值线图

填充等值线图是等值线图的另外一种样式,它用不同颜色对相邻等值线之间的区域进行填充,如图 13-8 所示。

[图表效果]

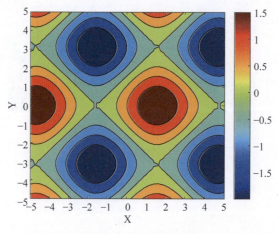

图 13-8  填充等值线图

[代码实现]

```
1.   % 填充等值线图
2.   clear;close all;
3.   x = linspace(-5,5,40);                              % x 轴等间隔点
4.   y = linspace(-5,5,40);                              % y 轴等间隔点
5.   [X,Y] = meshgrid(x,y);                              % 用 meshgrid 生成 X 矩阵和 Y 矩阵
6.   Z = sin(X) + cos(Y);                                % 用函数计算 Z 矩阵
7.   h = contourf(X,Y,Z);                                % 绘制填充等值线图
8.   xlabel('X','FontSize',7)
9.   ylabel('Y','FontSize',7)
10.  zlabel('Z','FontSize',7)
11.  colormap jet
12.  ax = gca;
13.  ax.FontSize = 6;
14.  colorbar
15.
16.  set(gcf,'PaperUnits','points','Position',[0 0 400 300])
17.  exportgraphics(gcf,'sam13_08.png','ContentType','image','Resolution',300)   % 保存为 png 文件
18.  exportgraphics(gcf,'sam13_08.pdf','ContentType','vector')                   % 保存为 pdf 文件
```

[代码说明]

代码第 3~6 行为绘图数据,第 7 行绘制填充等值线图。

[技术要点]

用 contourf 函数绘制填充等值线图。

## 例 173　三维等值线图

二维等值线图用线连接曲面数据中值相同的点,并且将连线投影到坐标系的 $x$-$y$ 平面。如果不进行投影,则绘制出来的等值线存在于三维空间,具有不同的 $z$ 坐标,如图 13-9 所示,称为三维等值线图。

[图表效果]

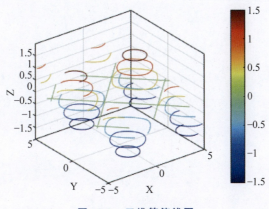

图 13-9　三维等值线图

## [代码实现]

```matlab
1.   % 三维等值线图
2.   clear;close all;
3.   x = linspace(-5,5,40);                              % x 轴等间隔点
4.   y = linspace(-5,5,40);                              % y 轴等间隔点
5.   [X,Y] = meshgrid(x,y);                              % 用 meshgrid 生成 X 矩阵和 Y 矩阵
6.   Z = sin(X) + cos(Y);                                % 用函数计算 Z 矩阵
7.   h = contour3(X,Y,Z);
8.   xlabel('X','FontSize',7)
9.   ylabel('Y','FontSize',7)
10.  zlabel('Z','FontSize',7)
11.  colormap jet
12.  ax = gca;
13.  ax.FontSize = 6;
14.  colorbar
15.
16.  set(gcf,'PaperUnits','points','Position',[0 0 400 300])
17.  exportgraphics(gcf,'sam13_09.png','ContentType','image','Resolution',300)   % 保存为 png 文件
18.  exportgraphics(gcf,'sam13_09.pdf','ContentType','vector')                   % 保存为 pdf 文件
```

## [代码说明]

代码第 3~6 行为绘图数据,第 7 行绘制三维等值线图。

## [技术要点]

用 contour3 函数绘制三维等值线图。

# 第 14 章
# 四维图表

第13章介绍了曲面图的绘制,它对应的数据是曲面数据。如果将曲面进行垂向拉伸或旋转,可以得到一个体,可以理解为无数个面紧密堆叠而成。当然,这是规则情况。曲面数据用三个矩阵表示,体数据则使用四个矩阵表示,除了表示网格节点坐标的三个矩阵外,还需要指定表示节点处度量值(如温度等)的第 4 个矩阵。

## 例 174　切片图 1

切片图在体中沿指定方向绘制切片,切片可以是平面,也可以是曲面。如图 14-1 所示,在垂向上对给定的体等间隔绘制 5 个切片。体的内部是不可见的,通过切片,可以探查体内部某个位置的数据分布特征。联合分析多个切片,可以了解整个体内的数据分布特征。

[图表效果]

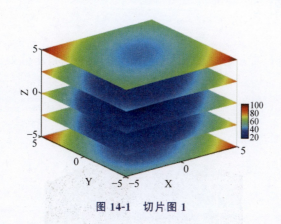

图 14-1　切片图 1

[代码实现]

```
1.   % 切片图 1
2.   clear;close all;
3.   x = linspace( -5,5,40);              % x 轴等间隔点
4.   y = linspace( -5,5,40);              % y 轴等间隔点
```

```matlab
5.    z = linspace(-5,5,40);                              %z轴等间隔点
6.    [X,Y,Z] = meshgrid(x,y,z);                          %用meshgrid生成X矩阵、Y矩阵和Z矩阵
7.    V = X.^2 + Y.^2 + Z.^2 - X.*Y + Z + 1;              %用函数计算V矩阵
8.    zslice = [-5, -2.5, 0, 2.5, 5];                     %z轴方向上的切片位置
9.    h = slice(X,Y,Z,V,[],[],zslice);                    %切片
10.   for i = 1:length(h)
11.       h(i).EdgeColor = 'none';
12.   end
13.   xlabel('X','FontSize',7)
14.   ylabel('Y','FontSize',7)
15.   zlabel('Z','FontSize',7)
16.   colormap jet
17.   ax = gca;
18.   ax.FontSize = 6;
19.   colorbar('Position',[0.92 0.31 0.03 0.18]);
20.
21.   set(gcf,'PaperUnits','points','Position',[0 0 400 300])
22.   exportgraphics(gcf,'sam14_01.png','ContentType','image','Resolution',300)   %保存为png文件
23.   exportgraphics(gcf,'sam14_01.pdf','ContentType','vector')                   %保存为pdf文件
```

[代码说明]

代码第3~8行为绘图数据,第9~12行绘制切片图。

[技术要点]

MATLAB中用slice函数绘制切片图。使用该函数,除了需要指定体数据X、Y、Z外,还需要指定切片方位。

## 例175 切片图2

图14-2中在$x$和$y$轴方向的最大值处以及$z$轴方向的最小值处进行切片,并在各切片上叠加绘制等值线图。

[图表效果]

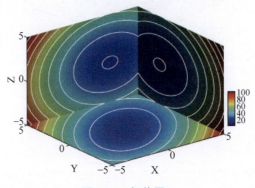

图14-2 切片图2

[代码实现]

```
1.   % 切片图 2
2.   clear;close all;
3.   x = linspace(-5,5,40);                              % x 轴等间隔点
4.   y = linspace(-5,5,40);                              % y 轴等间隔点
5.   z = linspace(-5,5,40);                              % z 轴等间隔点
6.   [X,Y,Z] = meshgrid(x,y,z);                          % 用 meshgrid 生成 X 矩阵、Y 矩阵和 Z 矩阵
7.   V = X.^2 + Y.^2 + Z.^2 - X.*Y + Z + 1;              % 用函数计算 V 矩阵
8.   xslice = 5;                                         % x 轴方向上的切片位置
9.   yslice = 5;                                         % y 轴方向上的切片位置
10.  zslice = -5;                                        % z 轴方向上的切片位置
11.  h = slice(X,Y,Z,V,xslice,yslice,zslice);            % 切片
12.  for i = 1:length(h)
13.      h(i).EdgeColor = 'none';
14.  end
15.  h2 = contourslice(X,Y,Z,V,xslice,yslice,zslice);    % 切片
16.  for i = 1:length(h2)
17.      h2(i).EdgeColor = 'w';
18.  end
19.  xlabel('X','FontSize',7)
20.  ylabel('Y','FontSize',7)
21.  zlabel('Z','FontSize',7)
22.  colormap jet
23.  ax = gca;
24.  ax.FontSize = 6;
25.  colorbar('Position',[0.92 0.31 0.03 0.18]);
26.  view(3)
27.  camlight
28.
29.  set(gcf,'PaperUnits','points','Position',[0 0 400 300])
30.  exportgraphics(gcf,'sam14_02.png','ContentType','image','Resolution',300)    % 保存为 png 文件
31.  exportgraphics(gcf,'sam14_02.pdf','ContentType','vector')                    % 保存为 pdf 文件
```

[代码说明]

代码第 3~10 行为绘图数据,第 11~14 行绘制切片图,第 15~18 行在各切片上叠加绘制等值线图。

[技术要点]

MATLAB 中用 slice 函数绘制切片图,用 contourslice 函数在切片上叠加绘制等值线图。第 16~18 行将等值线的颜色修改为白色。

## 例 176 等值面图

利用曲面数据可以绘制等值线图,等值线是数据中值相等的点的连线。扩展到体数据,值相等的点连接起来构成的是面,称为等值面。图 14-3 中利用体数据绘制了 3 个等值面。

将等值面设置为半透明，可以探查面内部的情况。

**[图表效果]**

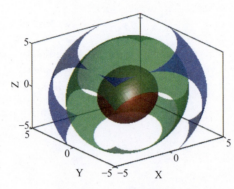

图 14-3　等值面图

**[代码实现]**

```matlab
1.  % 等值面图
2.  clear;close all;
3.  x = linspace(-5,5,40);                                    % x 轴等间隔点
4.  y = linspace(-5,5,40);                                    % y 轴等间隔点
5.  z = linspace(-5,5,40);                                    % z 轴等间隔点
6.  [X,Y,Z] = meshgrid(x,y,z);                                % 用 meshgrid 生成 X 矩阵、Y 矩阵和 Z 矩阵
7.  V = X.^2 + Y.^2 + Z.^2 - X.*Y + Z + 1;                    % 用函数计算 V 矩阵
8.  h(1) = patch(isosurface(X,Y,Z,V,8),'FaceColor','r');      % 绘制等值面图
9.  h(2) = patch(isosurface(X,Y,Z,V,30),'FaceColor','g');     % 绘制 V = 4 对应的等值面图
10. h(3) = patch(isosurface(X,Y,Z,V,50),'FaceColor','b');     % 绘制 V = 8 对应的等值面图
11. for i = 1:length(h)
12.     h(i).EdgeColor = "none";
13.     h(i).FaceAlpha = 0.5;
14. end
15.
16. xlabel('X','FontSize',7);
17. ylabel('Y','FontSize',7);
18. zlabel('Z','FontSize',7);
19. colormap jet
20. ax = gca;
21. ax.FontSize = 6;
22. view(3)
23. camlight
24. box on
25.
26. set(gcf,'PaperUnits','points','Position',[0 0 400 300])
27. exportgraphics(gcf,'sam14_03.png','ContentType','image','Resolution',300)   % 保存为 png 文件
28. exportgraphics(gcf,'sam14_03.pdf','ContentType','vector')                    % 保存为 pdf 文件
```

**[代码说明]**

代码第 3～7 行为绘图数据，第 8～14 行绘制等值面图并进行属性设置。

[技术要点]

MATLAB 中用 isosurface 函数绘制等值面图,需要指定体数据和等值面的值。使用 patch 函数可以将等值面对象转换为面片对象,从而可以实现更多的属性设置,例如删除面上的网格线、设置面的透明度等。

## 例 177 流锥图

流锥图如图 14-4 所示,用锥体表示指定节点处的矢量方向和大小。图中保留了红色和绿色两个等值面。流锥图常用于体数据矢量场的可视化。

[图表效果]

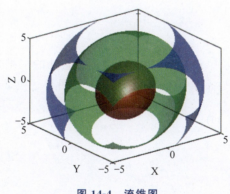

图 14-4 流锥图

[代码实现]

```
1.   % 流锥图
2.   clear;close all;
3.   x = linspace(-5,5,20);                              % x 轴等间隔点
4.   y = linspace(-5,5,20);                              % y 轴等间隔点
5.   z = linspace(-5,5,20);                              % z 轴等间隔点
6.   [X,Y,Z] = meshgrid(x,y,z);                          % 用 meshgrid 生成 X 矩阵、Y 矩阵和 Z 矩阵
7.   V = X.^2 + Y.^2 + Z.^2 - X.*Y + Z + 1;              % 用函数计算 V 矩阵
8.   [DX,DY,DZ] = gradient(V);
9.   h(1) = patch(isosurface(X,Y,Z,V,8),'FaceColor','r');   % 绘制等值面图
10.  h(2) = patch(isosurface(X,Y,Z,V,30),'FaceColor','g');  % 绘制 V = 4 对应的等值面图
11.  for i = 1:length(h)
12.      h(i).EdgeColor = "none";
13.      h(i).FaceAlpha = 0.5;
14.  end
15.  [sx,sy,sz] = meshgrid(-3:3);                        % 起点
16.  h2 = coneplot(X,Y,Z,DX,DY,DZ,sx,sy,sz,2);           % 绘制流锥图
17.  h2.EdgeColor = 'none';                              % 流锥小面边线无色
18.  h2.FaceColor = 'r';                                 % 流锥小面红色
19.
```

```
20.    xlabel('X','FontSize',7)
21.    ylabel('Y','FontSize',7)
22.    zlabel('Z','FontSize',7)
23.    colormap jet
24.    ax = gca;
25.    ax.FontSize = 6;
26.    view(3)
27.    camlight
28.    box on
29.
30.    set(gcf,'PaperUnits','points','Position',[0 0 400 300])
31.    exportgraphics(gcf,'sam14_04.png','ContentType','image','Resolution',300)    % 保存为 png 文件
32.    exportgraphics(gcf,'sam14_04.pdf','ContentType','vector')                    % 保存为 pdf 文件
```

[代码说明]

代码第 3~8 行和第 15 行为绘图数据，第 9~14 行绘制等值面图，第 16~18 行叠加绘制流锥图。

[技术要点]

用 coneplot 函数绘制流锥图，需要指定体内各节点处的三维坐标和各方向的矢量。本例用 gradient 函数计算节点各方向的梯度作为矢量。另外还需要指定流锥的起点坐标。

# 第 15 章

# 数据拟合

对于样本数据,常常需要通过数据拟合,用相对简单的数学公式表示它们之间的不确定关系。进行数据拟合,需要给定一个包含待定系数的数学模型,并给定待定系数的初值甚至取值范围,用指定的算法确定各待定系数。学习本章内容,需要安装 MATLAB 的曲线拟合工具箱。

## 例 178 曲线拟合

### 1. 曲线拟合 1

本例使用自定义模型拟合给定的二维数据。拟合完成后,用散点图和曲线图表示原始数据和拟合曲线,如图 15-1 所示。

[图表效果]

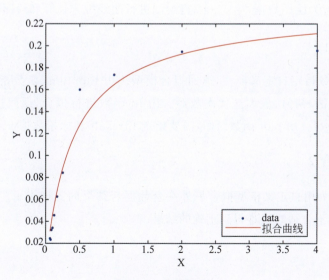

图 15-1 曲线拟合 1

[代码实现]

```matlab
1.  % 曲线拟合 1
2.  clear;close all;
3.  tbl = readtable('fit-mgh09.xlsx');
4.  x = tbl{:,2};y = tbl{:,1};
5.  % 自定义模型
6.  f1 = fittype('a1*(x.^2+b1*x)/(x.^2+c1*x+d1)','independent','x','dependent','y');
7.  % 选项设置,包括算法和待定系数初值及取值下界和上界
8.  opts = fitoptions('Method','NonlinearLeastSquares');
9.  opts.StartPoint = [25 39 41.5 39];
10. % 用自定义模型进行拟合
11. [fitresult,gof] = fit(x,y,f1,opts);
12. plot(fitresult,x,y);                    % 绘制散点和模型
13. legend('Location','southeast')
14. xlabel('X','FontSize',7)
15. ylabel('Y','FontSize',7)
16. ax = gca;
17. ax.FontSize = 6;
18. 
19. set(gcf,'PaperUnits','points','Position',[0 0 400 300])
20. exportgraphics(gcf,'sam15_01.png','ContentType','image','Resolution',300)   % 保存为 png 文件
21. exportgraphics(gcf,'sam15_01.pdf','ContentType','vector')                   % 保存为 pdf 文件
```

[代码说明]

代码第 3、4 行为绘图数据,第 5~12 行绘制进行曲线拟合计算和绘图。

[技术要点]

用 fittype 函数指定自定义模型,返回拟合模型。用 fitoptions 函数指定迭代计算相关参数的值,例如算法、初值、最大迭代次数等。用 fit 函数进行拟合,返回拟合结果 fitresult 和拟合优度评价 gof。用 plot 函数绘图,需要指定 fitresult 和原始数据 x、y。

## 2. 曲线拟合 2

图 15-2 所示为用自定义模型拟合另外一套数据后结果的图形表示。该数据的拟合难度相对较大,初值不合适时很难得到正确的结果。

[图表效果]

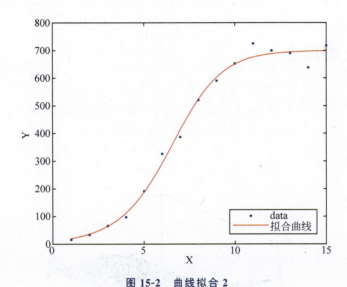

图 15-2　曲线拟合 2

[代码实现]

```
1.   % 曲线拟合 2
2.   clear;close all;
3.   tbl = readtable('fit-rat43.xlsx');
4.   x = tbl{:,2};y = tbl{:,1};
5.   % 自定义模型
6.   f1 = fittype('a1/(1 + exp(b1 - c1 * x)).^(1/d1)','independent','x','dependent','y');
7.   % 选项设置,包括算法和待定系数初值及取值下界和上界
8.   opts = fitoptions('Method','NonlinearLeastSquares');
9.   opts.StartPoint = [700 5.277 0.76 1.28];
10.  % 用自定义模型进行拟合
11.  [fitresult,gof] = fit(x,y,f1,opts);
12.  plot(fitresult,x,y);                  % 绘制散点和模型
13.  legend('Location','southeast')
14.  xlabel('X','FontSize',7)
15.  ylabel('Y','FontSize',7)
16.  ax = gca;
17.  ax.FontSize = 6;
18.
19.  set(gcf,'PaperUnits','points','Position',[0 0 400 300])
20.  exportgraphics(gcf,'sam15_02.png','ContentType','image','Resolution',300)    % 保存为 png 文件
21.  exportgraphics(gcf,'sam15_02.pdf','ContentType','vector')                    % 保存为 pdf 文件
```

[代码说明]

代码第 3、4 行指定绘图数据,第 5~12 行进行曲线拟合计算和绘图。

[技术要点]

用 fittype 函数指定自定义模型,返回拟合模型。用 fitoptions 函数指定迭代计算相关参数的值,例如算法、初值、最大迭代次数等。用 fit 函数进行拟合,返回拟合结果 fitresult 和拟合优度评价 gof。用 plot 函数绘图,需要指定 fitresult 和原始数据 x、y。

## 例 179  曲面拟合

对于三维数据,MATLAB 曲线拟合工具箱可以实现曲面拟合。如图 15-3 所示,用给定数据绘制三维散点图,并叠加绘制对数据进行拟合得到的曲面。

[图表效果]

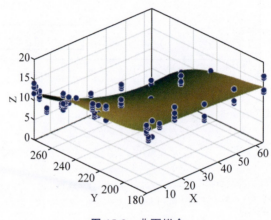

图 15-3  曲面拟合

[代码实现]

```
1.   % 曲面拟合
2.   clear;close all;
3.   tbl = readtable('fit-Nelson-3d.xlsx');
4.   x = tbl{:,2};y = tbl{:,3};z = tbl{:,1};
5.   sf = fit([x,y],z,'poly23')                              % 用 poly23 模型进行拟合
6.   h = plot(sf,[x,y],z);                                   % 绘散点和模型曲面
7.   h(1).EdgeColor = "none";                                % 删除曲面上的网格线
8.   camlight                                                % 添加光照
9.   xlabel('X','FontSize',7)
10.  ylabel('Y','FontSize',7)
11.  zlabel('Z','FontSize',7)
12.  ax = gca;
13.  ax.FontSize = 6;
14.
15.  set(gcf,'PaperUnits','points','Position',[0 0 400 300])
16.  exportgraphics(gcf,'sam15_03.png','ContentType','image','Resolution',300)   % 保存为 png 文件
17.  exportgraphics(gcf,'sam15_03.pdf','ContentType','vector')                   % 保存为 pdf 文件
```

[代码说明]

代码第 3、4 行为绘图数据,第 5 行用指定模型进行曲面拟合,第 6、7 行绘制三维散点和

模型曲面。

[技术要点]

用 fit 函数进行曲面拟合，将 x 和 y 数据组合成一个矩阵赋给第 1 个参数，第 3 个参数指定拟合模型。'poly23' 表示二元三次多项式模型。例 178 使用自定义模型进行曲线拟合，实际上，MATLAB 内部提供很多常见的拟合模型，使用时指定模型的名称即可。工具箱中的 plot 函数是一个定制的函数，与总包中的 plot 函数不同。

## 例 180　拟合曲线叠加置信区间

### 1. 拟合曲线叠加置信区间 1

图 15-4 所示为用蓝色和红色三角形标记表示两组原始数据，用蓝色和红色半透明的面表示利用各自的原始数据进行曲线拟合后得到的置信区间。图表添加了渐变色背景。

[图表效果]

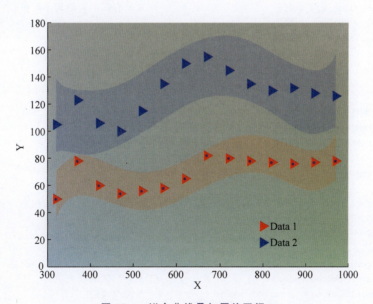

图 15-4　拟合曲线叠加置信区间 1

[代码实现]

```
1.    %拟合曲线叠加置信区间1
2.    clear;close all;                          %清空工作空间的变量,关闭所有打开的对话框
3.    x = [320;370;420;470;520;570;620;670;720;770;820;870;920;970];    %分析数据
4.    y1 = [50;78;60;54;56;58;65;82;80;78;77;76;77;78];
5.    y2 = [65;83;66;60;75;95;110;115;105;95;90;92;88;86];
6.    y2 = y2 + 40;
```

```matlab
7.  h01 = scatter(x,y1,'filled','>','SizeData',50);              % 绘制散点图
8.  h01.MarkerFaceColor = 'r';                                    % 修改散点颜色为红色
9.  hold on                                                       % 叠加绘图
10. h02 = scatter(x,y2,'filled','>','SizeData',50);              % 散点图
11. h02.MarkerFaceColor = 'b';                                    % 修改散点颜色为蓝色
12.
13. [ft1,gof1,h1] = createFit(x,y1);                              % 曲线拟合 1
14. [ft2,gof2,h2] = createFit(x,y2);                              % 曲线拟合 2
15.
16. % h1(3)表示置信区间下界线
17. % h1(4)表示置信区间上界线
18. x11 = h1(3).XData;x12 = h1(4).XData;
19. y11 = h1(3).YData;y12 = h1(4).YData;
20. f1 = fill([x11 x12(end: - 1:1)],[y11 y12(end: - 1:1)],'r');   % 绘制红色置信区间
21. f1.FaceAlpha = 0.2;                                            % 修改属性
22. f1.EdgeColor = 'none';
23.
24. x21 = h2(3).XData;x22 = h2(4).XData;
25. y21 = h2(3).YData;y22 = h2(4).YData;
26. f2 = fill([x21 x22(end: - 1:1)],[y21 y22(end: - 1:1)],'b');   % 绘制蓝色置信区间
27. f2.FaceAlpha = 0.2;                                            % 修改属性
28. f2.EdgeColor = 'none';
29.
30. h1(2).Visible = "off";                                         % 原有图形对象均不可见
31. h1(3).Visible = "off";
32. h1(4).Visible = "off";
33. h2(2).Visible = "off";
34. h2(3).Visible = "off";
35. h2(4).Visible = "off";
36.
37. % 绘制图例
38. scatter(800,30,'filled','> r','SizeData',50)
39. scatter(800,18,'filled','> b','SizeData',50)
40. text(820,30,"Data 1","FontSize",7)
41. text(820,18,"Data 2","FontSize",7)
42.
43. color = uint8([173 175 177 200;                                % 绘图区 4 个顶点的颜色,R、G、B、Alpha
44.     216 217 218 200;
45.     236 154 132 200;
46.     228 228 85 200]);
47. ax = gca;                                                      % 设置坐标系为当前坐标系
48. fc = ax.Backdrop.Face;                                         % 绘图区渐变色填充
49. fc.ColorBinding = 'interpolated';                              % 修改属性
50. fc.ColorData = color;
51.
52. legend off                                                     % 隐藏图例
53. ylim([0 180])
54. hold off                                                       % 取消叠加绘图
55. xlabel('X','FontSize',7)
56. ylabel('Y','FontSize',7)
57. ax.FontSize = 6;                                               % 修改坐标系刻度标签的字体大小
58.
59. set(gcf,'PaperUnits','points','Position',[0 0 400 300])
60. exportgraphics(gcf,'sam15_04.png','ContentType','image','Resolution',300)    % 保存为 png 文件
```

```
61.    exportgraphics(gcf,'sam15_04.pdf','ContentType','vector')         % 保存为 pdf 文件
62.
63.    function [fitresult,gof,h] = createFit(x,y)                       % 拟合数据
64.        [xData,yData] = prepareCurveData(x,y);
65.        % 设置 fittype 和选项
66.        ft = fittype('poly5');
67.        % 对数据进行模型拟合
68.        [fitresult,gof] = fit(xData,yData,ft);
69.        % 绘制数据拟合图
70.        h = plot(fitresult,xData,yData,'predobs',0.9);
71.    end
```

[代码说明]

代码第 3～6 行为绘图数据，第 7～11 行绘制散点图，第 13、14 行对两组数据分别进行曲线拟合，此时会有默认的图表输出，第 16～28 行绘制置信区间，第 30～35 行隐藏默认的图表输出，第 37～41 行绘制图例，第 43～50 行绘制渐变色背景，第 63～71 行定义函数 createFit 并进行曲线拟合和绘图。

[技术要点]

本例使用工具箱提供的 plot 函数快速绘制拟合结果，然后在该图基础上进行修改。叠加绘制置信区间，然后隐藏原有的图表。

使用 fill 函数用指定的颜色填充表示置信区间的多边形区域。

## 2. 拟合曲线叠加置信区间 2

图 15-5 所示为用蓝色和红色曲线表示两组原始数据的拟合模型，用蓝色和红色半透明的面表示利用各自的原始数据进行曲线拟合后得到的置信区间。图表添加了渐变色背景。

[图表效果]

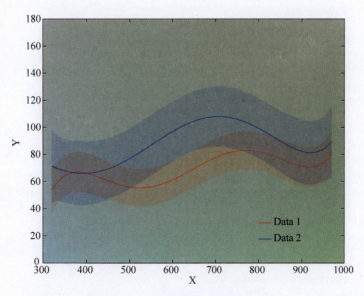

图 15-5　拟合曲线叠加置信区间 2

[**代码实现**]

```matlab
1.  % 拟合曲线叠加置信区间 2
2.  clear;close all;                              % 清空工作空间的变量,关闭所有打开的对话框
3.  x = [320;370;420;470;520;570;620;670;720;770;820;870;920;970];   % 分析数据
4.  y1 = [50;78;60;54;56;58;65;82;80;78;77;76;77;78];
5.  y2 = [65;83;66;60;75;95;110;115;105;95;90;92;88;86];
6.
7.  [ft1,gof1,h1] = createFit(x,y1);              % 曲线拟合
8.  hold on                                       % 叠加绘图
9.
10. % h1(3)表示置信区间下界线
11. % h1(4)表示置信区间上界线
12. x11 = h1(3).XData;x12 = h1(4).XData;
13. y11 = h1(3).YData;y12 = h1(4).YData;
14. f1 = fill([x11 x12(end:-1:1)],[y11 y12(end:-1:1)],'r');   % 绘制红色置信区间
15. f1.FaceAlpha = 0.2;                           % 修改属性
16. f1.EdgeColor = 'none';
17.
18. [ft2,gof2,h2] = createFit(x,y2);              % 曲线拟合
19. x21 = h2(3).XData;x22 = h2(4).XData;
20. y21 = h2(3).YData;y22 = h2(4).YData;
21. f2 = fill([x21 x22(end:-1:1)],[y21 y22(end:-1:1)],'b');   % 绘制蓝色置信区间
22. f2.FaceAlpha = 0.2;                           % 修改属性
23. f2.EdgeColor = 'none';
24.
25. h1(1).Visible = "off";                        % 隐藏对应的图形
26. h1(2).Color = 'r';
27. h1(3).Visible = "off";
28. h1(4).Visible = "off";
29. h2(1).Visible = "off";
30. h2(2).Color = 'b';
31. h2(3).Visible = "off";
32. h2(4).Visible = "off";
33.
34. % 绘制图例
35. line([800 830],[30 30],'Color','r')
36. line([800 830],[18 18],'Color','b')
37. text(840,30,"Data 1","FontSize",7)
38. text(840,18,"Data 2","FontSize",7)
39.
40. color = uint8([173 175 177 200;              % 绘图区 4 个顶点的颜色,R、G、B、Alpha
41.                216 217 218 200;
42.                236 154 132 200;
43.                228 228 85 200]);
44. ax = gca;                                     % 设置坐标系为当前坐标系
45. fc = ax.Backdrop.Face;                        % 绘图区渐变色填充
46. fc.ColorBinding = 'interpolated';             % 修改属性
47. fc.ColorData = color;
48.
49. legend off                                    % 隐藏图例
50. ylim([0 180])
51. hold off                                      % 取消叠加绘图
```

```
52.     xlabel('X','FontSize',7)
53.     ylabel('Y','FontSize',7)
54.     ax.FontSize = 6;                                    % 修改坐标系刻度标签的字体大小
55.
56.     set(gcf,'PaperUnits','points','Position',[0 0 400 300])
57.     exportgraphics(gcf,'sam15_05.png','ContentType','image','Resolution',300)   % 保存为 png 文件
58.     exportgraphics(gcf,'sam15_05.pdf','ContentType','vector')                   % 保存为 pdf 文件
59.
60.     function [fitresult,gof,h] = createFit(x,y)
61.         [xData,yData] = prepareCurveData(x,y);
62.         % 设置 fittype 和参数
63.         ft = fittype('poly5');
64.         % 对数据进行模型拟合
65.         [fitresult,gof] = fit(xData,yData,ft);
66.         % 绘制数据拟合图
67.         h = plot(fitresult,xData,yData,'predobs',0.9);
68.     end
```

[代码说明]

代码第 3~5 行为绘图数据，第 7~16 行利用第 1 组数据进行曲线拟合，并绘制拟合曲线和置信区间，第 18~23 行利用第 2 组数据进行曲线拟合，并绘制拟合曲线和置信区间，第 25~32 行隐藏默认的图表输出，注意保留拟合曲线并修改它们的颜色，第 34~38 行绘制图例，第 40~47 行绘制渐变色背景，第 60~68 行定义函数 createFit，并进行曲线拟合和绘图。

[技术要点]

本例使用工具箱提供的 plot 函数快速绘制拟合结果，然后在该图基础上进行修改。叠加绘制置信区间，然后隐藏原有的图表。

使用 fill 函数用指定的颜色填充表示置信区间的多边形区域。

# 参 考 文 献

1. 孙家广,等.计算机图形学[M].3版.北京:清华大学出版社,1999.
2. Rogers D F.计算机图形学的算法基础[M].石教英,彭群生,等译.2版.北京:机械工业出版社,2002.
3. 唐泽圣,等.三维数据场可视化[M].北京:清华大学出版社,2000.
4. 周培德.计算几何[M].北京:清华大学出版社,2000.
5. 成思源,张群瞻.计算机图形学[M].北京:冶金工业出版社,2003.
6. 张杰.Python数据可视化之美[M].北京:电子工业出版社,2020.
7. 宁海涛.科研论文配图绘制指南[M].北京:人民邮电出版社,2023.
8. 苏金明,阮沈勇.MATLAB 6.1实用指南[M].北京:电子工业出版社,2002.
9. 苏金明.MATLAB图形图像[M].北京:电子工业出版社,2005.
10. 苏金明,阮沈勇.MATLAB实用教程[M].2版.北京:电子工业出版社,2008.